面向21世纪高等院校规划教材

现代机械制图

主　编　胡远忠

副主编　陈　明　萧时诚

U0188196

上海科学技术出版社

图书在版编目（CIP）数据

现代机械制图 / 胡远忠主编. -- 上海 ：上海科学
技术出版社，2024. 11. --（面向21世纪高等院校规划教
材）. -- ISBN 978-7-5478-6841-6

Ⅰ. TH126

中国国家版本馆CIP数据核字第20241JD439号

现代机械制图

主编　胡远忠

上海世纪出版（集团）有限公司
上 海 科 学 技 术 出 版 社　出版、发行

（上海市闵行区号景路 159 弄 A 座 9F - 10F）
邮政编码 201101　www.sstp.cn
上海普顺印刷包装有限公司印刷
开本 787×1092　1/16　印张 20.75
字数 500 千字
2024 年 11 月第 1 版　2024 年 11 月第 1 次印刷
ISBN 978 - 7 - 5478 - 6841 - 6/TH・109
定价：55.00 元

内 容 提 要

本教材采用当前《技术制图》和《机械制图》国家标准,以培养学生徒手绘图、尺规绘图和计算机三维建模三种能力为重点,力求"实用为主,够用为度"的原则,以满足相关专业读图及绘制机械图样的基本要求。全书共分 12 章,内容包括绪论、制图的基本知识和技能、投影基础、立体的投影、轴测图、组合体、机件的常用表达法、标准件和常用件、零件图、装配图、焊接图、展开图以及 SolidWorks 三维建模基础。

本教材可作为高等院校机械类和近机类专业机械制图课程的教材,也可供其他相关专业师生及工程技术人员参考。

前　　言

本教材依据教育部高等学校工程图学教学指导分委员会制定的《普通高等院校工程图学课程基本要求》及当前《技术制图》《机械制图》等国家标准,为了适应新工科及专业工程认证的改革要求,基于成果导向教育(OBE)理念,以培养能力为导向,从工程实际应用出发,并结合编者多年从事制图教学改革和课程建设实践积累的经验编写而成。

教材以培养读者徒手绘图、尺规绘图和计算机绘图三种能力为重点,将机械制图基本内容与三种能力培养有机结合,教材采取由浅入深、循序渐进的认知规律进行编写,同时,注重理论联系实际,强调对空间想象力的培养,强化读图、画图的基本能力和职业道德规范的培养。教材编写特点如下:

1. 教材内容理论体系严谨,教材实例设计注重空间分析和构型分析,语言叙述流畅,图文并茂,内容充实。适合于机械类和近机类专业机械制图课程教学基本要求。

2. 编写内容坚持"实用为主,够用为度"的原则,围绕绘制和阅读工程图样两个重点内容,加强应用能力的培养。

3. 为使学生更好地掌握形体分析和线面分析方法,教材将正投影的理论与三视图直接联系,从三视图的角度理解点、线、面的投影理论。增加构型设计内容,加强空间构思能力训练。

4. 计算机绘图是机械制图课程必不可少的内容之一。本教材主要介绍 SolidWorks 三维建模的思路、方法和技巧,对于制图学习者可以帮助其进行构型分析,提高空间想象能力,利用 SolidWorks 工程图模块使学生更直观地掌握三视图的形成及机件常用表达方法的理解和绘制。考虑机械制图教学的连续性、计算机绘图软件更新等问题,编者同步出版了《AutoCAD 绘图教程与上机指导(第四版)》教材,可根据教学需要选择使用。

5. 《现代机械制图习题集》作为与本教材配套的习题集,同时出版发行。

另外,本教材按其主要内容编制了各章课件,在上海科学技术出版社网站"课件/配套资源"栏目公布,欢迎读者登录 www.sstp.cn 浏览、下载。

本教材由胡远忠担任主编,陈明、萧时诚担任副主编。李广慧教授担任主审。

参加本教材编写工作的有:胡远忠(绪论、第 1 章、第 5 章、第 12 章、附录),萧时诚(第 2 章、第 9 章),陈明(第 3 章、第 6 章、第 11 章),李军(第 4 章、第 7 章),杨芳(第 8 章、第 10 章)。在教材编写过程中,广东工业大学李冰老师提出了许多宝贵意见,岭南师范学院马兴灶老师给予了很大帮助,广东海洋大学图学课程组全体教师给予了大力支持,同时我们还参考了国内同行编写的很多优秀教材,在此一并致谢。同时向为本教材的编写、出版付出辛勤劳动的各位专家、编辑表示深深的谢意。

广东海洋大学教务部给予了大力支持和帮助,谨表衷心的感谢。

　　由于编者水平有限,时间仓促,不妥之处在所难免,殷切希望广大读者对书中的错误和欠妥之处提出批评指正。

编　者

目　　录

绪 论

0.1 本课程的性质、内容和任务

在工程技术中,为了准确地表达物体的形状、结构和大小,根据投影原理、国家标准和有关规定画出的图,称为工程图样。工程图样是设计者表达设计意图、制造者组织生产和指导生产的依据,也是使用者了解机器结构、性能、操作和维护方法的重要技术文件。因此,工程图样被称为工程技术界的"语言",每个工程技术人员都必须掌握这种"语言"。本课程研究绘制和阅读工程图样的原理和方法,是一门既有系统理论又有较强实践性的技术基础课。

本课程的内容包括画法几何、制图基础、机械制图和计算机绘图等部分。画法几何部分是研究用正投影法图示空间形体和图解空间几何问题的基本理论和方法;制图基础部分介绍制图基本知识,以及培养用投影图表达物体内外形状及大小的基本绘图能力和根据投影图想象出物体内外形状的读图能力;机械制图部分培养绘制和阅读机械图样的基本能力;计算机绘图部分介绍使用 SolidWorks 三维绘图软件设计的基本方法和技能。

本课程的主要任务包括:

(1) 培养具有标准化和工程意识,具备熟练掌握并运用《机械制图》和《技术制图》中常用有关国家标准规定进行规范制图的能力。

(2) 培养具备利用正投影法、制图基础知识,正确、合理地表达机件结构和形状的能力,具有对空间形体的形象思维能力和创造性构型设计能力。

(3) 培养具备运用计算机进行机械产品的三维建模及生成工程图的基本能力。

(4) 培养耐心细致的工作作风和认真负责的工作态度,具有工匠精神意识。

(5) 培养自学能力以及分析和解决问题的能力。

0.2 本课程的学习方法

本课程主要介绍投影理论和机械行业的国家制图标准。投影基础理论是机械制图的理论基础,有较强的系统性和逻辑性;国家标准是绘制机械图样的法规依据,每一个工程技术人员都必须严格遵守,按照国家标准绘图和读图;机械制图则把国家标准与制图理论有机地结合在一起,综合表达机械图样,从而满足机械产品的设计和制造要求。针对本课程的内容和特点,提出以下学习方法:

(1) 注重理论与实际相结合。在掌握投影理论的基础上,坚持理论联系实际,勤于思考,反复实践,熟练掌握本课程的基本原理和基本方法,图解和图示空间几何问题。

（2）注重形象思维和发散思维相结合。掌握空间几何关系和各投影图之间对应关系的分析方法,不断地"由物画图",再"由图想物",既要想象物体的空间形状,又要反复思考投影特点,将投影分析与空间分析相结合,逐步提高空间想象能力和分析能力。

（3）理解和记忆相结合。机械图样是工程界的通用语言,具有共同遵守的语法规则和规定,即国家标准的有关内容。这些标准需要不断地在记忆中理解和理解中记忆,通过大量、反复的绘图和读图练习,逐步熟练掌握。

（4）认真细致,一丝不苟。机械图样在生产建设中起着很重要的作用,任何绘图和读图的失误都会造成损失。因此,学习中要有意识地培养自己认真负责、严谨细心的素质。自觉养成严格遵守国家《技术制图》和《机械制图》有关标准的良好习惯,并学会查阅有关标准的方法。

由于机械图样包含众多设计制造的专业知识,因此本课程只能为学生的绘图和读图能力打下初步基础。在后继专业课程的学习、课程设计和毕业设计中,这些能力还有待于继续得到培养和提高。

0.3　工程图的发展和未来

有史以来,人类就试图用图形来表达和交流他们的思想。考古发现,早在公元前 2600 年即距今 4 600 年就出现了可以称为工程图样的图,那是刻在古尔迪亚泥板上的一张神庙的地图,直到公元 1500 年文艺复兴时期,才出现将平面图和其他多面图画在同一画面上的设计图。1795 年,法国数学家加斯帕尔·蒙日才将各种表达方法总结归纳写出《画法几何学》一书,它使各种工程设计有了统一的表达方法,并从此奠定了工程制图的基础,工程图样在各技术领域中广泛使用,在推动现代工程技术和人类文明发展中起到了重要作用。

20 世纪后期,伴随着计算机技术的迅猛发展,计算机图形学(Computer Graphics, CG)和计算机辅助设计(Computer Aided Design, CAD)也有了快速发展,各种二维和三维绘图软件不断涌现,如 AutoCAD、SolidWorks、UG、Creo 等。计算机绘图以其作图精确度高、出图速度快以及协同设计等特点,以及强大的三维立体造型功能,在通信、汽车、船舶、飞机和建筑等各领域得到了广泛的应用,也引起了工程制图技术的一次根本性变革。在工程设计领域,目前工程技术人员都是以计算机绘图为主,替代了传统的手工绘图。这也给制图课程的教与学带来了新的机遇和挑战。

第1章 制图的基本知识和技能

工程图样是现代机器制造过程中的重要技术文件,是工程界的技术语言。为了方便指导生产和进行技术交流,对图样的格式、内容、表达方法等都必须做统一规定,国家标准《技术制图》和《机械制图》是工程界重要的基础技术标准,是绘制和阅读工程图样的依据,每个工程技术人员都必须熟悉和掌握有关标准和规定。

我国国家标准简称"国标",其代号是"GB",例如 GB/T 14689—2008,其中 GB/T 是表示推荐性国标,14689 是标准编号,2008 是发布年号;如果不写年号,就表示最新颁布实施的国家标准。国家标准对图样的画法、尺寸标注等内容做了统一的规定。本章主要介绍《技术制图》和《机械制图》中有关制图国家标准的基本知识,以及尺规绘图和徒手绘图的基本技能和方法。

1.1 制图国家标准的基本规定

1.1.1 图纸幅面和格式(GB/T 14689—2008)

1.1.1.1 图纸幅面

绘制图样时,应优先采用表 1-1 所规定的图纸幅面,必要时也允许选用国家标准所规定的加长幅面,加长幅面的尺寸查阅相关的国家标准。

表 1-1 图纸幅面代号及尺寸　　　　　　　　　　　　　　(mm)

幅 面 代 号	A0	A1	A2	A3	A4
$B \times L$	841×1 189	594×841	420×594	297×420	210×297
e	20			10	
c	10			5	
a	25				

1.1.1.2 图框格式

无论图样是否装订,均应在图幅内用粗实线绘制出图框,图样也必须画在图框之内。要装订的图样,应留装订边,如图 1-1 所示;不需要装订的图样,如图 1-2 所示。但同一产品的图样只能采用同一种格式。

1.1.1.3 标题栏方位和格式

1) 标题栏的方位

每张工程图样中都应画出标题栏,配置在图样的右下角,如图 1-1 所示,必要时允许按图 1-3 方式配置,而且线型、字体等都要遵守相应的国家标准。一般以标题栏的文字方向为看图方向。

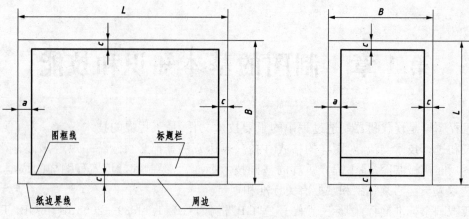

图 1-1　留装订边的图框格式

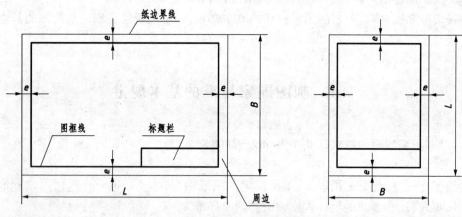

图 1-2　不留装订边的图框格式

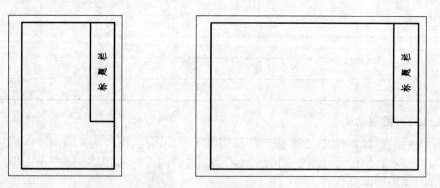

图 1-3　标题栏的方位

2）标题栏的格式及填写

国家标准（GB/T 10609.1—2008）规定的标题栏格式与尺寸如图 1-4 所示,标题栏一般包括更改区、签字区、其他区、名称及代号区等内容。为了简化学生的作业,在此推荐制图作业用的标题栏,如图 1-5 所示。

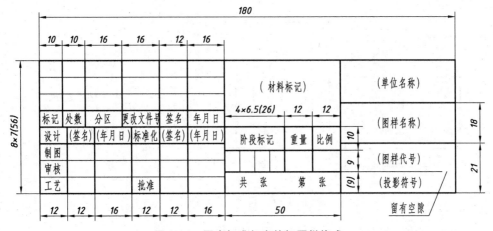

图 1-4　国家标准规定的标题栏格式

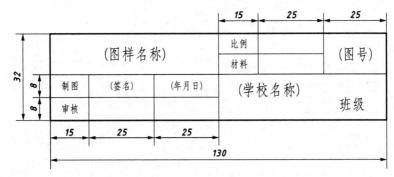

图 1-5　制图作业用标题栏

1.1.2　比例(GB/T 14690—1993)

图样中机件的图形与其实物相应要素的线性尺寸之比,称为比例。绘制图样时一般采用国家标准规定的比例,见表 1-2。优先选择第一系列,必要时允许选择第二系列。

表 1-2　比　例

种　类	第　一　系　列	第　二　系　列
原值比例	$1:1$	
放大比例	$2:1$　　$5:1$ $1\times10^n:1$　$2\times10^n:1$　$5\times10^n:1$	$2.5:1$　　$4:1$ $2.5\times10^n:1$　$4\times10^n:1$
缩小比例	$1:2$　　$1:5$　　$1:10$ $1:1\times10^n$　$1:2\times10^n$　$1:5\times10^n$	$1:1.5$　$1:2.5$　$1:3$　$1:4$　$1:6$ $1:1.5\times10^n$　$1:2.5\times10^n$　$1:3\times10^n$ $1:4\times10^n$　　$1:6\times10^n$

注:n 为正整数。

为了直接从图样中获得机件的真实大小,绘图时尽可能按机件实际大小画出,即采用 $1:1$ 的比例,每张图样均应将比例填写在标题栏的"比例"一栏中。但是,由于不同机件结构形状和大小差别很大,所以对大而简单的机件可缩小比例、对小而复杂的机件可放大比例。不论放大或缩小,标注尺寸时都必须标注机件的实际尺寸,如图 1-6 所示。

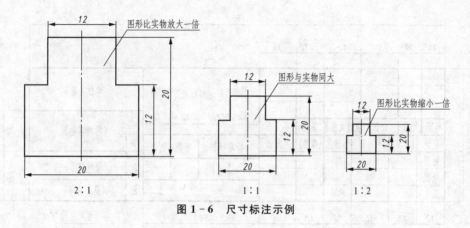

图 1-6　尺寸标注示例

绘制同一机件的各个视图时，尽量采用相同的比例，当某个视图需要采用不同比例，允许在同一视图中的铅垂和水平方向标注不同的比例，但必须另行标注，如图 1-7 所示。

1.1.3　字体（GB/T 14691—1993）

《技术制图　字体》规定了技术图样中字体的大小和书写要求等。字体的大小以号数表示，字体的号数即字体的高度（用 h 表示，单位：mm），分为 20、14、10、7、5、3.5、2.5 七种。图样中书写的汉字、数字、字

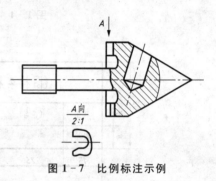

图 1-7　比例标注示例

母必须做到：字体端正，笔画清楚，排列整齐，间隔均匀，各种字体的大小要选择适当。

1）汉字

汉字应写成长仿宋体字，并应采用中华人民共和国国务院正式推行的《汉字简化方案》中规定的简化字。长仿宋体字的书写要领是：横平竖直，结构均匀，注意起落，填满方格。常见汉字的大小是 10 号、7 号和 5 号字，汉字的结构示例如图 1-8 所示。

字体工整　笔画清楚　间隔均匀　排列整齐

横平竖直，结构均匀，注意起落，填满方格

技术制图机械电子汽车航空船舶土木建筑矿山井坑港口纺织服装

图 1-8　长仿宋体汉字示例

2）字母与数字

数字和字母都有斜体和直体两种，常用的是斜体。斜体字字头向右倾斜，与水平线呈 75°角。用作指数、分数、极限偏差、注脚等的数字及字母，一般采用小一号字体。在同一图样上，只允许选用一种字体。图 1-9 为斜体字母、数字及字体的应用示例。

1.1.4　图线（GB/T 17450—1998、GB/T 4457.4—2002）

绘制技术图样时，应遵循国家标准《技术制图　图线》的规定。各种图线的名称、形式、代号及在图上的一般应用见表 1-3。

R3　　2×45°　　M24−6H　　Φ60H7　　Φ30g6

$Φ20^{+0.021}_{0}$　　$Φ25^{-0.007}_{-0.020}$　　Q235　　HT200

图 1-9　斜体字母、数字及字体的应用示例

表 1-3　图线的名称、形式、宽度及其用途

图线名称	代码	图线形式	图线宽度	图 线 应 用
粗实线	01.2	————————	d	可见轮廓线、可见过渡线
细实线	01.1	————————	约 $d/2$	尺寸线、尺寸界线、剖面线、重合断面的轮廓线及指引线等
虚　线	02.1	- - - - - - - - -	约 $d/2$	不可见轮廓线
点画线	04.1	—·—·—·—·—	约 $d/2$	轴线、对称中心线等
粗虚线	02.2	▬ ▬ ▬ ▬ ▬	d	允许表面处理的表示线
粗点画线	04.2	▬·▬·▬·▬	d	限定范围表示线、有特殊要求的线或表面表示线
双点画线	05.1	—··—··—··	约 $d/2$	运动极限位置的轮廓线、相邻辅助零件的轮廓线和轨迹线等
波浪线	01.1	∿∿∿	约 $d/2$	视图与剖视图的分界线、断裂处的边界线
双折线	01.1	⌇⌇	约 $d/2$	断裂处的边界线

　　1）图线类型

　　图线分粗细两种,粗线的宽度应按图样的大小和复杂程度在 0.5～2 mm 范围内选取;细线的宽度约为粗线的 1/2。图线宽度 d 推荐系列为:0.18、0.25、0.35、0.5、0.7、1.4、2(单位:mm),粗线宽度通常采用 0.5 mm 或 0.7 mm 两种,尽量避免采用 0.18 mm 图线宽度。图线应用示例如图 1-10 所示。

　　2）图线画法(图 1-11)

　　(1) 同一图样中,同类图线的宽度应基本一致,虚线、点画线及双点画线的线段长短间隔应各自大致相等。

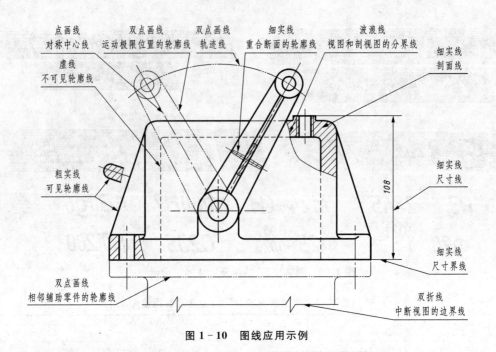

图 1-10　图线应用示例

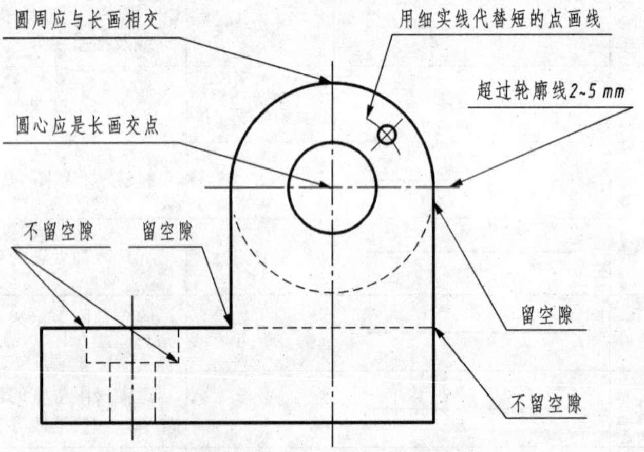

图 1-11　图线画法示例

（2）考虑微缩的需要，两条平行线之间的最小距离一般不小于 0.7 mm。

（3）虚线及点画线与其他图线相交时，都应以线段相交，不应在空隙或短画处相交。

（4）当虚线是粗实线的延长线时，粗实线应画到分界点，而虚线应留有空隙；当虚线圆弧和虚线直线相切时，虚线圆弧的线段应画到切点，而虚线直线需留有空隙。

（5）绘制圆的对称中心线时，圆心应为线段的交点。点画线和双点画线的首末两端应是线段而不是短画，同时其两端应超出图形的轮廓线 2～5 mm。在较小的图形上绘制点画线或双点画线有困难时，可用细实线代替。

1.1.5　尺寸注法（GB/T 4458.4—2003）

图形只能表达机件的形状，而机件的大小则由标注的尺寸确定。国家标准中对尺寸标注的基本方法做了一系列规定，必须严格遵守。

1.1.5.1　基本规则

(1) 机件的真实大小应以图样上所注的尺寸数值为依据,与图形的大小(即与绘图比例)及绘图的准确度无关。

(2) 图样中的尺寸,以毫米为单位时,无须标注计量单位的代号或名称;如采用其他单位,则必须注明相应的计量单位的代号(或名称)。

(3) 图样中所注尺寸是该图样所示机件最后完工时的尺寸,否则应另加说明。

(4) 机件的每一尺寸,一般只标注一次,并应标注在反映该结构最清晰的图形上。

1.1.5.2　尺寸的组成

图样中标注的尺寸一般包括尺寸界线、尺寸线、尺寸数字和表示尺寸线终端的箭头或斜线,如图 1-12 所示。

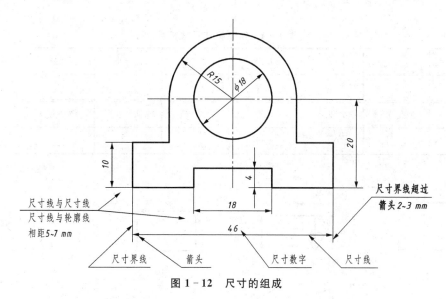

图 1-12　尺寸的组成

1) 尺寸数字

线性尺寸的数字写在尺寸线的上方或中断处。同一图样内尺寸数字应大小一致,位置不够时可引出标注。尺寸数字不可被任何图线所通过,否则必须把图线断开。

2) 尺寸线

尺寸线用细实线绘制。尺寸线必须单独画出,不能与图线重合或在其延长线上。

3) 尺寸界线

尺寸界线用细实线绘制,并应由图形的轮廓线、轴线或对称中心线处引出。也可利用轮廓线、轴线或对称中心线作尺寸界线。尺寸界线一般应与尺寸线垂直,并超出尺寸线终端 2～3 mm。

4) 尺寸线终端

尺寸线终端有两种形式,如图 1-13a、b 所示。图 1-13a 中,箭头适用于各种类型的图样,箭头尖端与尺寸界线接触,不得超出也不得离开。箭头的宽度约为粗实线的宽度 d,长度约为 $6d$。

图 1-13b 中,斜线用细实线绘制,图中 h 为字体高度。当尺寸线终端采用斜线形式时,尺寸线与尺寸界线必须相互垂直,并且同一图样中只能采用一种尺寸线终端形式。

(a)   (b)

图 1-13   尺寸线终端形式

1.1.5.3   尺寸标注中常用符号

国家标准规定了一些注写在尺寸数字周围的常用符号,用以区分不同类型的尺寸,参见表 1-4,部分符号的比例画法和尺寸如图 1-14 所示,符号画法中的 h 为字体的高度。

表 1-4   常见标注尺寸符号

直 径	半 径	球直径	球半径	厚 度	正方形	45°倒角	均 布
ϕ	R	$S\phi$	SR	t	□	C	EQS
深 度	沉孔锪平	埋头孔	正负偏差	分隔符	弧 长	斜 度	锥 度
▽	⌐	⌄	±	×	⌒	∠	▷

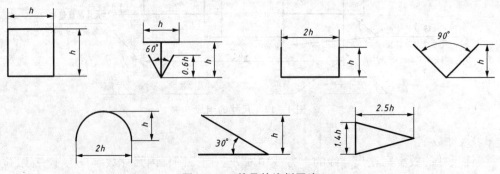

图 1-14   符号的比例画法

1.1.5.4   常见尺寸标注示例

工程图样中常见尺寸标注示例见表 1-5。

表 1-5   工程图样中常见尺寸标注示例

项　目	图　例	说　明
线性尺寸	(a)　　　(b)	尺寸数字应按图(a)中所示的方向注写。图示 30°范围内,尽量不要标注尺寸,必要时可引出水平标注。 尺寸数字不能被任何图线所穿过,否则必须断开图线,如图(b)所示

（续表）

项　目	图　例	说　明
直径尺寸	$\phi 10$　$\phi 10$　$\phi 10$　$\phi 10$　$\phi 10$　$\phi 5$　$\phi 5$　$\phi 5$　$\phi 5$　$\phi 5$	标注圆或大于半圆的圆弧时,尺寸线通过圆心,以圆周为尺寸界线,尺寸数字前加注直径符号"ϕ"
半径尺寸	$R4$　$R4$　$R4$　$R4$　$R3$　$R3$　$R3$　$R5$	标注小于或等于半圆的圆弧时,尺寸线自圆心引向圆弧,只画一个箭头,尺寸数字前加注半径符号"R"
大圆弧	$R100$　$SR100$	当圆弧的半径过大或在图纸范围内无法标注其圆心位置时,可采用折线形式;若圆心位置无须注明,则尺寸线可只画一段
小尺寸	3 2 3　6　4　3　3 2 3　2　2　6	对于小尺寸在没有足够的位置画箭头或注写数字时,箭头可画在外面,或用小圆点代替两个箭头;尺寸数字也可采用旁注或引出标注
球　面	$S\phi 15$　$SR20$	标注球面的直径或半径时,应在尺寸数字前分别加注符号"$S\phi$"或"SR"
角　度	$60°$　$15°$　$75°$　$65°$　$5°$　$20°$	尺寸界线应沿径向引出,尺寸线画成圆弧,圆心是角的顶点。尺寸数字一律水平书写,必要时也可引出标注

项　　目	图　　例	说　　明
弧长弦长	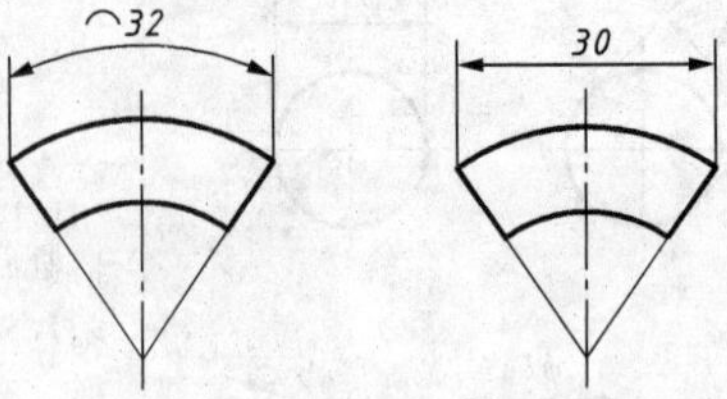 ⌒32　　　30	标注弧长和弦长时，尺寸界线应平行于弦的垂直平分线。弧长的尺寸线为同心弧，并应在尺寸数字前加注符号"⌒"
对称机件	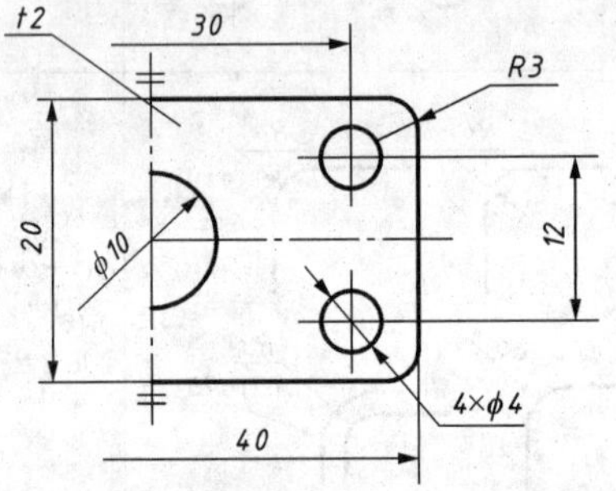 t2　30　R3 20　ϕ10　12 40　4×ϕ4	标注对称图形的对称尺寸时，尺寸线应略超过对称中心线或断裂处的边界线，仅在尺寸线的一端画出箭头。 标注板状零件的尺寸时，在厚度的尺寸数字前加注符号"t"
过渡处的尺寸	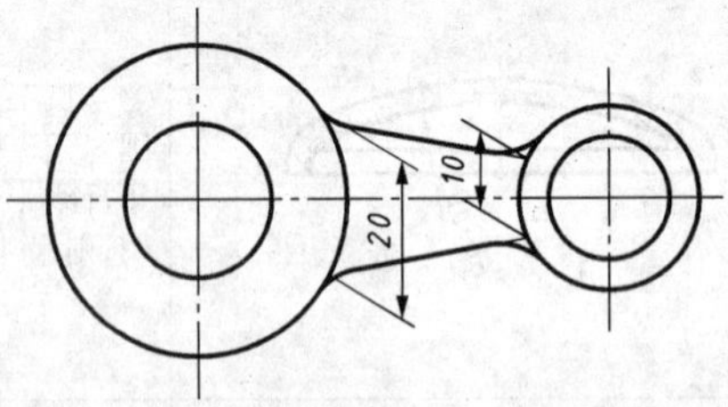 10　20	在光滑过渡处，必须用细实线将轮廓线延长，并从它们的交点引出尺寸界线；尺寸界线一般应与尺寸线垂直，必要时允许倾斜
正方形结构	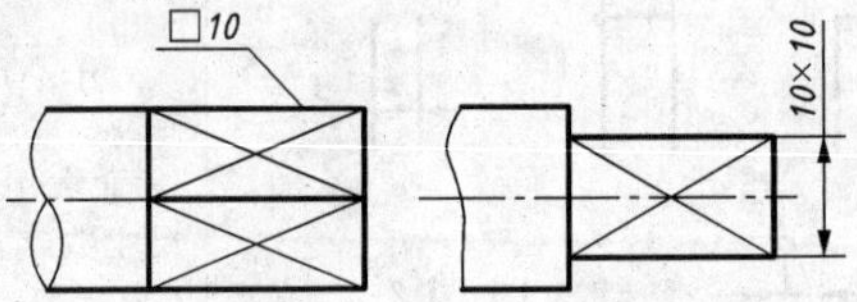 □10　10×10	标注正方形结构的尺寸时，可在边长尺寸数字前加注符号"□"，或用"10×10"代替"□10"。图中相交的两条细实线是平面符号
45°倒角	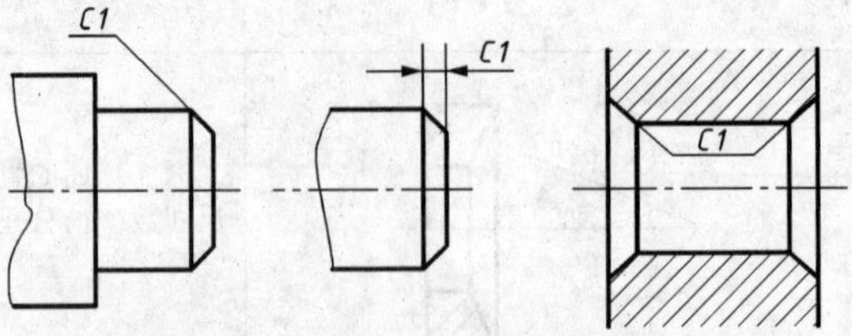 C1　C1　C1	45°的倒角可按左图形式标注。其中 C 表示倒角的角度为 45°，1表示倒角的高度为 1 mm
斜度和锥度	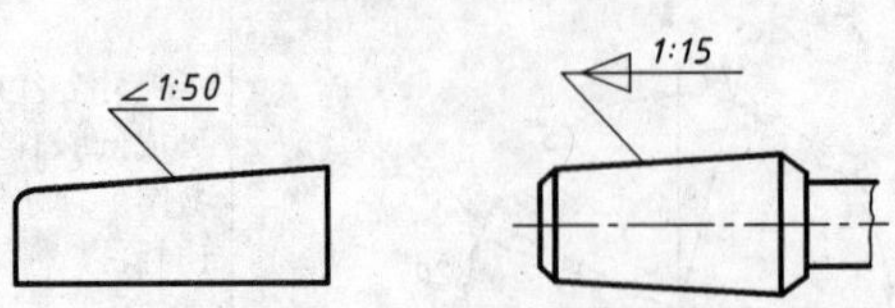 ∠1:50　◁1:15	标注锥度或斜度时，可按左图形式标注，斜度和锥度符号的方向应与斜度或锥度的方向一致

1.2　制图工具及其使用方法

正确地使用绘图工具,既能保证图样的质量,又能提高绘图效率,因此必须学会正确使用绘图工具,本节将简介常用绘图工具及其使用方法。

1.2.1　图板、丁字尺和三角板

1) 图板与丁字尺

图板是铺贴图纸的垫板,要求它的表面必须平坦光滑,板边平直,尤其左边作为丁字尺的导边,所以一定要平直。在绘图前,将图纸用胶带固定在图板的适当位置上,当图纸较小时,应将图纸铺贴在图板靠近左上方的位置,如图 1-15 所示。

2) 丁字尺

丁字尺由尺头和尺身两部分组成,主要用来画水平线。绘图时需将尺头紧靠图板左侧,做上下移动可画出平行的水平线,然后利用尺身上边画水平线,画水平线是从左到右画,铅笔向画线前进方向倾斜约 30°,如图 1-16 所示。

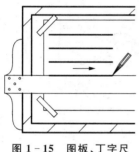

图 1-15　图板、丁字尺

图 1-16　丁字尺的使用方法

3) 三角板

三角板有两块,一块是 45° 等腰直角三角形,另一块是 30° 和 60° 直角三角形。三角板可配合丁字尺画铅垂线及 15° 倍角的斜线;或用两块三角板配合画任意角度的平行线或垂直线,如图 1-17 所示。

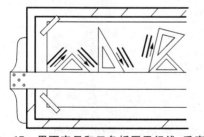

图 1-17　用丁字尺和三角板画平行线、垂直线

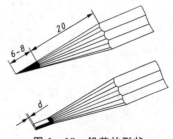

图 1-18　铅芯的形状

1.2.2　绘图铅笔

绘图用铅笔的铅芯分别用 B 和 H 表示其软硬程度,绘图时根据不同使用要求选择,一般 B 或 HB 画粗实线,2H 或 H 画细线及底稿,HB 或 H 画箭头和写字。其中,用于画粗实线的铅笔磨成矩形,余的磨成圆锥形,如图 1-18 所示。

1.2.3　圆规和分规

1）圆规

圆规用来画圆和圆弧，换上针尖插腿，也可作分规用。画图时应尽量使钢针和铅芯都垂直于纸面，钢针的台阶与铅芯尖应平齐，如图 1-19 所示。

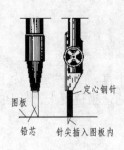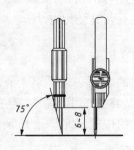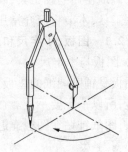

图 1-19　圆规及其用法

2）分规

分规是用来量取线段的长度和分割线段、圆弧用的仪器，如图 1-20 所示。

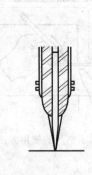

图 1-20　分规及其用法

1.3　几　何　作　图

机件的轮廓多种多样，但其图样基本上都是由直线、圆、圆弧或其他常见曲线所组成的几何图形。因此，学会几何图形的基本作图原理和方法是绘制好工程图样的基础。

1.3.1　等分线段

如图 1-21 所示，将已知线段 AB 五等分。

(1) 过端点 A 任作一直线 AC，用分规以任意相等的距离在 AC 上量得 1、2、3、4、5 五个等分点，如图 1-21a 所示。

(2) 连接点 5 和点 B，过 1、2、3、4 等分点作线段 $5B$ 的平行线，与 AB 相交即得等分点 $1'$、$2'$、$3'$、$4'$，如图 1-21b 所示。

1.3.2　正多边形的画法

画正多边形时，通常先作出其外接圆，然后等分圆周，再顺次连接各等分点而成。

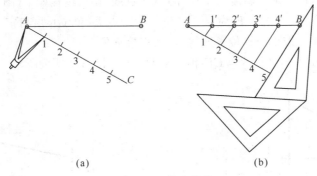

图 1 - 21　等分线段

1) 六等分及作正六边形

圆内接正六边形的边长等于其外接圆半径,所以六等分圆及作正六边形的方法如图 1 - 22a、b 所示。也可利用丁字尺、三角板配合作图,如图 1 - 22c 所示。

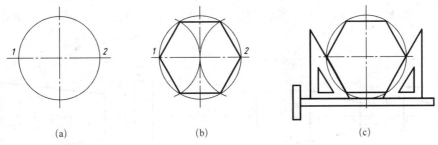

图 1 - 22　正六边形的画法

2) 正五边形的画法

已知正五边形的外接圆半径,绘制正五边形的方法如图 1 - 23 所示。作出半径 OB 的中点 E,以 E 为圆心、EC 为半径,画圆弧交 OA 于 F 点,CF 即为圆内接正五边形的边长。以 C 点为圆心、CF 为半径,依次截取正五边形顶点,连接顶点绘得正五边形。

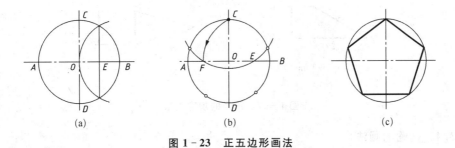

图 1 - 23　正五边形画法

1.3.3　斜度与锥度

1) 斜度

斜度是指一直线或平面对另一直线或平面的倾斜程度。工程上用两直线或平面间的夹角的正切表示,即斜度 $=\tan\alpha=AC:AB=1:n$(n 为正整数),如图 1 - 24 所示。图样上标注斜度的符号时,倾斜方向必须与机件图形的倾斜方向一致。

已知 AB、BC 直线,求作斜度为 1∶5 的 AD 直线,作图过程如下(图 1 - 25):

(1) 先在 BC 直线上截取 CE 为 5 个单位长度得点 E(单位长度自定,图中为 10)。

(2) 再在 CD 上截取 1 个单位长度得点 F,连接 EF。

(3) 过点 A 作 EF 的平行线与 CF 相交于 D 点,连接 AD 即为所求。

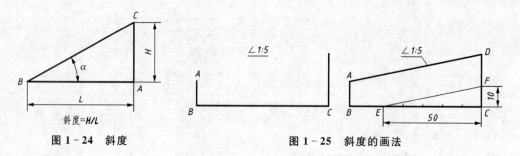

图 1 - 24　斜度　　　　　　　　　图 1 - 25　斜度的画法

2) 锥度

锥度是指正圆锥的底圆直径 D 与圆锥高度 H 之比,对于圆台则为两底圆直径之差与其高度之比,工程上以 1∶n(n 为正整数)的形式标注。锥度 1∶4 的作图方法如图 1 - 26 所示。

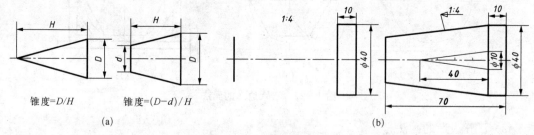

图 1 - 26　锥度的画法

斜度符号和锥度符号如图 1 - 27 所示,其线型宽度按 h/10 绘制。

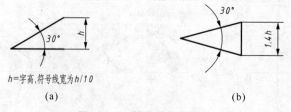

图 1 - 27　符号的规定画法

1.3.4　椭圆的画法

常用的椭圆近似画法为四心圆法,即用四段圆弧连接起来的图形近似代替椭圆。已知椭圆的长、短轴 AB、CD,其近似画法的步骤如下(图 1 - 28):

(1) 连接 AC,以 O 为圆心、OA 为半径画弧,交 OC 延长线于 E,再以 C 为圆心、CE 为半径画弧,交 AC 于 F。

(2) 作 AF 线段的垂直平分线 K1,分别交长、短轴于 1、2 两个点,并作 1、2 的对称点 3、4 两点,即 1、2、3、4 点分别为四段圆弧的圆心。

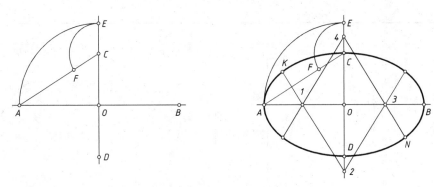

图 1-28　四心法画椭圆

（3）分别以 1、3 为圆心，1A 或 3B 为半径画圆弧，再以 2、4 为圆心，2C 或 4D 为半径画圆弧，即得椭圆。

1.3.5　圆弧连接

绘制工程图样时，用一已知半径的圆弧（连接弧）同时光滑连接两已知线段（直线或圆弧），称为圆弧连接。圆弧连接的作图关键在于正确找出连接圆弧的圆心和切点。常见圆弧连接的作图示例见表 1-6。

表 1-6　常见圆弧连接的作图示例

连接要求	作图方法和步骤（连接圆弧为 R）		
	求 圆 心	求切点 T_1、T_2	画连接圆弧
连接两相交直线			
外接两圆弧			
内接两圆弧			

(续表)

连接要求	作图方法和步骤(连接圆弧为 R)		
	求 圆 心	求切点 T_1、T_2	画连接圆弧
连接一直线和一圆弧			
内外接两圆弧			

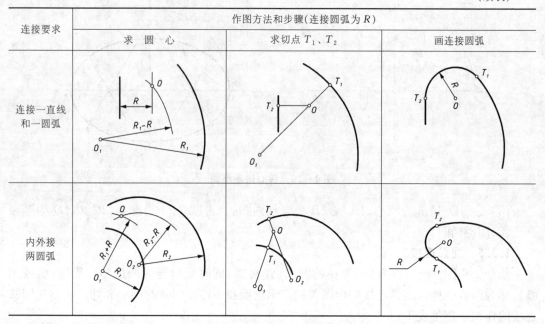

1.4　平面图形的画法和尺寸标注

1.4.1　平面图形的尺寸分析及作图步骤

平面图形是由若干线段(包括直线段、圆弧、曲线)连接而成的,每条线段又由相应的尺寸来决定其长短(或大小)和位置。因此,是否能正确地绘制出平面图形,尺寸是否齐全和正确是关键。

1) 平面图形的尺寸分析

(1) 定形尺寸。确定图形中各线段形状和大小的尺寸称为定形尺寸。如线段的长度、圆弧的半径、圆的直径和角度大小等尺寸,如图 1-29 中的尺寸 $R5$、$R40$ 等。

(2) 定位尺寸。确定图形中各线段(点、直线、圆、圆弧等)相对位置的尺寸,如图 1-29 中的尺寸 50。

(3) 尺寸基准。尺寸基准是指标注尺寸的起点,对平面图形来说,常用基准是图形的对称线、较大圆的中心线或较长的直线。

2) 平面图形的线段分析

平面图形中的线段,依其尺寸是否齐全可分为三类:

(1) 已知线段。图形上所标注的定形尺寸和定位尺寸齐全,根据所注尺寸即能直接画出图形的线段,称为

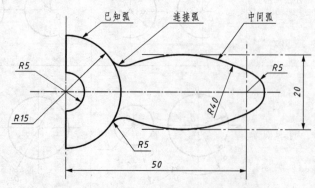

图 1-29　平面图形的尺寸分析和线段分析

已知线段。

(2) 中间线段。图形中的定形尺寸齐全,定位尺寸不全,画图时需借助它的某一端与另一线段相切的关系才能画出的线段,称为中间线段。

(3) 连接线段。图形中只给出线段的定形尺寸,而无定位尺寸,画图时要借助它的两端与相邻已知线段相切的关系才能画出的线段,称为连接线段。

3) 平面图形的作图步骤

(1) 作出图形基准线、定位线,如图 1 - 30a 所示。

(2) 画已知弧。有齐全的定形尺寸和定位尺寸,按图直接画出,如图 1 - 30b 所示。

(3) 画中间弧。已知定形尺寸和一个定位尺寸,需待与其一端相邻的已知弧作出后,才能由作图确定其位置。大圆弧 $R40$ 是中间弧,圆心位置尺寸只有一个垂直方向是已知的,水平方向位置需根据 $R40$ 圆弧与 $R5$ 圆弧内切的关系画出,如图 1 - 30c 所示。

(4) 画连接弧。只给出定形尺寸,没有定位尺寸,待与两端相邻的线段作出后,才能确定它的位置。$R5$ 的圆弧只给出半径,但它一端与 $R15$ 的圆弧外切,另一端与 $R40$ 圆弧外切,所以它是连接弧,应最后画出,如图 1 - 30d 所示。

(5) 校核作图过程,擦去多余的作图线,加深图形。

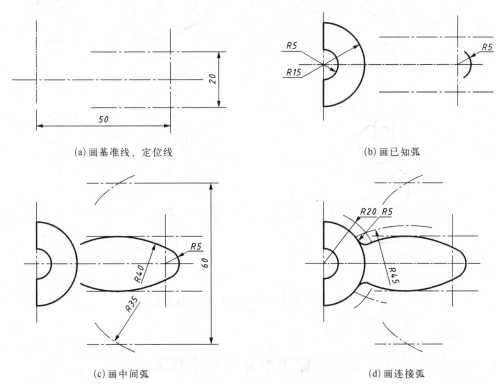

(a) 画基准线、定位线　　　　　　　　　(b) 画已知弧

(c) 画中间弧　　　　　　　　　　　　(d) 画连接弧

图 1 - 30　平面图形的作图步骤

1.4.2　平面图形的尺寸标注

标注平面图形尺寸时要分析图形,确定已知线段、中间线段和连接线段,弄清各部分之间的相互关系。然后选择合适的基准,依次注出各部分的定位尺寸和定形尺寸。

常见平面图形的尺寸标注示例如图 1-31 所示。

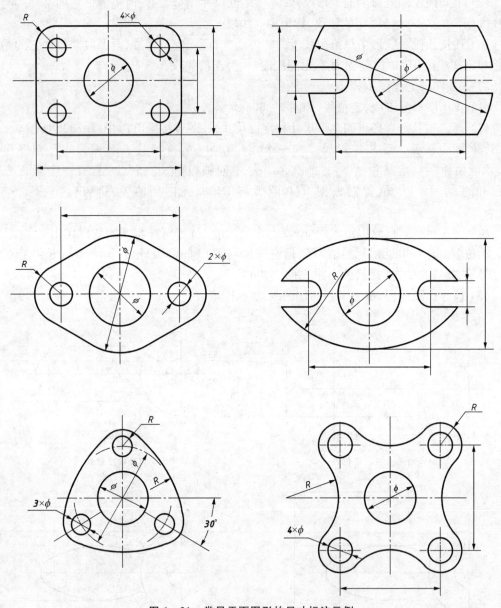

图 1-31　常见平面图形的尺寸标注示例

1.5　徒手绘图的基本技能

徒手图也称为草图,是一种不借助绘图工具,而按目测比例徒手画出的图样。由于绘制草图快速、简便,而且实用,在产品设计和现场测绘中占有很重要的地位,也是工程技术人员必须具备的一项基本技能。

1）徒手画直线的方法

水平直线应自左向右,铅垂直线应自上而下画出,目视终点,小指压住纸面,手腕随线移动,如图 1-32 所示。

2）徒手画角度的方法

画一些特殊角度时,可根据斜度比例关系近似画出,如图 1-33 所示。

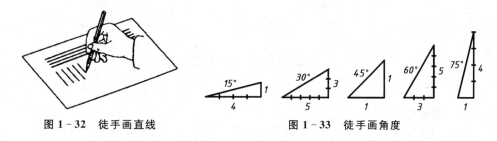

图 1-32　徒手画直线　　　　　　图 1-33　徒手画角度

3）徒手绘制圆的方法

草绘圆时,应先确定圆心位置,过圆心画对称中心线,在对称中心线上距圆心等于半径处截取四点,过四点描画圆弧即可,如图 1-34 所示。对于较大的圆可以通过增加截取点的数量,如八点辅助画圆,如图 1-35 所示。圆角、椭圆及圆弧连接,同样是尽可能利用与正方形、长方形、菱形相切的特点画出,如图 1-36 所示。

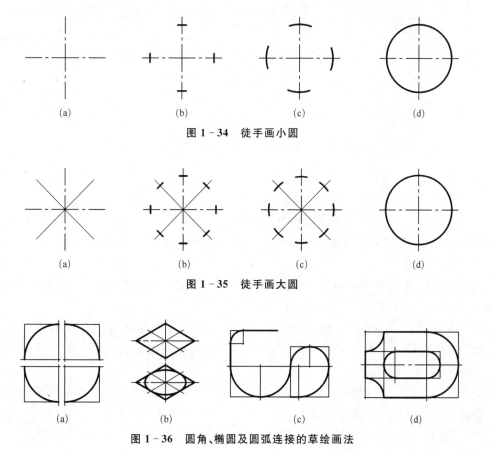

(a)　　　　　(b)　　　　　(c)　　　　　(d)

图 1-34　徒手画小圆

(a)　　　　　(b)　　　　　(c)　　　　　(d)

图 1-35　徒手画大圆

(a)　　　　　(b)　　　　　(c)　　　　　(d)

图 1-36　圆角、椭圆及圆弧连接的草绘画法

第2章 投影基础

2.1 投影的基本知识

2.1.1 投影法

投影法就是投影线通过空间物体,向选定的面投射,并在该面上得到图形的方法。如图 2-1a 所示,将选定的平面 P 称为投影面,投影线的起源点 S 称为投射中心,而过点 S 一系列投影线通过空间点 A、B、C 与投影面 P 相交于 a、b、c,三角形 abc 称为空间三角形 ABC 在投影面 P 上的投影。

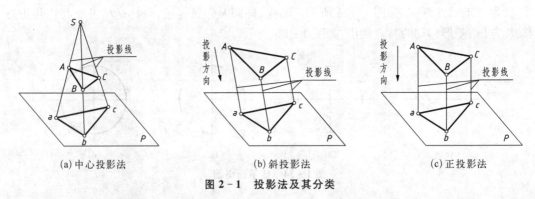

(a) 中心投影法　　　　　　　(b) 斜投影法　　　　　　　(c) 正投影法

图 2-1　投影法及其分类

2.1.2 投影法分类

1) 中心投影法

投影线汇交于一点的投影法称为中心投影法,如图 2-1a 所示。由于中心投影法富有真实感的效果,所以主要用于建筑透视图,如图 2-2a 所示。

2) 平行投影法

投影线相互平行的投影方法称为平行投影法,如图 2-1b、c 所示。根据投影线与投影面是否垂直,平行投影法又分为斜投影法和正投影法。

(1) 斜投影法。投影线与投影面倾斜的平行投影法,根据此方法获得的投影叫斜投影,如图 2-1b 所示。斜投影法主要用于绘制有立体感的图形,如斜轴测图,如图 2-2b 所示。

(2) 正投影法。投影线与投影面垂直的平行投影法,根据此方法获得的投影叫正投影,如图 2-1c 所示。正投影能真实地表达空间物体的形状和大小,作图简便,度量性好,在工程上得到广泛应用,如图 2-2c 所示。本书在没有特殊强调下,所指的投影均为正投影。

(a) 透视图　　　　　　　　　　(b) 轴测图　　　　　　　　　　(c) 工程图

图 2-2　投影法的应用

2.1.3　三面投影体系

在许多情况下,只用一个投影是不能完整、清晰地表达物体形状和结构的。如图 2-3 所示,三个物体在同一个方向的投影完全相同,但三个物体的空间结构却不同。因此一个投影不能唯一确定物体的形状,必须建立一个投影体系,将物体同时向几个投影面投影,用多个投影图来确切地表达物体的形状。

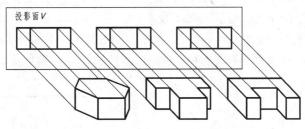

图 2-3　不同物体的单面投影图

2.1.3.1　两投影面体系和两面投影

1) 两投影面体系的建立

在空间用水平和铅垂的两个投影面将空间分成为四个角,组成两投影面体系,如图 2-4a 所示。铅垂的投影面称为正投影面(简称 V 面);水平的投影面称为水平投影面(简称 H 面),两投影面的交线为投影轴(OX)。

2) 两面投影及其展开方法

将物体置于两投影面体系第 I 角中,按正投影法从前向后投影,在 V 面得到的投影称为

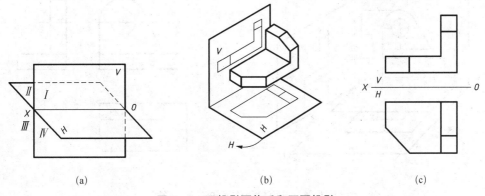

(a)　　　　　　　　　　　(b)　　　　　　　　　　　(c)

图 2-4　两投影面体系和两面投影

正面投影;从上向下投影,在 H 面得到的投影称为水平投影,如图 2 - 4b 所示。

两面投影的展开方法是 V 面不动,将 H 面绕 OX 轴向下旋转 $90°$,使 V 面和 H 面共面,如图 2 - 4c 所示。

2.1.3.2　三投影面体系及其投影

1) 三投影面体系的建立

有些物体仅用两面投影仍不能表达清楚,必须画出它的第三投影才能唯一确定它的形状。如图 2 - 5 所示,不同的两个物体,正面投影和水平投影都一样,必须再向不同的方向投影,通过第三投影区分物体的形状。

建立三投影面体系就是在两面体系的基础上增设侧立投影面(简称 W 面),与 V 面、H 面互相垂直相交,各面之间的交线称为投影轴,分别称为 OX、OY、OZ 轴,O 为原点,如图 2 - 6a 所示。

2) 三面投影及其展开方法

将物体置于三投影面体系第一角中,按正投影法从前向后投影,得到正面投影;从上向下投影,得

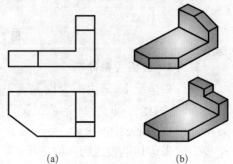

(a)　　　　(b)

图 2 - 5　不同物体的两面投影图

到水平投影;从左向右投影,得到侧面投影,如图 2 - 6b 所示。V 面不动,将 H 面绕 OX 轴向下旋转 $90°$,与 V 面共面;将 W 面绕 OZ 轴向后旋转 $90°$,与 V 面共面,如图 2 - 6c 所示。

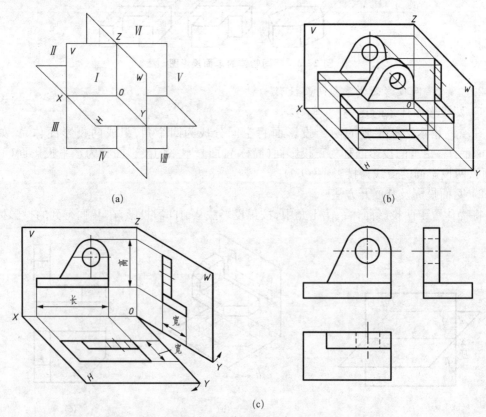

(a)

(b)

(c)

图 2 - 6　三面投影体系和三面投影图

2.2 点、直线和平面的投影

物体都是由点、线和面组成的,因此研究物体的投影,首先要研究基本几何元素的投影特性和投影规律。

2.2.1 点的投影

2.2.1.1 点的三面投影

在投影理论的学习中,规定空间点用大写字母表示,如 A、B、C 等;水平投影用相应的小写字母表示,如 a、b、c 等;正面投影用相应的小写字母加撇表示,如 a'、b'、c' 等;侧面投影用相应的小写字母加两撇表示,如 a''、b''、c'' 等。

1) 点的两面投影

如图 2-7a 所示,建立两个互相垂直的投影面 H 及 V,将空间点 A 向 H 面投影得到投影 a,向 V 面投影得到投影 a',投影线 Aa 与 Aa' 相交,处于同一平面内。两投影面体系展开后,点的两个投影在同一平面内,得到了点的两面投影图,如图 2-7b 所示。因为投影面可根据需要扩大,投影图中不必画出边界线,因此,点的两面投影图如图 2-7c 所示。

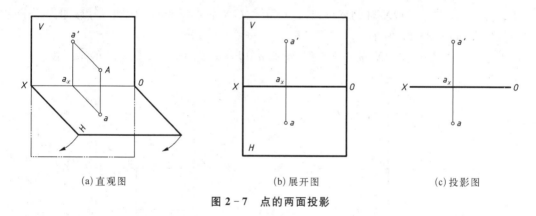

(a) 直观图   (b) 展开图   (c) 投影图

图 2-7 点的两面投影

投影特性:

(1) 点的正面投影和水平投影连线垂直 OX 轴, 即 $a'a \perp OX$。

(2) 点的正面投影到 OX 轴的距离,反映空间点 A 到 H 面的距离;点的水平投影到 OX 轴的距离,反映空间点 A 到 V 面的距离, 即 $a'a_x = Aa$、$aa_x = Aa'$。

2) 点的三面投影

如图 2-8a 所示,建立三投影面体系,用正投影方法,将空间点 A 分别向三个投影面投影,得到 A 点的水平投影 a、正面投影 a' 和侧面投影 a''。由于三个投影面相互垂直,所以三面投影连线也相互垂直,8 个顶点 A、a、a_X、a'、a''、a_Y、O、a_Z 构成长方体。三投影面体系展开后,点的三个投影在同一平面内,便得到点 A 的三面投影图,如图 2-8b 所示。

3) 点的三面投影规律

(1) 点的投影连线垂直投影轴线。点的正面投影和水平投影的连线垂直于 OX 轴, 即 $aa' \perp OX$;点的正面投影和侧面投影的连线垂直于 OZ 轴, 即 $a'a'' \perp OZ$;同时 $aa_{YH} \perp$

OY_H，$a_{YW}a'' \perp OY_W$。

(2) 点的投影到投影轴的距离，反映空间点到以投影轴为界的另一投影面的距离，即
$a_Z a' = Aa'' = aa_Y = x$；$aa_X = Aa' = a_Z a'' = y$；$a_X a' = Aa = a''a_Y = z$。

(3) 作图时可以用圆弧或 45°线(常用 45°线)反映它们的关系，如图 2-8b 所示。

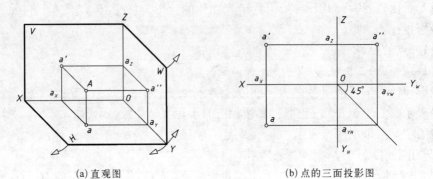

(a)直观图　　　　　　　　　　　(b)点的三面投影图

图 2-8　点的三面投影

例 2-1　如图 2-9a 所示，已知点 A 的两面投影，求点 A 的第三面投影。

方法一　先过原点 O 作 45°辅助线。过点 a″作 OY_W 轴的垂直线，与 45°辅助线相交于一点，过交点作平行于 OX 轴的直线，与过点 a′作 OX 轴的垂直线相交于一点，即为所求的水平投影 a，如图 2-9b 所示。

方法二　过点 a′作 OX 轴的垂直线，量取 $a''a_Z = a_X a$，即可求得点 A 的水平投影 a。

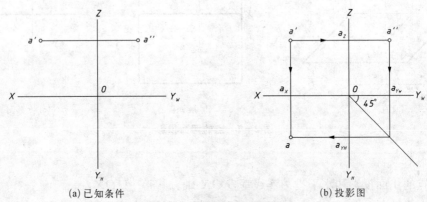

(a)已知条件　　　　　　　　　　(b)投影图

图 2-9　求点的第三面投影

2.2.1.2　点的投影与直角坐标系

如把三投影面体系看作直角坐标系，则 H、V、W 面为坐标面，X、Y、Z 投影轴为坐标轴，O 为原点。由图 2-8a 可知，空间点 A 的三个坐标值 X_A、Y_A、Z_A 即为 A 点到三个坐标面的距离，它们与 A 的投影 a、a′、a″的关系如下：

$$Aa'' = aa_Y = a'a_Z = Oa_X = X_A$$
$$Aa' = aa_X = a''a_Z = Oa_Y = Y_A$$
$$Aa = a'a_X = a''a_Y = Oa_Z = Z_A$$

由此可见，正面投影 a′由点的 X、Z 坐标决定；水平投影 a 由点的 X、Y 坐标决定；侧面

投影 a'' 由点的 Y、Z 坐标决定。

例 2-2　已知点 A(20、15、24),求点 A 的三面投影(长度单位: mm)。

(1) 画坐标轴(X、Y_H、Y_W、Z、O);在 X 轴上量取 Oa_X=20、Oa_{YH}=15、Oa_Z=24,如图 2-10a 所示。

(2) 过原点 O 作 45°线,如图 2-10b 所示。

(3) 根据点的投影规律,点的投影连线垂直于投影轴线。分别过 a_X 作 OX 轴的垂直线、过 a_Z 作 Z 轴的垂直线,两垂直线交点,即为点 A 的 V 面投影 a';过 a_{YH} 作 OY_H 轴的垂直线,与 $a'a_X$ 的延长线相交,交点 a 是 H 面投影,如图 2-10b 所示;延长过 aa_{YH} 与 45°线相交,过交点作 OY_W 的垂直线,与过 $a'a_Z$ 延长线交于 a'' 点,即为 W 面的投影,如图 2-10c 所示。

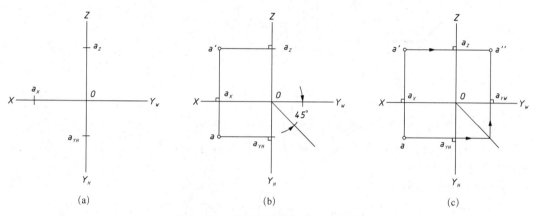

(a)　　　　　　(b)　　　　　　(c)

图 2-10　根据点的坐标求点的投影

2.2.1.3　点的相对位置

观察分析两点的各个同面投影之间的坐标关系,可以判断空间两点的相对位置:根据 x 坐标值的大小判断两点的左右位置,根据 z 坐标值的大小判断两点的上下位置,根据 y 坐标值的大小判断两点的前后位置。如图 2-11 所示,空间点 B 的 x 和 y 坐标均小于点 A 的相应坐标,而点 B 的 z 坐标大于点 A 的 z 坐标,因而点 B 在点 A 的右方、上方和后方。

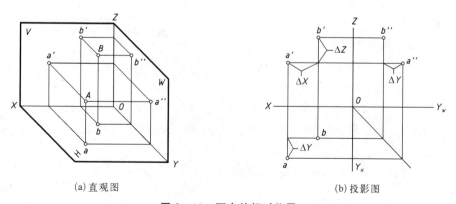

(a)直观图　　　　　　(b)投影图

图 2-11　两点的相对位置

2.2.1.4　重影点

若 A、B 两点无前后、左右距离差,点 A 在点 B 正上方或正下方时,两点的 H 面投影重合,点 A 和点 B 称为对 H 面投影的重影点,如图 2-12 所示。同理,若一点在另一点的正前方或正后方时,则两点是对 V 面投影的重影点;若一点在另一点的正左方或正右方时,则两点是对 W 面投影的重影点。

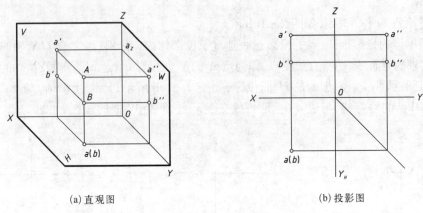

(a) 直观图   (b) 投影图

图 2-12 重影点

重影点需判别可见性。根据正投影特性,可见性的区分方法是前遮后、上遮下、左遮右。如图 2-12b 所示,重影点应是点 A 遮挡点 B,点 B 的 H 面投影不可见。规定不可见点的投影加括号表示。

2.2.2 直线的投影

在三投影面体系中,直线对投影面的相对位置可以分为三种:投影面平行线、投影面垂直线、投影面倾斜线。前两种为投影面特殊位置的直线,后一种为投影面一般位置直线。

直线对于一个投影面的投影特性(图 2-13),有以下几种:

(1) 真实性。当直线与投影面平行时,则直线的投影为实长。

(2) 积聚性。当直线与投影面垂直时,则直线的投影积聚为一点。

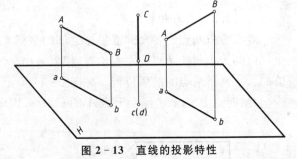

图 2-13 直线的投影特性

(3) 类似性。当直线与投影面倾斜时,则直线的投影仍然为直线,且小于直线的实长。

2.2.2.1 直线的投影图画法

一般情况下,直线的投影仍为直线。根据两点确定一条直线,求直线的投影,只需作出属于直线的两个点的投影,再用粗实线连接该两点的同名投影,即得直线的投影,如图 2-14 所示。

本书所研究的直线一般是指直线段,直线投影图中,一般规定直线对 H、V、W 面的倾角分别用 α、β、γ 表示。

2.2.2.2 各种位置直线的投影特性

1) 投影面平行线

平行于一个投影面而与另外两个投影面都倾斜的直线,称为投影面平行线。

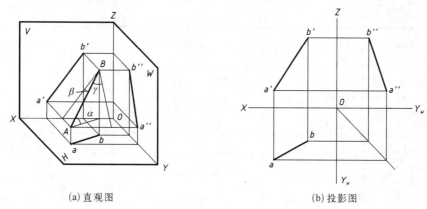

(a) 直观图　　　　　　　　　　　(b) 投影图

图 2 - 14　直线及直线上点的投影

水平线：平行于 H 面,倾斜于 V、W 面。

正平线：平行于 V 面,倾斜于 H、W 面。

侧平线：平行于 W 面,倾斜于 H、V 面。

投影特性：所平行的投影面上的投影反映直线的实长,投影与投影轴的夹角也反映了直线对另两个投影面的夹角;另外两个投影面上的投影都是直线的类似形,比实长要短。投影面平行线的投影特性见表 2 - 1。

表 2 - 1　投影面平行线的投影特性

名　　称	直　观　图	投　影　图	投　影　特　性
水平线			（1）水平投影反映实长,与 X 轴夹角为 β,与 Y 轴夹角为 γ; （2）正面投影平行 X 轴; （3）侧面投影平行 Y 轴
正平线			（1）正面投影反映实长,与 X 轴夹角为 α,与 Z 轴夹角为 γ; （2）水平投影平行 X 轴; （3）侧面投影平行 Z 轴

（续表）

名　称	直　观　图	投　影　图	投　影　特　性
侧平线	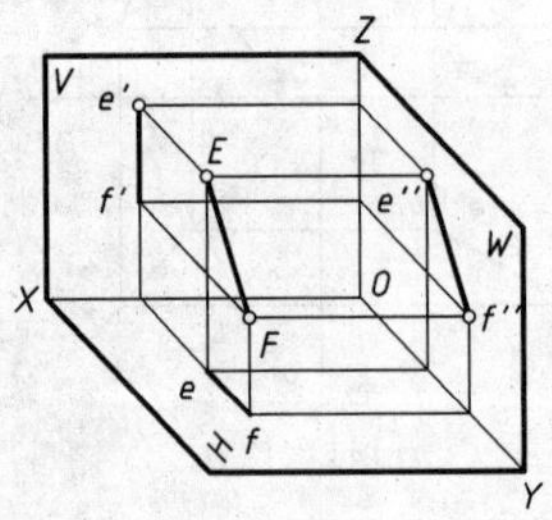	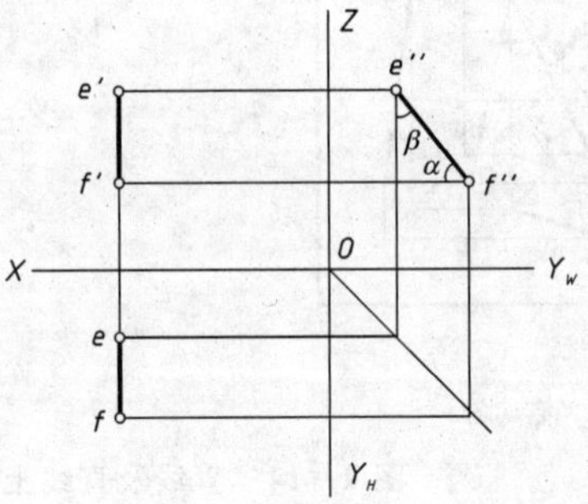	（1）侧面投影反映实长，与 Y 轴夹角为 α，与 Z 轴夹角为 β； （2）正面投影平行 Z 轴； （3）水平投影平行 Y 轴

2) 投影面垂直线

垂直于一个投影面，并与另外两个投影面平行的直线，称为投影面垂直线。

铅垂线：垂直于 H 面，平行于 V、W 面。

正垂线：垂直于 V 面，平行于 H、W 面。

侧垂线：垂直于 W 面，平行于 V、H 面。

投影特性：所垂直的投影面积聚成一个点，另外两个投影面上的投影平行于投影轴，且反映实长。投影面垂直线的投影特性见表 2-2。

表 2-2　投影面垂直线的投影特性

名　称	直　观　图	投　影　图	投　影　特　性
铅垂线	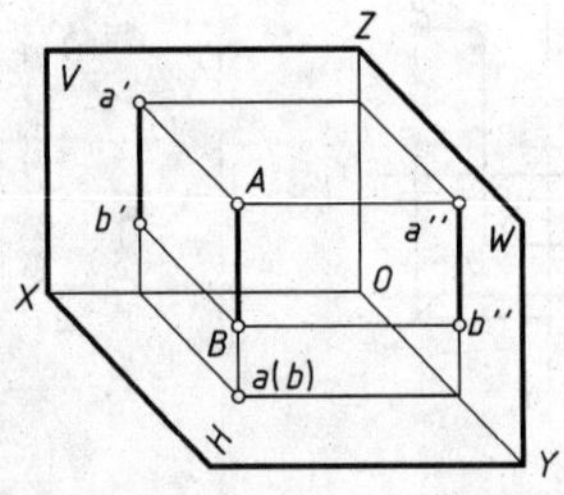	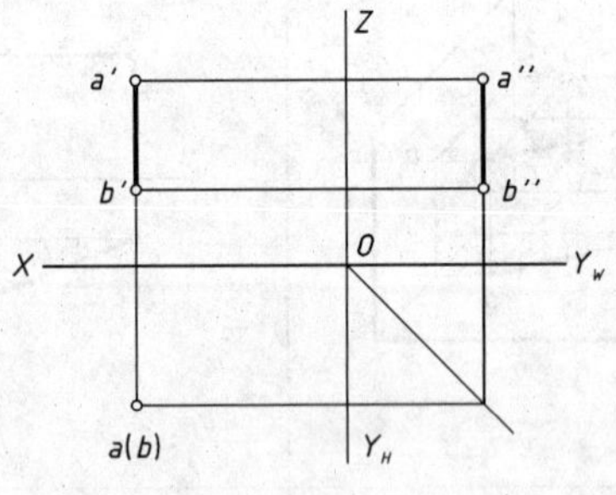	（1）水平投影积聚为一点； （2）正面投影和侧面投影都平行于 Z 轴，并反映实长
正垂线	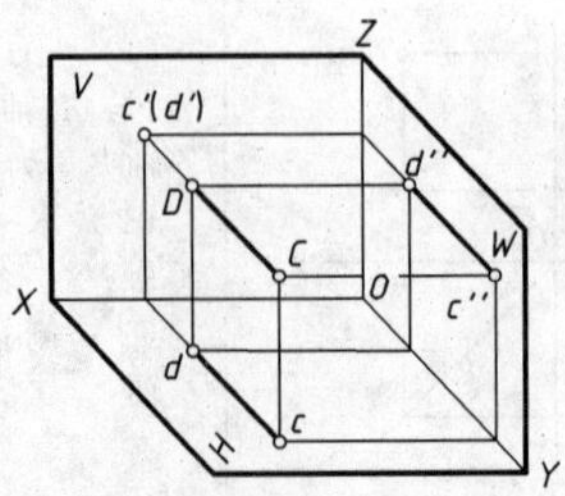	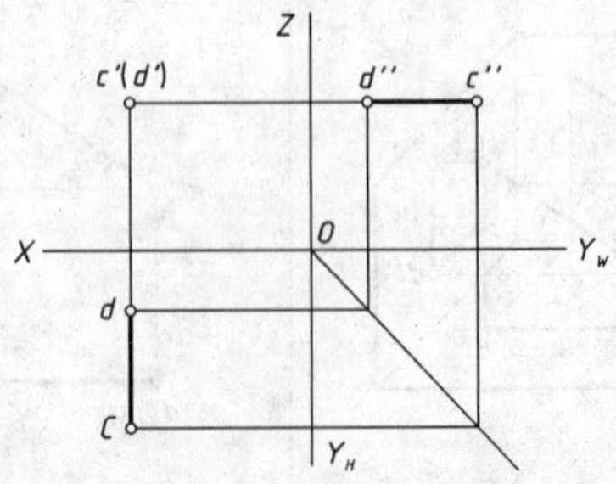	（1）正面投影积聚为一点； （2）水平投影和侧面投影都平行于 Y 轴，并反映实长

（续表）

名　称	直　观　图	投　影　图	投 影 特 性
侧垂线			（1）侧面投影积聚为一点； （2）正面投影和水平投影都平行于 X 轴，并反映实长

3）一般位置直线

一般位置直线与三个投影面都倾斜，因此在三个投影面上的投影都不反映实长，投影与投影轴之间的夹角也不反映直线与投影面之间的倾角，如图 2-14 中的直线 AB。

2.2.2.3 一般位置直线的实长及对投影面的倾角

由上可知，一般位置直线的投影既不反映实长，又不反映对投影面的倾角。但在工程上，往往要求在投影图上用作图的方法解决这类问题。几何分析如下：

如图 2-15a 所示，现过 B 点作 ab 平行线，得到直角三角形 ABA_0。其中，AA_0 直角边为 A、B 两点 Z 方向的坐标差；另一直角边为直线水平投影 ab；直角三角形的斜边为直线 AB 的实长；实长与 ab 投影的夹角即直线对该投影面的倾角。投影图做法如图 2-15b 所示。

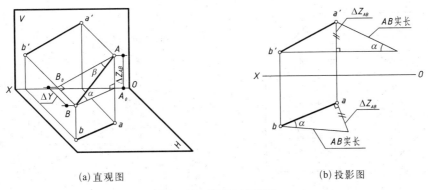

(a) 直观图   (b) 投影图

图 2-15　直角三角形法

上述这种通过辅助作图，构成直角三角形求实长的方法，称为直角三角形法。即以线段的某一投影长度为一直角边，线段两端点对该投影面的坐标差为另一直角边，作一直角三角形，其斜边等于线段的实长，斜边与投影的夹角等于线段对该投影面的倾角。

这里只要知道实长、投影、坐标差和倾角四个要素中的任意两个，即可求出其他两个未知要素。

例 2-3　已知直线 AB 的两面投影，如图 2-16a 所示，求直线的实长和对水平面的倾角 α。

过 AB 水平投影 ab 中的 b 点作 ab 的垂线,截取垂线长度 L 等于 A、B 两点的 Z 坐标差;连接截取点和 a 即可得到 AB 的实长。实长与水平投影的夹角即为直线对水平投影面的倾角 α,如图 2-16b 所示。

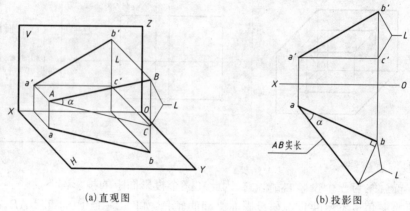

(a)直观图　　　　　　　　　　(b)投影图

图 2-16　求直线的实长和倾角 α

2.2.2.4　直线上的点的投影

点的投影如果在直线上,就要符合以下两个条件:

(1) 从属性。点在直线上,则点的各个投影必定在该直线的同面投影上;反之若一个点的各个投影都在直线的同面投影上,则该点必定在直线上。

(2) 定比性。若点属于直线,则点分线段之比,投影之后其比值保持不变。$AC:CB = ac:cb = a'c':c'b' = a''c'':c''b''$,如图 2-17 所示。

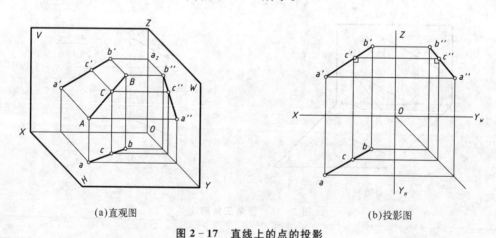

(a)直观图　　　　　　　　　　(b)投影图

图 2-17　直线上的点的投影

例 2-4　已知侧平线 AB 的两面投影以及属于 AB 的点 C 的 V 面投影 c',求 C 的 H 面投影 c,如图 2-18a 所示。

方法一　利用第三投影定出 c,作图步骤如下:

(1) 求出 AB 的侧面投影 $a''b''$,同时求出 c'',如图 2-18b 所示。

(2) 根据点的投影规则,由 c'、c'' 对应求出 c。

方法二　利用定比关系求出 c,作图步骤如下:

(1) 过 a 点任作辅助线 ab_0，并截取 $ac_0 = a'c'$、$c_0b_0 = c'b'$，如图 2-18c 所示。

(2) 连接 b_0b，过 c_0 作 $c_0c \parallel b_0b$，交 ab 于 c 点，即为所求。

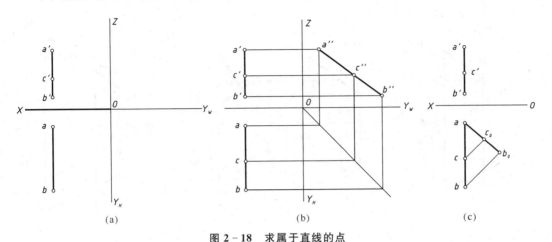

(a)　　　　　　　　　　　　(b)　　　　　　　　　　　　(c)

图 2-18　求属于直线的点

2.2.2.5　两直线的相对位置

空间两直线的相对位置有平行、相交、交叉。前两种情况属于同一平面内的直线，简称共面线；后者为异面直线，称为交叉线，如图 2-19 所示。

(1) 平行两直线的同面投影分别相互平行，且保持定比性，如图 2-19a 所示。

(2) 相交两直线同面投影分别相交，且交点符合点的投影规律，如图 2-19b 所示。

(3) 既不平行又不相交的两直线，为交叉两直线，如图 2-19c 所示。交叉两直线上的交点是重影点，不符合点的投影规律。

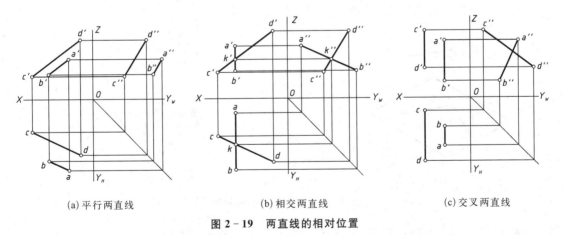

(a) 平行两直线　　　　　　　(b) 相交两直线　　　　　　　(c) 交叉两直线

图 2-19　两直线的相对位置

例 2-5　判断两直线 AB 和 CD 的相对位置，如图 2-20a 所示。

方法一　直线 AB 和 CD 的正面投影和水平投影都不平行，说明它们不是平行两直线，要判断直线 AB、CD 为相交两直线还是交叉两直线，作出两直线的第三面投影，判断第三投影有没有交点，且是否符合点的投影规律。补画投影轴，作出侧面投影后，发现点 K'' 不在 AB 侧面投影 $a''b''$ 上，故 AB、CD 为交叉两直线，如图 2-20b 所示。

方法二　假设 AB、CD 是相交两直线，则交点 K 应分割 AB 成定比。过 a 任作一直线

aB_0，令 $aB_0 = a'b'$；在 aB_0 上截取 $aK_0 = a'k'$，连接 bB_0、kK_0，因为 kK_0 不平行于 bB_0，所以 K 点不是交点，而是重影点，AB 和 CD 是交叉两直线，如图 2−20c 所示。

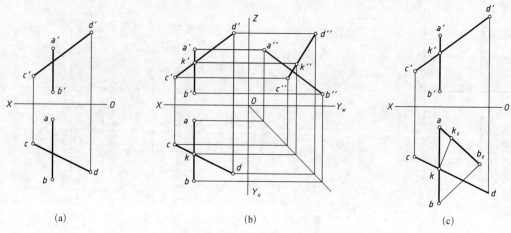

图 2−20　判断两直线的相对位置

2.2.2.6　直角投影定理

空间垂直相交的两直线，若其中一直线为投影面平行线，则两直线在该投影面上的投影互相垂直。此投影特性称为直角投影定理。反之，如相交两直线在某一投影面的投影互相垂直，若其中有一直线为该投影面的平行线，则这两直线是空间互相垂直的两直线。

如图 2−21a、b 所示，$AB \perp BC$，其中 $AB \parallel H$ 面，BC 倾斜于 H 面。因 $AB \perp Bb$、$AB \perp BC$，则 $AB \perp$ 平面 $BbcC$，因 $ab \perp$ 平面 $BbcC$，因此，$ab \perp bc$，即 $\angle abc = 90°$。

以上性质也适用于交叉垂直两直线，如图 2−21c 所示。

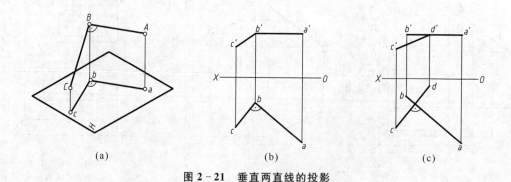

图 2−21　垂直两直线的投影

例 2−6　如图 2−22a 所示，求 AB、CD 两直线的公垂线 EF。

由图 2−22a 可知，AB 为正垂线、CD 为一般位置直线，故它们的公垂线 EF 是正平线。EF 与 CD 垂直可在 V 面上反映直角，作图应从 V 面投影着手。具体作图过程如下：

（1）如图 2−22b 所示，E 点在 AB 直线上，所以 e' 与 $a'(b')$ 重合，先过 e' 作 $d'c'$ 的垂线，得垂足 f'。

（2）如图 2−22c 所示，再在 cd 上求得 f，过 f 作 ab 的垂线交 ab 于 e。ef 和 $e'f'$ 即为所求。

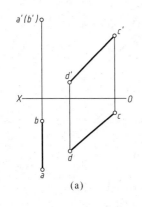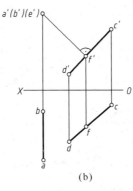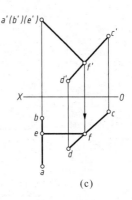

| (a) | (b) | (c) |

图 2 – 22　作图过程

2.2.3　平面的投影

2.2.3.1　平面的表示法

1) 几何元素表示法

由初等几何可知,不属于同一直线的三点确定一平面。因此,可由下列任意一组几何元素的投影表示平面:

(1) 不属于同一直线的三点,如图 2 – 23a 所示。

(2) 一直线和不属于该直线的一点,如图 2 – 23b 所示。

(3) 相交两直线,如图 2 – 23c 所示。

(4) 平行两直线,如图 2 – 23d 所示。

(5) 任意平面图形,如图 2 – 23e 所示。

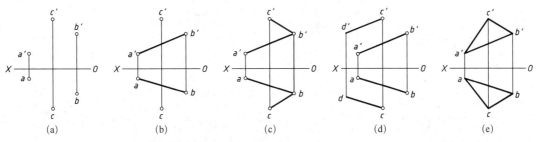

| (a) | (b) | (c) | (d) | (e) |

图 2 – 23　用几何元素表示平面

2) 迹线表示法

平面与三个投影面的交线称为迹线。用迹线表示的平面称为迹线平面。平面与 V 面、H 面、W 面的交线分别称为正面迹线 P_V(V 面迹线)、水平迹线 P_H(H 面迹线)、侧面迹线 P_W(W 面迹线),如图 2 – 24 所示。

在图学中有时会用迹线来表示各种特殊位置平面,尤其是投影面平行面,如图 2 – 25 所示。

2.2.3.2　各种位置平面的投影特性

根据平面在三投影面体系中位置,可分为一般位置平面、投影面平行面、投影面垂直面。平面与 H、V、W 面的两面角分别是该平面对投影面倾角,分别用希腊字母 α、β、γ 表示。

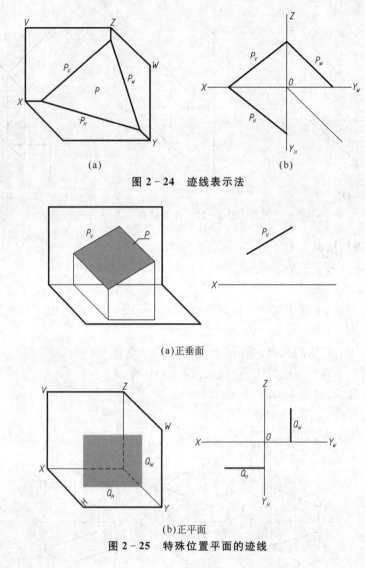

图 2 - 24　迹线表示法

(a)正垂面

(b)正平面

图 2 - 25　特殊位置平面的迹线

1) 一般位置平面

　　一般位置平面与三个投影面都倾斜,即该平面与三个投影面的倾角分别是 α、β、γ;在三个投影面上的投影都不反映实形,而是类似形,如图 2 - 26 所示。

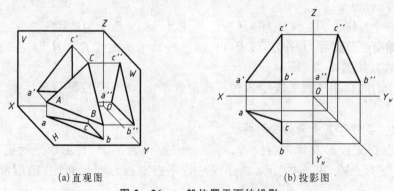

(a)直观图

(b)投影图

图 2 - 26　一般位置平面的投影

2）投影面平行面

平行于一个投影面,而垂直于另外两个投影面的平面称为投影面的平行面。平面在所平行的投影面上的投影反映实形,其余的投影都是平行于投影轴的直线,见表 2 - 3。

表 2 - 3　投影面平行面的投影特性

名　称	直　观　图	投　影　图	投　影　特　性
水平面			（1）水平投影反映实形; （2）正面投影积聚成平行于 X 轴的直线; （3）侧面投影积聚成平行于 Y 轴的直线
正平面			（1）正面投影反映实形; （2）水平投影积聚成平行于 X 轴的直线; （3）侧面投影积聚成平行于 Z 轴的直线
侧平面			（1）侧面投影反映实形; （2）正面投影积聚成平行于 Z 轴的直线; （3）水平投影积聚成平行于 Y 轴的直线

水平面:平行于 H 面,垂直于 V、W 面。

正平面:平行于 V 面,垂直于 H、W 面。

侧平面:平行于 W 面,垂直于 H、V 面。

3）投影面垂直面

垂直于一个投影面,而与其他两个投影面都倾斜的平面,称为投影面的垂直面。平面在所垂直的投影面上的投影积聚成一直线,该直线与投影轴的夹角,是该平面对另外两个投影面的真实倾角,而另外两个投影面上的投影是该平面的类似形,见表 2 - 4。

铅垂面:垂直于 H 面而倾斜于 V、W 面。

正垂面:垂直于 V 面而倾斜于 H、W 面。

侧垂面:垂直于 W 面而倾斜于 V、H 面。

表 2 - 4 投影面垂直面的投影特性

名 称	直 观 图	投 影 图	投 影 特 性
铅垂面			(1) 水平投影积聚成直线,与 X 轴夹角为 β,与 Y 轴夹角为 γ; (2) 正面投影和侧面投影具有类似性
正垂面			(1) 正面投影积聚成直线,与 X 轴夹角为 α,与 Z 轴夹角为 γ; (2) 水平投影和侧面投影具有类似性
侧垂面			(1) 侧面投影积聚成直线,与 Y 轴夹角为 α,与 Z 轴夹角为 β; (2) 正面投影和水平投影具有类似性

2.2.3.3 平面上的点和直线

1) 平面上取点

如果点在平面内的任一直线上,则点一定在该平面上。因此要在平面内取点,必须过点在平面内取一条已知直线,如图 2 - 27a 所示。

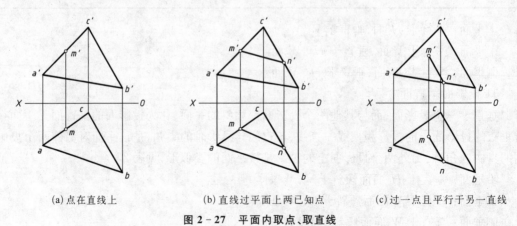

(a) 点在直线上　　　　　(b) 直线过平面上两已知点　　　　　(c) 过一点且平行于另一直线

图 2 - 27　平面内取点、取直线

2) 平面内取直线

(1) 一直线经过平面上两点，则该直线一定在已知平面上，如图 2-27b 所示。

(2) 一直线经过平面上一点且平行于平面上的另一已知直线，则此直线一定在该平面上，如图 2-27c 所示。

例 2-7 求平面 ABC 上点 K 的正面投影，如图 2-28a 所示。

点 K 在平面 ABC 上，则点 K 在平面 ABC 的一条直线上，过点 K 作平面内直线，求得该直线的正面投影，然后根据点 K 在线上，正面投影在直线的同面投影上求得。

方法一 如图 2-28b 所示。

(1) 连接水平投影 a 和 k，并延长与直线 bc 相交于点 1。

(2) 在 BC 的正面投影 $b'c'$ 上找到 $1'$，连接 $a'1'$，则 $A1$ 是平面 ABC 上的直线。

(3) 过 k 向上作投影连线与 $a'1'$ 相交于 k'，即为所求点 K 的正面投影。

方法二 如图 2-28c 所示。

(1) 过 k 作 $k1 \parallel ac$，与 bc 相交于 1，在 $b'c'$ 上求得 1 的正面投影 $1'$。

(2) 过 $1'$ 作 $1'k' \parallel a'c'$，与过 k 点的投影连线相交于 k'，k' 即为所求。

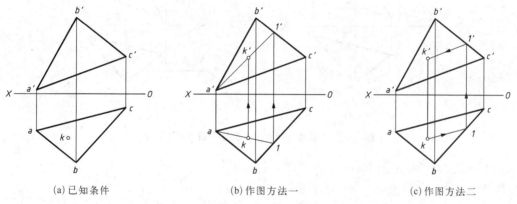

| (a) 已知条件 | (b) 作图方法一 | (c) 作图方法二 |

图 2-28 求平面上点 K 的正面投影

3) 平面内作投影面平行线

平面上平行于投影面的直线，称为平面上的投影面平行线。

例 2-8 在平面 ABC 内作一条水平线，使其到 H 面距离为 10 mm，如图 2-29a 所示。

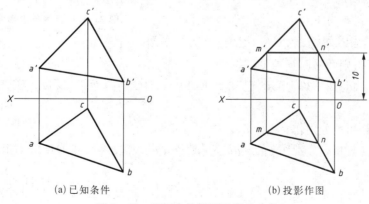

| (a) 已知条件 | (b) 投影作图 |

图 2-29 平面内投影面平行线作法

在正面投影上作到投影轴的距离为 10 mm，且平行于投影轴的直线 $m'n'$，与 AC 和 BC 的正面投影分别相交于 m'、n'，在 ac 和 bc 求得 m'、n' 的水平投影 m、n，连接 mn 即为所求，如图 2 - 29b 所示。

2.3　直线与平面、平面与平面的相对位置

2.3.1　平行

2.3.1.1　直线与平面平行

若一直线平行于平面上的任一直线，则此直线必定与该平面平行。

例 2 - 9　过点 M 作正平线与平面 ABC 平行，如图 2 - 30a 所示。

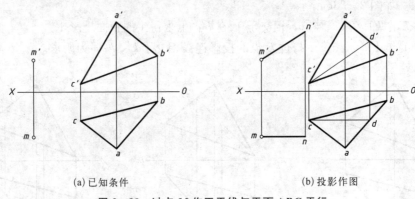

(a) 已知条件　　　　　　　　　　(b) 投影作图

图 2 - 30　过点 M 作正平线与平面 ABC 平行

过 c 作 cd // OX，与 ab 相交于 d 点，在 $a'b'$ 求得 d'，连接 $c'd'$；过 m、m' 分别作 mn // cd、$m'n'$ // $c'd'$，连线 nn'，MN 即为所求线段，如图 2 - 30b 所示。

如果直线与投影面垂直面平行，则在该平面所垂直的投影面上，直线的投影应该平行于平面的积聚性投影，如图 2 - 31 所示。

2.3.1.2　两平面平行

若一平面上相交两直线，对应地平行于另一平面上的相交两直线，则两平面互相平行。

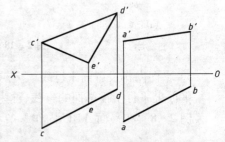

图 2 - 31　直线与投影面垂直面平行

例 2 - 10　如图 2 - 32a 所示，已知点 K 和 $\triangle ABC$ 的两面投影，过点 K 作平面平行于 $\triangle ABC$。

(1) 过点 k 和 k' 分别作 de // ac、$d'e'$ // $a'c'$。

(2) 再过点 k 和 k' 分别作 fg // ab、$f'g'$ // $a'b'$，相交两直线 DE、FG 即为所求，如图 2 - 32b 所示。

当两平面同时垂直于某一个投影面，从它们积聚的投影互相平行，即可判定两平面平行，如图 2 - 33 所示。

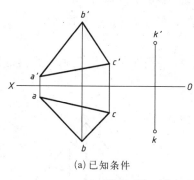

(a) 已知条件

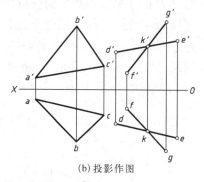

(b) 投影作图

图 2 - 32　过点 A 作平面 ABC 平行面△DEF

2.3.2　直线与平面相交、平面与平面相交

直线与平面相交、平面与平面相交,其实质
是求直线与平面的共有点、两平面的共有线。共
有点和共有线是可见与不可见的分界点、分界
线,依此可以判别可见性。

1) 直线与特殊位置平面相交

由于特殊位置平面有积聚投影,所以直线与
它交点的一个投影,可直接利用积聚性求出,而
交点的其他投影可利用平面上取点的方法求得。

例 2 - 11　求直线 MN 与铅垂面 BCDE 交
点 A 的投影,并判别可见性,如图 2 - 34 所示。

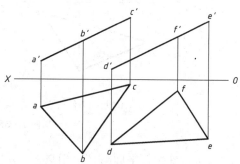

图 2 - 33　平面与投影面垂直面平行

(1) 如图 2 - 34a 所示,平面 BCDE 是铅垂面,一般位置直线 MN 与其交点 A 是共有
点,水平投影 a 在具有积聚的投影上直接求得。

(2) 再根据点的从属性和点的投影规律,求出正面投影点 a'。

(3) 判断可见性。由水平投影可看出,在 a 点的右侧,直线 an 在平面 bcde 之前,所以
a'n'可见,画粗实线;在 a 点的左侧,直线 am 在平面 bcde 之后的部分不可见,画虚线,如图
2 - 34b 所示。

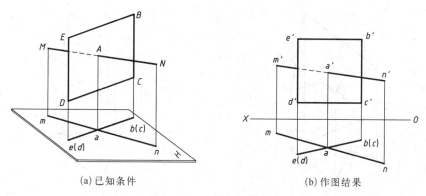

(a) 已知条件　　　　　　　　　　(b) 作图结果

图 2 - 34　直线与平面相交

例 2 - 12　如图 2 - 35a 所示,求铅垂线 AB 与一般位置平面 CDE 的交点。

因直线 AB 的水平投影积聚为一点,故交点 K 的水平投影与 ab 重合。

(1) 连接 ca 并延长与 de 相交于点 1,交点 1 在 DE 上,在 $d'e'$ 上找到 $1'$。

(2) 连接 $c'1'$ 与 $a'b'$ 相交于点 k'。

(3) 判别可见性,cd 在 ab 前边,所以直线 $a'k'$ 被平面遮挡的部分画虚线,直线 $k'b'$ 可见,画粗实线,如图 2-35b 所示。

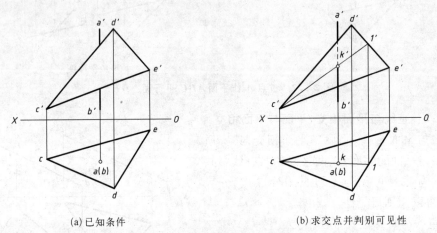

(a) 已知条件   (b) 求交点并判别可见性

图 2-35　直线与平面相交

2) 特殊位置平面与平面相交

平面与平面相交,其交线是可见与不可见的分界线,不可见的用虚线画出。

例 2-13　如图 2-36a 所示,求铅垂面 DEF 与一般位置平面 ABC 的交线。

(1) 在水平投影面上,求出一般位置直线 AC 和 BC 与铅垂面 DEF 的交点,得交线的水平投影 mn。

(2) 在 $a'c'$ 和 $b'c'$ 上分别求得 m'、n',连接 $m'n'$ 得交线的正面投影。

(3) 判别可见性,找正投影面上的重影点 $1'$、$(2')$,分别找出其水平投影 1、2,1 在前,即 DE 上的点 1 可见,BC 上的点 2 不可见。以交线 mn 分界,交线的左边,DEF 可见,ABC 不可见;交线的右边则 ABC 可见,DEF 不可见,如图 2-36b 所示。

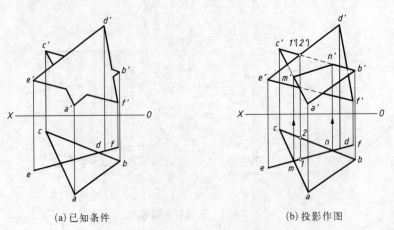

(a) 已知条件   (b) 投影作图

图 2-36　铅垂面与一般位置平面相交

3) 两投影面垂直面相交求交线

两个正垂面的交线是一条正垂线,两个铅垂面的交线是一条铅垂线,两个侧垂面的交线是一条侧垂线。两平面积聚性投影的交点就是交线的积聚性投影。

例 2 - 14　如图 2 - 37a 所示,求正垂面 ABC 与正垂面 DEF 的交线。

(1) 找到两正垂面正面投影的交点 $m'n'$。

(2) 过交点 $m'n'$ 向下作投影连线,找到两平面的公共部分 mn。

(3) 判别水平投影中 mc 和 fn 的可见性。从重影点 1、2 的正面投影可知:1 点可见,2 点不可见,即 $m1$ 可见、$n2$ 不可见。交线 mn 的左边,平面 DEF 上的点可见、画粗实线,平面 ABC 上的点不可见、画虚线,如图 2 - 37b 所示。

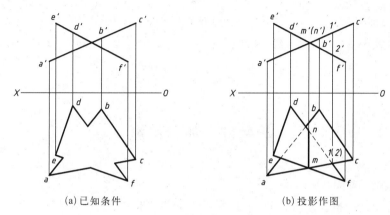

(a) 已知条件　　　　　　　　　　　　(b) 投影作图

图 2 - 37　两正垂面的相交

2.3.3　直线与平面垂直、平面与平面垂直

1) 直线垂直于平面

如果一直线垂直于平面内任意两条相交直线,则直线与平面相互垂直。

若一直线垂直于一平面,则该直线的水平投影必垂直于平面上水平线的水平投影,直线的正面投影必垂直于平面上正平线的正面投影,直线的侧面投影必垂直于平面上侧平线的侧面投影。反之,可判断直线与空间平面垂直。

例 2 - 15　已知正垂面△DEF 和点 A 的两面投影,如图 2 - 38a 所示。过点 A 作直线 AB 垂直于正垂面△DEF,交△DEF 于点 B。

正垂面的垂直线一定是一条正平线。

(1) 过 a' 作一垂线垂直于 $d'e'f'$,垂足为 b'。

(2) 过 a 作 OX 轴的平行线 ab,与过 b' 的投影连线相交于 b,AB 即为所求,如图 2 - 38b 所示。

2) 平面垂直于平面

一直线垂直于一平面时,包含这条直线所作的所有平面都垂直于该已知平面。

如果两个平面相互垂直,则一个平面上必然包括另一个平面的一条垂线。若相互垂直的两个平面均垂直于同一个投影面,则它们的积聚性投影相互垂直,如图 2 - 39 所示。

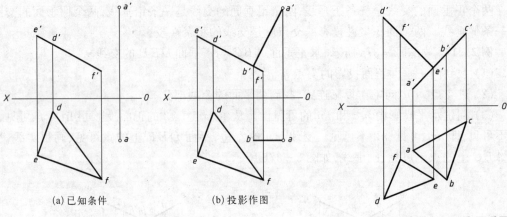

(a) 已知条件   (b) 投影作图

图 2 - 38   过点 A 作直线垂直于△DEF   **图 2 - 39   正垂面△ABC 和正垂面**
△DEF 垂直

2.4   圆 的 投 影

1) 与投影面平行的圆

当圆平行于某一投影面时,圆在该投影面上的投影仍为圆,反映真实形状;其余两投影均积聚成直线,长度等于直径,且平行于相应的投影轴。如图 2-40 所示为圆心是 O 的一个水平圆的立体图和投影图。

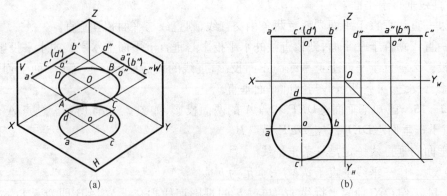

(a)   (b)

图 2 - 40   水平圆的投影

2) 与投影面倾斜的圆

当圆倾斜于投影面时,其在投影面上的投影是椭圆。圆的每一对互相垂直的直径,投影成椭圆的一对共轭直径(图 2-41)。在椭圆的各对共轭直径中,有一对互相垂直,成为椭圆的对称轴也就是椭圆的长轴和短轴。根据投影特性可知:椭圆的长轴是平行于投影面的直径的投影,短轴则是与其相垂直的直径的投影。

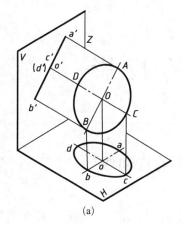

(a)

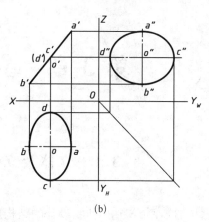

(b)

图 2 – 41 正垂圆的投影

第3章 立体的投影

3.1 立体及立体表面上的点和线

根据机器零件的功用不同,设计的结构形状和复杂程度也不同。但是,无论多么复杂的零件都可以看作由一些基本几何体按照某种方式组合而成。因此,要看懂复杂形体的图样,首先要研究这些基本几何体的投影。

基本几何体按其表面性质,可分为平面立体和曲面立体。由平面围成的立体称为平面立体,如棱柱、棱锥、棱台等,如图3-1a所示。由曲面或曲面与平面围成的立体称为曲面立体,如圆柱、圆锥、球、圆环等,如图3-1b所示。

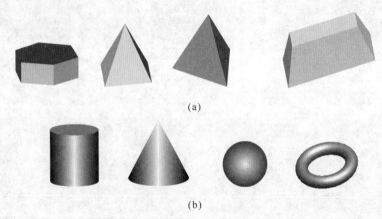

(a)

(b)

图3-1 常见的基本立体

3.1.1 平面立体的投影及表面取点

3.1.1.1 平面立体的投影

由于平面立体由平面围成,而平面又是由直线段围成,每个直线段又由两个端点确定,因此,绘制平面立体的投影也就是绘制围成它各个表面的投影,即绘制各个表面的交线(棱线)及各顶点(棱线的交点)的投影。物体的棱线是立体的轮廓线,可见的轮廓线画成粗实线;不可见的画成虚线;当粗实线和虚线重合时,画成粗实线。

根据正投影的特点,物体在三投影面体系中,距离投影面的远近并不影响物体投影的大小,因此基本几何形体的三面投影可以不画投影轴,称为无轴投影图,但三个投影仍然遵循正投影的投影规律:

正面投影与水平投影的长度相等,即长对正。

正面投影与侧面投影的高度相等,即高平齐。

水平投影与侧面投影的宽度相等,即宽相等。

1) 棱柱的投影

平面立体的棱线与底面垂直的棱柱称为直棱柱,上、下底面均为正多边形的直棱柱称为正棱柱。

(1) 五棱柱分析。图3-2所示为正五棱柱的立体图和三视图。正五棱柱的上、下两个底面为水平面,每个面5条边,4条水平线和1条侧垂线;5个棱面,4个铅垂面和1个正平面;5条棱线均为铅垂线。

正五棱柱的上、下底面为水平面,水平投影反映实形,即正五边形,正面投影和侧面投影积聚成平行于相应投影轴的直线;5个侧面中,后棱面为正平面,正面投影反映实形,侧面投影积聚成平行于投影轴的直线;其余4个棱面均为铅垂面,水平投影积聚成直线。

(2) 正五棱柱的画图方法。

① 画出反映顶面、底面实形(正五边形)的水平投影。

② 根据棱柱的高度按三面投影关系画出其余两投影图,如图3-2b所示。

注意轮廓线投影的可见性,正面投影中棱线EE_0和DD_0被前面的棱面遮挡住,$e'e_0'$、$d'd_0'$不可见、画虚线,在侧投影面中棱线DD_0、CC_0被EE_0、AA_0遮挡,且投影重合,故不画虚线。

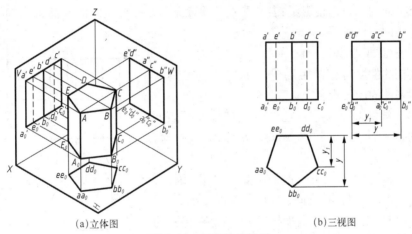

(a)立体图　　　　　(b)三视图

图3-2　五棱柱的投影

2) 棱锥的投影

(1) 棱锥的分析。棱锥的底面为一个多边形,由该底面多边形的各个顶点引出的棱线交汇于一点即为棱锥的锥顶,棱锥的各侧棱面均为三角形。底面为正多边形,各侧棱面为等腰三角形的棱锥称为正棱锥。

图3-3a表示的正三棱锥,底面△ABC呈水平放置,水平投影△abc反映实形。棱面△SAB、△SBC是一般位置面,它们的各个投影均为类似形,棱面△SAC为侧垂面,其W面投影$s''a''(c'')$积聚为一直线。

(2) 正三棱锥的画图方法。

① 画反映实形的底面的水平投影abc。

② 画底面的正面投影和侧面投影,均积聚为一条直线。

③ 画锥顶的三面投影。

④ 画棱线的三面投影,如图3-3b所示。

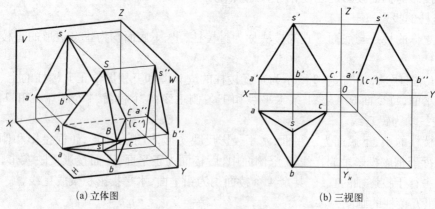

(a) 立体图　　　　　　　　　　　　(b) 三视图

图 3 - 3　三棱锥的投影

3.1.1.2　平面立体的表面取点

绘制平面立体表面上的点的投影,其原理和方法与平面上取点相同。首先确定点所在的平面,并分析该平面的投影特性。若该平面垂直某一投影面,则点在该投影面上的投影必定落在这个平面的积聚性投影上;若点所在的平面是一个一般位置的平面,则点的其他投影要通过辅助线的方法求得。

1) 棱柱表面取点

由于棱柱的棱面有积聚性,所以棱面上的点会落在棱面具有积聚性的同面投影上。

例 3 - 1　如图 3 - 4 所示,已知正六棱柱及其表面上的点 M 的正面投影 m' 和点 N 的水平投影 n,求 M、N 点的其余两投影。

由于正六棱柱的各个表面都处于特殊位置,因此,在其表面上取点均可利用平面投影的积聚性。因为 m' 的正面投影可见,所以 M 点水平投影 m 必定在棱柱的左前面上,此棱面是铅垂面,水平投影积聚成线,m 点必落在该直线上,由 M 点的 m、m' 两个投影点即可求得侧

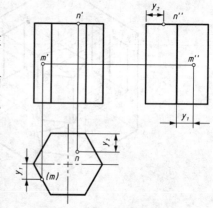

图 3 - 4　正六棱柱表面取点

面投影 m''。又知点 N 的水平投影 n 是可见点,因此点 N 必定在六棱柱顶面,n'、n'' 分别在顶面的积聚直线上。

2) 棱锥表面取点

例 3 - 2　如图 3 - 5 所示,已知三棱锥表面上点 D、E 的正面投影 d'、e',求作点 D、E 的水平投影 d、e。

该棱锥的表面既有特殊位置平面(正垂面 SBC 和水平面 ABC),也有一般位置平面(平面 SAC 和平面 SAB)。属于特殊位置平面的点的投影,利用积聚性直接求得,而一般位置平面上的点要通过做辅助线求得。从投影图可知,点 d' 可见,在平面 SAB 上;点 e' 不可见,在平面 SAC 上。这两个面都是一般位置的平面,所以利用辅助线求其他投影。画辅助线的方法多种,只要有利于解题即可。

方法一　如图 3 - 5a 所示,可在正投影面通过顶点 s' 和点 $d'(e')$ 作辅助线 $S'1'(S'2')$,

再求得辅助线 $S'1'(S'2')$ 的水平投影 $S1(S2)$，根据投影规律得到线上的点 d 和点 e。

方法二　如图 3-5b 所示，过点 d' 和 e' 在锥面上作底边的平行线 $d'g'$、$e'g'$，通过正面投影点 g'，求出其水平投影点 g，过 g 点再作平行底边的平行线，根据投影规律得到线上的点 d 和点 e。

方法三　如图 3-5c 所示，过已知的投影点 d'、e'，作任意辅助直线 $m't'$、$m'n'$。求出其水平投影 mt、mn，再根据投影规律得到线上的点 d 和点 e。

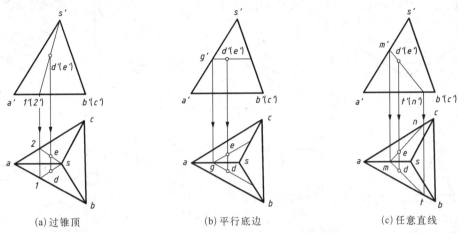

|(a) 过锥顶|(b) 平行底边|(c) 任意直线|

图 3-5　三棱锥表面上点的投影

3.1.2　曲面立体的投影及表面取点

3.1.2.1　曲面立体的投影

机件中常见的曲面立体多为回转体。由于它们的形成有一个共同的特征，即一条母线（直线或曲线）围绕一条轴线旋转一周而形成的立体，母线回转过程中，在回转体表面上任何一个位置时称为素线。常见曲面立体的投影见表 3-1。

表 3-1　圆柱、圆锥、圆球和圆环的形成和投影

名称	圆　锥	圆　柱	圆　球	圆　环
形成方法和简图	直线 SA 绕与其相交的轴线回转而成	直线绕与其平行的轴线回转而成	圆以其自身的直径为轴线回转而成	圆绕与其共面但不过圆心的轴线回转而成
轴线位置	铅垂线	铅垂线	过球心的任意直径	铅垂线

（续表）

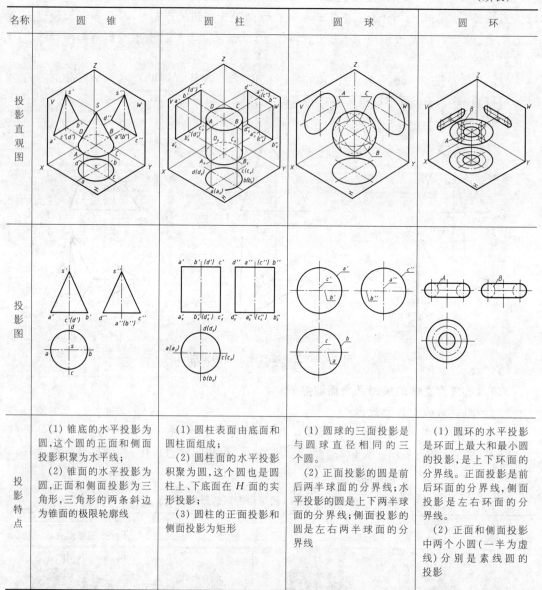

名称	圆 锥	圆 柱	圆 球	圆 环
投影直观图				
投影图				
投影特点	（1）锥底的水平投影为圆，这个圆的正面和侧面投影积聚为水平线； （2）锥面的水平投影为圆，正面和侧面投影为三角形，三角形的两条斜边为锥面的极限轮廓线	（1）圆柱表面由底面和圆柱面组成； （2）圆柱面的水平投影积聚为圆，这个圆也是圆柱上、下底面在 H 面的实形投影； （3）圆柱的正面投影和侧面投影为矩形	（1）圆球的三面投影是与圆球直径相同的三个圆。 （2）正面投影的圆是前后两半球面的分界线；水平投影的圆是上下两半球面的分界线；侧面投影的圆是左右两半球面的分界线	（1）圆环的水平投影是环面上最大和最小圆的投影，是上下环面的分界线。正面投影是前后环面的分界线，侧面投影是左右环面的分界线。 （2）正面和侧面投影中两个小圆（一半为虚线）分别是素线圆的投影

注：1. 母线上任意一点的轨迹是一个纬圆，纬圆圆心是轨迹平面与轴线的交点，半径等于点到轴线的距离。
    2. 表面取点的方法：利用纬圆求点；对母线是直线的回转体可利用直素线求点。

3.1.2.2 曲面立体表面取点

1）圆柱表面上取点

在圆柱表面取点可以利用其投影的积聚性来作图。

例 3-3 如图 3-6 所示，圆柱面上有两点 M 和 N，已知它在 V 面投影 m' 和 n'，且为可见，求另外两投影。

由于点 N 在圆柱最左边的素线上，则水平投影 n 和侧面投影 n'' 可直接求出；点 M 可利用圆柱面的水平投影有积聚性的特点，先求出点 M 在 H 面的投影 m，再由 m 和 m' 求出 m''。点 M 在圆柱面的前右半部分，故其 W 面投影 m'' 为不可见。

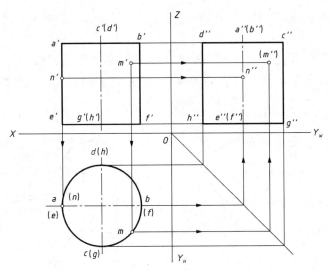

图 3 - 6 圆柱体表面取点

2) 圆锥表面上取点

圆锥表面上取点的方法有两种,素线法和纬圆法,如图 3 - 7 所示。

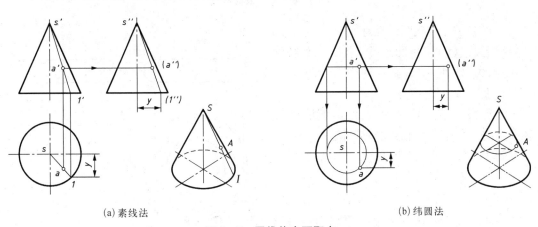

(a) 素线法   (b) 纬圆法

图 3 - 7 圆锥体表面取点

例 3 - 4 如图 3 - 7 所示,已知圆锥表面上点 A 的正面投影 a′,求作另外两个投影。

方法一 如图 3 - 7a 所示,过顶点 s′ 和 a′ 作素线 s′1′ 为辅助线(即圆锥面上素线 SI 的正面投影),再作出 SI 的水平投影 s1 和侧面投影 s″1″,按投影规律点 a 和 a″ 必分别在 s1 和 s″1″ 上。

方法二 如图 3 - 7b 所示,过点 A 在锥面上作一水平面交圆锥一个纬圆,作为辅助纬圆,点 A 在这个纬圆上,其投影必在纬圆的同面投影上。因此,作出纬圆水平投影和侧面投影。点 A 在前半锥面上,故由 a′ 向下引直线交于前半纬圆周,交点 a 为水平投影,再由 a′ 和 a 求出(a″)。

3) 圆球表面上取点

由于圆球是最特殊的回转体,过球心的任意一直径都可以作为回转轴,作无数个圆。为了作图简便,求属于圆球表面上的点,常利用过该点作一个平行于任一投影面的纬圆。

例 3 - 5 如图 3 - 8a 所示,已知球面上 A 点的正面投影 a'、B 点的水平投影 (b),作点的另两面投影。

如图 3 - 8b 所示,首先过 a' 作水平圆(纬圆),再作其正面投影和水平投影;点 A 就在此水平圆(纬圆)上,并且由 a' 判断点 A 在前半球面,由此根据投影关系,求得水平投影点 a 和侧面投影点 a'',由于点 A 在左上半球上,所以 a'' 可见。

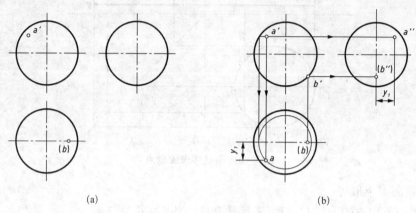

(a) (b)

图 3 - 8 球体表面取点

B 点在右下半球上,且在前后半球面的分界线上,过 (b) 作投影连线,求得正平圆下的 b' 点;由 (b) 和 b' 求出侧面投影 (b'') 点。

4) 圆环表面上取点

圆环表面取点可利用辅助纬圆法,即过环面上的点作垂直于轴线的辅助圆。

例 3 - 6 如图 3 - 9 所示,已知环面上 M 点的正面投影 m',求作 m 和 m''。

由 m' 的位置可知,M 点在上半、前半和左半环面上,过 m' 作水平辅助纬圆的正面投影为一直线,再作该圆的水平投影和侧面投影,从而求得 m 和 m''。

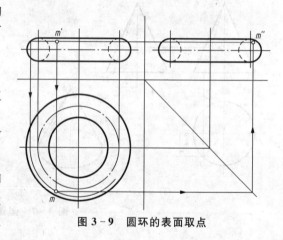

图 3 - 9 圆环的表面取点

3.2 截 交 线

机件上常见到一些交线,其中平面与立体表面相交而产生的交线,称为截交线。截切立体的平面称为截平面;而立体被截切后,由截交线围成的平面图形称为断面,如图 3 - 10 所示。

3.2.1 截交线的基本性质及求解方法

1) 截交线的基本性质

(1) 封闭性。截交线一般是由直线或曲线或直线和曲线围成的封闭的平面图形。

（2）共有性。截交线是截平面与立体
表面的共有线,即截交线上的点是截平面
和立体表面的共有点。

（3）截交线的形状。取决于立体表面
的形状和截平面与立体的相对位置。

2）截交线的求解方法

根据截交线的性质求截交线的实质,
就是求出截平面与立体表面的共有点、共
有线。求解步骤如下:

（1）求特殊位置点,即最高、最低、最
前、最后、最左、最右点、轮廓分界线上
的点。

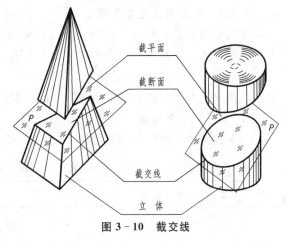

图 3-10　截交线

（2）求一般位置点,在特殊点中间,求作若干个一般位置点。

（3）逐点连线,加粗描深。

3.2.2　平面与平面立体相交

平面与平面立体相交所产生的截交线是一个封闭的平面多边形,多边形的每一条边是
截平面与平面立体一个表面的交线,多边形的顶点是截平面与平面立体的棱线的交点。因
此,求平面立体的截交线,可归结为求截平面与立体各表面的交线,或截平面与立体棱线的
交点,并判别各投影的可见性,然后依次连线,即可得截交线的投影。

例 3-7　如图 3-11a 所示,补全正垂面 P 截切四棱锥后的三面投影。

因为用正垂面 P 截切四棱锥,正面投影积聚成一条直线,且与棱锥的四个棱面相交,截
交线为四边形,其四个顶点是四棱锥的四条棱线与截平面 P 的交点。

作图步骤:

（1）找到棱线与截平面 P 的四个交点 A、B、C、D 的正面投影 a'、b'、c'、d'。

（2）在棱线的水平投影和侧面投影上求得 a、b、c、d 和 a''、b''、c''、d'',如图 3-11b 所
示。

（3）依次连接各点,判别可见性,补全未被截切的棱线和不可见棱线 $a''c''$,如图 3-11c
所示。

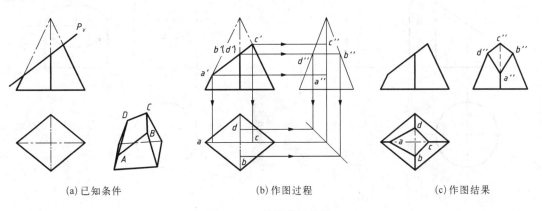

(a)已知条件　　　　　　　(b)作图过程　　　　　　　(c)作图结果

图 3-11　平面截四棱锥

3.2.3　平面与曲面立体相交

平面与曲面立体相交的截交线是封闭的平面曲线,或由平面曲线和直线或完全由直线围成的平面图形。其形状取决于截平面与曲面立体的相对位置。

求曲面立体的截交线,就是求截平面与曲面立体表面的共有点的投影,然后把各点的同名投影依次光滑连接起来,连点过程中注意判断可见性。

3.2.3.1　平面与圆柱相交

根据截平面与圆柱的相对位置不同,直圆柱的截交线有三种情况,见表3-2。

表3-2　圆柱体的截交线

截平面位置	垂 直 于 轴 线	平 行 于 轴 线	倾 斜 于 轴 线
立体图			
投影图			
截交线形状	截交线为圆	截交线为矩形	截交线为椭圆

例3-8　如图3-12a所示,补全正垂面斜截圆柱体的侧面投影。

圆柱体被正垂面截切,正垂面与圆柱轴线倾斜相交,圆柱面上交线的形状是上下、前后

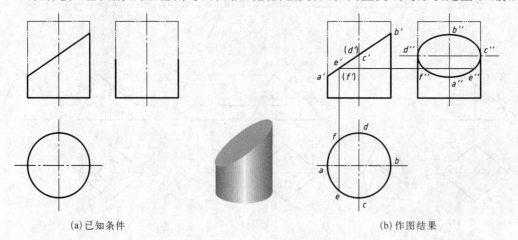

(a)已知条件　　　　　　　　　　　　　　　(b)作图结果

图3-12　平面斜截圆柱体

对称的椭圆。正面投影积聚成直线,水平投影积聚在圆上,侧面投影为椭圆。由题可知,截交的正面和水平面投影均已知,只需补全侧面投影的椭圆即可。

作图步骤:

(1) 求特殊点。由正面投影 a'、b' 求得水平投影 a、b 和侧面投影 a''、b''。

(2) 由正面投影 $c'(d')$ 向右作投影连线,在转向轮廓线上找到最前点 c'' 和最后点 d''。

(3) 求一般点。在 a'、b' 间任取一般点 e'、(f'),向下作投影连线,在圆的水平投影上找到水平投影 e、f,并根据 e'、(f') 和 e、f 求得 e''、f''。

(4) 判别可见性,各点处于圆柱的上半部分,均可见。用粗实线依次连接各点 a''、e''、c''、b''、d''、f'',补全截切后圆柱体的侧面投影,如图 3 - 12b 所示。

3.2.3.2　平面与圆锥相交

平面与圆锥相交,根据平面对圆锥的相对位置不同,其截交线的形状有五种不同的情况,见表 3 - 3。

表 3 - 3　圆锥体的截交线

截面	垂直于轴线	过锥顶	不过锥顶倾斜 于轴线 ($\theta > \alpha$)	不过锥顶倾斜 于轴线 ($\theta = \alpha$)	平行于轴线 ($\theta < \alpha$)
轴测图		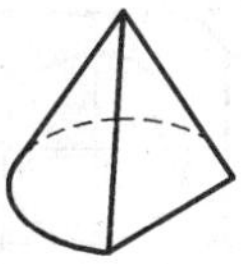	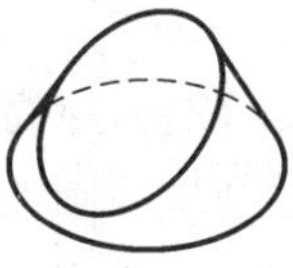	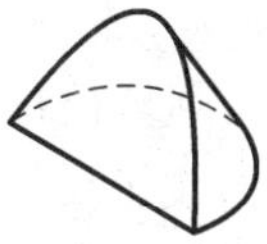	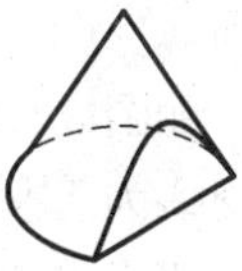
投影图	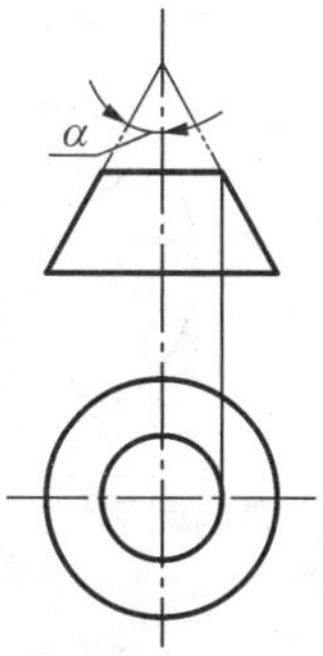	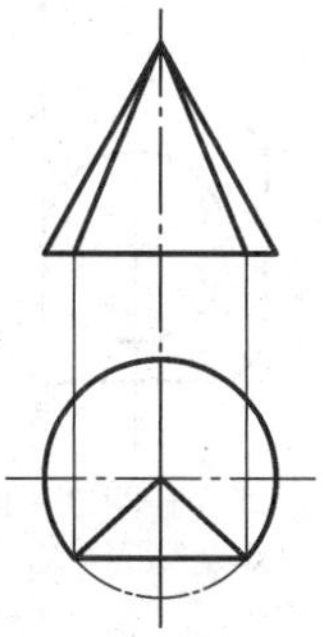	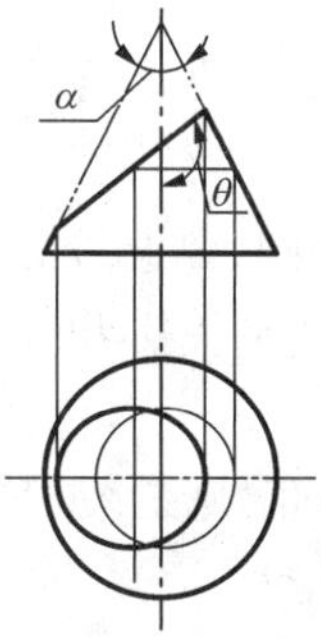	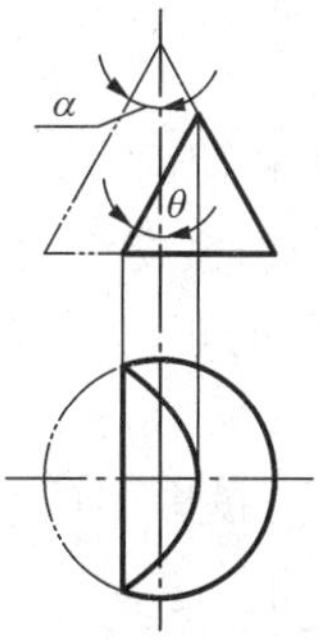	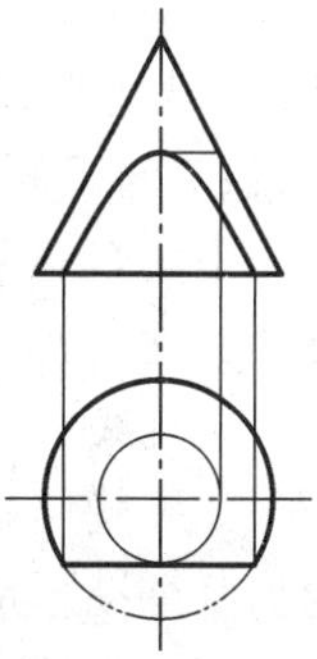
交线	截交线为圆	截交线为 等腰三角形	截交线为椭圆	抛物线加直线段	双曲线加直线段

例 3 - 9　如图 3 - 13a 所示,求圆锥切割后的投影。

用平行于轴线的平面截切圆锥,截交线是双曲线。

作图步骤:

(1) 找特殊点。找出最高点、最前点和最后点 A、B、C 的正面投影 a'、b'、c',据此求出其侧面投影 a''、b''、c''。

(2) 找一般点。在最高点和最低点之间再找一些中间点 D、E 的正面投影,用纬圆法找 D、E 的水平投影 d'、e',最后求得侧面投影 d''、e''。

(3) 在投影面上逐点光滑连线,如图 3 - 13b 所示。

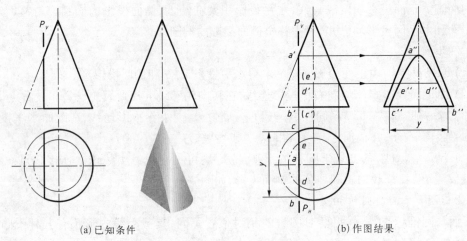

(a) 已知条件　　　　　　　　　　　　　　　(b) 作图结果

图 3 - 13　平面截圆锥体

3.2.3.3　平面与圆球相交

平面与圆球相交,不论平面与圆球的相对位置如何,其截交线都是圆。但由于截切平面对投影面的相对位置不同,所得截交线的投影不同。

如图 3-14 所示,圆球被正平面 A 截切,所得截交线为正平圆,正面投影反映该圆实形,该圆的水平投影和侧面投影积聚成一条直线,直线的长度等于所截正平圆的直径;圆球被水平面 B 截切,所得截交线为水平圆,水平投影反映该圆实形,该圆的正面投影和侧面投影积聚成直线;圆球被侧平面 C 截切,所得截交线为侧平圆,侧面投影反映该圆实形,该圆的正面投影和水平投影积聚成一条直线。

如果截切平面为投影面的垂直面,则截交线的另两个投影是椭圆。

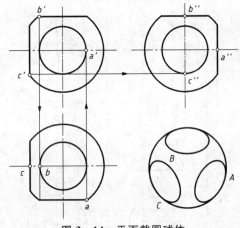

图 3 - 14　平面截圆球体

例 3 - 10　如图 3-15a 所示,截平面 P_V 为正垂面,求截交线在水平面和侧面的投影。

作图步骤:

(1) 求特殊点。其中,A、B、C、D 为椭圆上长短轴的端点,由正面投影 a'、b' 求得水平投影 a、b 和侧面投影 a''、b'',由正面投影 c'、(d'),用纬圆法求得水平投影 c、d 和侧面投影 c''、d'';E、F、G、H 为轮廓分界线上的点,由 e'、f' 先向下求水平投影 e、f,再求侧面投影 e''、f'';由 g'、h' 向左先求侧面投影 g''、h'',再求水平投影 g、h。

(2) 求一般点。这里 E、F、G、H 可当作一般点,无须另作。

(3) 判别可见性,截交线处于球的左上半部分,水平投影和侧面投影均可见,如图 3-15b 所示。

有时候由几个截平面截切单个立体,或者截切组合回转体,其求作原理不变,通过以下几个综合举例说明。

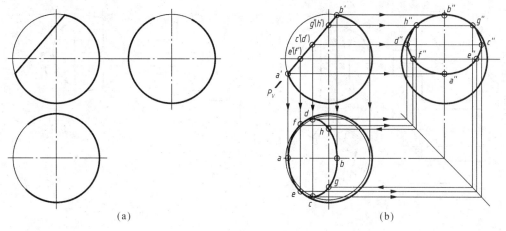

图 3 - 15 平面截圆球体

例 3 - 11 如图 3 - 16a 所示,已知一个缺口三棱锥的正面投影,补全它的水平投影和侧面投影。

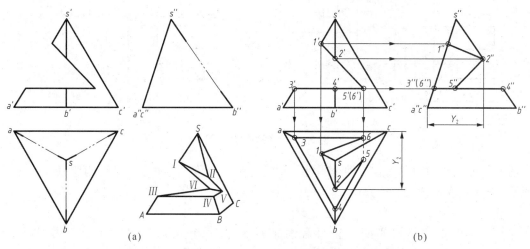

图 3 - 16 带切口的三棱锥的投影

当一个立体被多个平面截切时,一般是逐个平面进行分析和作图,同时注意各截平面之间的交线。该三棱锥被一个正垂面和一个水平面截切,且两个截面也相交,截交线分别为两个四边形Ⅰ Ⅱ Ⅴ Ⅵ和Ⅲ Ⅳ Ⅴ Ⅵ。

作图步骤:

(1) 作水平面与三棱锥的截交线Ⅲ Ⅳ Ⅵ,该截平面在正面和侧面均积聚为直线,在水平投影反映四边形实形,作出的水平投影 3456,其中, 34 ∥ ab, 45 ∥ bc, 36 ∥ ac。

(2) 作正垂面与三棱锥的截交线Ⅰ Ⅱ Ⅴ Ⅵ,Ⅰ点在 SA 上,Ⅱ点在 SB 上,先作侧面投影 2″,再根据宽相等由 Y_2 作出水平投影 2。

(3) 连接截平面的水平投影和侧面投影,注意两截面的交线Ⅴ Ⅵ的水平投影 56 不可见。

(4) 整理轮廓线, SA、SB 被截断,在 13、24、2″4″间断开,如图 3 - 16b 所示。

例 3 - 12 如图 3 - 17a 所示,补全接头的正面投影和水平投影。

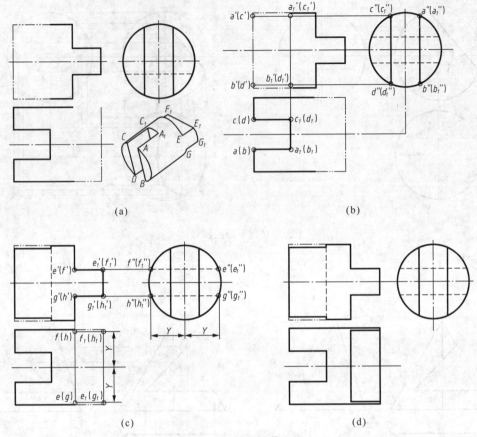

图 3 - 17　接头的截交线

接头左端槽口可以看作由两个平行于轴线的正平面和一个垂直于轴线的侧平面切割形成,右端的凸榫请读者自行分析。

作图步骤:

(1) 由于左端槽口的两个正平截面平行于轴线,正面投影的截交线为矩形平面 AA_1B_1B 和 CC_1D_1D,其正面投影重叠,如图 3 - 17b 所示。

(2) 左端槽口的侧平截面垂直于轴线,但只切了部分,侧面投影的截交线为圆的一段,反映实形圆弧 $a_1''c_1''$、$b_1''d_1''$在正投影上积聚为直线。

(3) 整理截交线。圆柱的最高和最低轮廓线在侧平截面以左的一段被切掉,且侧平截面在矩形截交线平面以内的一段不可见,如图 3 - 17c 所示。

(4) 接头右端的凸榫可看作由两个水平截面和一个侧平截面截切圆柱而成,做法与左端槽口类似,如图 3 - 17c 所示。

(5) 结果如图 3 - 17d 所示。

例 3 - 13　如图 3 - 18a 所示,已知半球上通槽的正面投影,补全其他两面投影。

通槽是由一水平面和两侧平面对称截切半球而形成,它们与球面的交线都是圆弧,水平截平面与侧平面的交线为正垂线。

作图步骤:

(1) 侧平面截切,交线的侧面投影为圆弧,水平投影直线,如图 3 - 18b 所示。

（2）水平面截切,交线的水平投影为圆弧,侧面投影为直线,如图 3 - 18c 所示。

（3）判断可见性,判断交线侧面投影为虚线,完成三视图,如图 3 - 18d 所示。

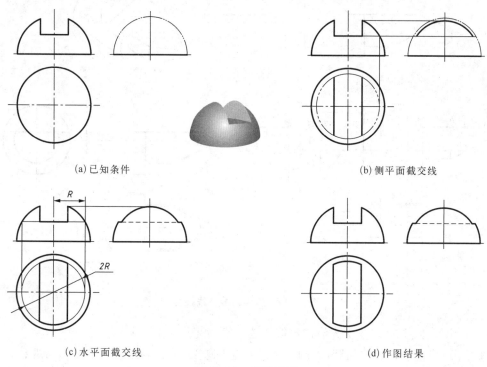

(a) 已知条件	(b) 侧平面截交线
(c) 水平面截交线	(d) 作图结果

图 3 - 18　半球开槽

例 3 - 14　如图 3 - 19a 所示,已知顶尖的正面投影和侧面投影,求作其水平投影。

当平面与组合回转体相交时,截交线是截平面与各回转体表面所得交线组成的复合平面,作组合回转体的截交线时,分别分析截平面截切各回转体所得截交线的性质和形状,再分别作出截交线投影。本例是由大小两段圆柱和圆锥形成的组合回转体,轴线是侧垂线,由水平面 P 和正垂面 Q 切得,其中平面 P 切到大小两圆柱和圆锥,切圆锥得到双曲线,切圆柱得到矩形;平面 Q 倾斜于轴线,只切到大圆柱的一部分,得到的截交线为椭圆的一部分。

作图步骤:

（1）作出立体被切前的水平投影。

（2）平面 P 平行圆锥轴线截切圆锥的截交线是双曲线。可直接作出 P 面与圆锥最高轮廓线的交点 E 以及 P 面与圆锥底圆的交点 A、B 的三面投影;在 P 面的正面投影上任取两重影点 d'、c',利用侧平的辅助纬圆求出侧面投影 c''、d'',再求出水平投影 c、d,依次光滑连接得到该段截交线的水平投影,如图 3 - 19b 所示。

（3）作 P 面切大小圆柱的截交线。由于 P 面平行于圆柱轴线,截交线为矩形,切小圆柱的矩形宽度等于 $a''b''$,切大圆柱的矩形宽度等于 $f''g''$,再求水平投影 ab 和 fg。矩形的长度由长对正关系得到,如图 3 - 19b 所示。

（4）作 Q 面切大圆柱的截交线。Q 面倾斜于大圆柱轴线,截交线为椭圆,椭圆上的最低点 G、F 的三面投影已经作出,再作出椭圆上最高点 H 的三面投影,最后在 Q 面的正面投影上任取两重影点 I、J 的正面投影 i'、j',其侧面投影积聚在圆周线上,于是得到 i''、j'',最

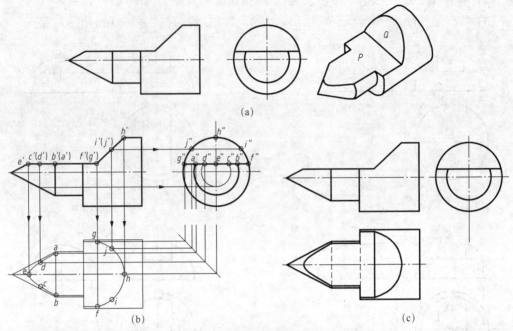

图 3 - 19　顶尖的截交线投影

后作出其水平投影 i、j,依次光滑连接得到截交线,如图 3 - 19b 所示。

(5) 整理截交线,圆柱与圆锥、圆柱与圆柱之间交线的下半部分水平投影为虚线,结果如图 3 - 19c 所示。

3.3　相　贯　线

立体与立体相交的几何形体称为相贯体,它们的表面交线称为相贯线。相贯线是两立体表面的共有线,也是两立体表面的分界线。如图 3 - 20a 所示,四棱柱与圆柱相贯;如图 3 - 20b 所示,圆柱与圆柱相贯,这些相贯线明确地区分出各立体表面的范围。

(a)平面立体与曲面立体相交　　　　　(b)曲面立体与曲面立体相交

图 3 - 20　两立体表面相交

3.3.1　相贯线的性质和求解方法

1) 相贯线的性质

(1) 共有性。相贯线是相交两形体表面的共有线或分界线,相贯线上的点一定是相交立体表面的共有点。

（2）封闭性。由于立体表面是封闭的,因此相贯线在一般情况下是封闭的线条。特殊情况下,也有不封闭的情况。

（3）相贯线的形状取决于相贯体的形状、大小和相对位置。

2）相贯线的求解方法

（1）进行空间及投影分析,分析两相交立体的几何形状、相对位置和相对大小等,分析相贯线是空间曲线还是平面曲线或直线。

（2）求特殊位置点,即最高、最低、最前、最后、最左、最右点和轮廓分界线上的点。

（3）在特殊点中间,作相贯线上若干一般位置点。

（4）按照顺序连接各点,判断可见性,整理轮廓线。可见性判别原则:相贯线上的点同时处于两立体表面的可见部分时,这些点才可见。

3.3.2　平面立体与平面立体相交

平面立体与平面立体相交的相贯线,一般是闭合的空间折线,折线的每一段为一个立体的某一棱面与另一立体的某一棱面的交线,折线的顶点是甲立体的某一棱线对乙立体的贯穿点,因此求两平面立体的相贯线即求平面交线的问题。

如图 3-21 所示,两三棱柱相交,可分析为垂直棱柱的三个平面与水平棱柱的棱面相交,得到交线的各个顶点,共六条交线。请读者分析这六段线在三个视图上的投影及其可见性。连点时注意:只有在甲立体的同一面内又在乙立体的同一面内的两点才能相连,同一棱线上的两点不能相连。

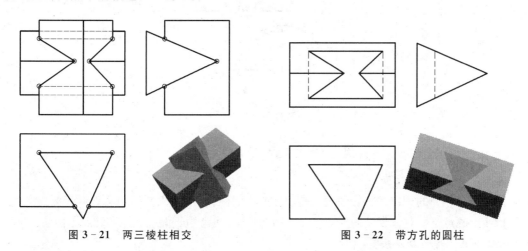

图 3-21　两三棱柱相交　　　　　　　　图 3-22　带方孔的圆柱

如图 3-22 所示为带孔的三棱柱,可认为从水平三棱柱中移除垂直三棱柱,相贯线形状是一样的。

3.3.3　平面立体与曲面立体相交

平面立体与曲面立体的相贯线是由若干段平面曲线组合而成的空间闭合线段,每段平面曲线是平面立体的一个棱面与曲面立体表面的截交线,所以求平面立体与曲面立体的相贯线实际上就是求截交线的问题。

例 3-15　如图 3-23a 所示,四棱柱与半球相交,作出相贯线的正面投影与水平投影。

作图步骤:

(1) 作出四棱柱上下两个水平棱面与半球的截交线,它们分别是一段半径不等的水平圆弧 ab 和 cd,其正面投影和侧面投影均积聚在上下棱面的积聚投影线上,如图 3-23b 所示。

(2) 作四棱柱前后两个正平棱面与半球的截交线,它们分别是一段平行于正面的圆弧 $a'c'$ 和 $b'd'$,由于前后棱面对称于球的轴线,所以这两段圆弧半径相等,其正面投影重合,水平投影与侧面投影积聚在前后棱面的积聚投影线上,如图 3-23b 所示。

(3) 整理图线,注意其可见性,结果如图 3-23c 所示。

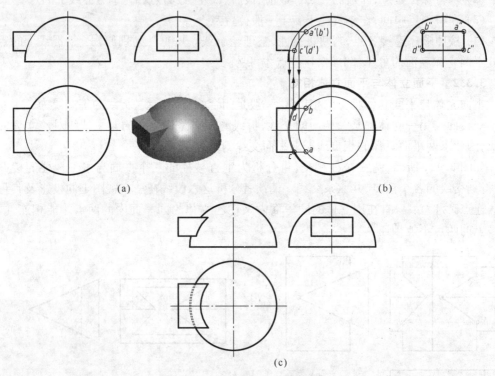

图 3-23 四棱柱与半球的相贯线

3.3.4 两回转体相交

两回转体相交的相贯线一般情况下是闭合的空间曲线,由于相贯线是两立体表面的交线,故相贯线上的点是两立体表面的共有点,求共有点的方法常用表面取点法和辅助平面法。

3.3.4.1 表面取点法

两回转体相交,如果其中有一个是轴线垂直于投影面的圆柱,则相贯线在该投影面上的投影就重合在圆柱面有积聚性的投影上。于是求圆柱和另一回转体的相贯线的问题,可以看作已知另一回转体表面上的线的一个投影求其他投影的问题,这样就可以在已知的相贯线上取一些点,按立体的表面取点法求作。

例 3-16 如图 3-24a 所示,求两轴线正交圆柱的相贯线。

两圆柱轴线垂直相交,直径不相等,一轴线垂直于 H 面,称为铅垂圆柱;一轴线垂直于 W 面,称为侧垂圆柱。根据相贯线的共有性,相贯线的水平投影积聚在铅垂圆柱的水平投影积聚圆上,侧面投影重合在大圆柱的积聚投影上,相贯线是一条封闭的、前后和左右对称的空间曲线。于是问题就可归结为已知相贯线的水平投影和侧面投影,求作它的正面投影。

作图步骤:

(1) 找特殊点。先在已知相贯线的水平投影上,找出最左、最右、最前、最后点 A、B、C、D 的投影 a、b、c、d;再在相贯线的侧面投影上相应作出 a''、b''、c''、d''。由 a、b、c、d 和 a''、b''、c''、d'' 作出 a'、b'、c'、d',如图 3-24b 所示。

(2) 找一般点。在相贯线的侧面投影上,定出左右、前后对称的四个点 E、F、G、H 的投影 e''、f''、g''、h'',根据宽相等的投影特性,可在相贯线的水平投影上作出 e、f、g、h。由 e、f、g、h 和 e''、f''、g''、h'' 即可求出 e'、f'、g'、h',如图 3-24c 所示。

(3) 按顺序依次连接各点的正面投影,即得相贯线。由于具有对称性,正面投影相贯线前边的可见部分遮挡住后边的,所以正面投影 $a'e'c'f'b'$ 可见,画粗实线,如图 3-24d 所示。

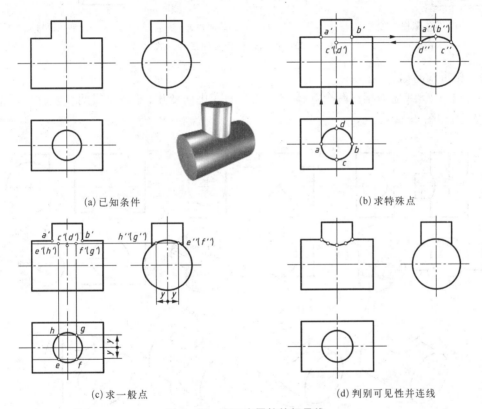

(a) 已知条件　　　　　　　　　　　　　　　(b) 求特殊点

(c) 求一般点　　　　　　　　　　　　　　　(d) 判别可见性并连线

图 3-24　两正交圆柱的相贯线

1) 两轴线正交的圆柱相贯

其相贯线一般有三种形式:

(1) 两实心圆柱全贯,相贯线是上下对称的两条封闭的空间曲线,如图 3-25a 所示。

(2) 圆柱孔穿透实心圆柱,相贯线就是圆柱孔的上、下孔口曲线,也是上下对称的两条封闭的空间曲线,如图 3-25b 所示。

(3) 长方体内两圆柱孔相贯,同样是上下对称的两条封闭的空间曲线,如图 3-25c 所示。

这些相贯线的作图方法都可以采用表面取点法。

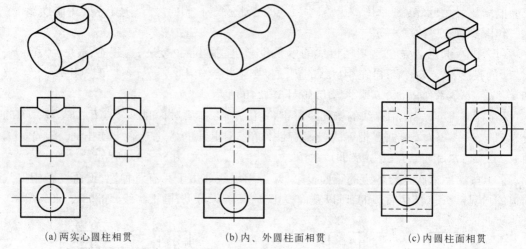

(a)两实心圆柱相贯　　　　　(b)内、外圆柱面相贯　　　　　(c)内圆柱面相贯

图 3－25　两回转体相贯的三种形式

2) 相贯线的形状

两圆柱相贯线随着相贯两个立体尺寸大小的变化而变化,随着相贯两个立体位置的变化而变化,如图 3－26 所示。

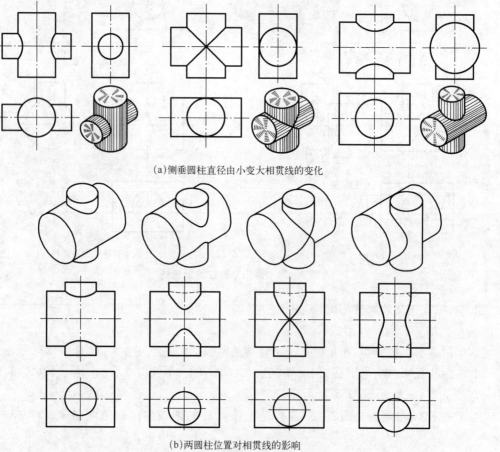

(a)侧垂圆柱直径由小变大相贯线的变化

(b)两圆柱位置对相贯线的影响

图 3－26　两圆柱相贯线的弯曲及变化

3.3.4.2 辅助平面法

辅助平面法利用三面共点的原理,用一个截平面同时去切割参与相贯的两个立体,分别求出辅助平面与这两个立体表面的截交线,两组截交线的交点就是两个相贯体表面和辅助平面的共有点(三面共点),即为相贯线上的点。改变辅助平面的位置,可以得到若干个公共点,再依次平滑连接各点的同面投影,就可以得到相贯线的投影。

选择辅助平面的原则:辅助平面应为特殊位置平面,并要切割在两回转面的相交范围内,并使辅助平面与曲面立体的截交线的投影为最简单,如直线或圆,如图 3 - 27 所示。

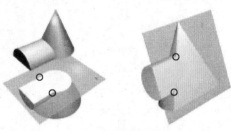

图 3 - 27 辅助平面法

例 3 - 17 如图 3 - 28a 所示,求作圆柱与圆台的相贯线。

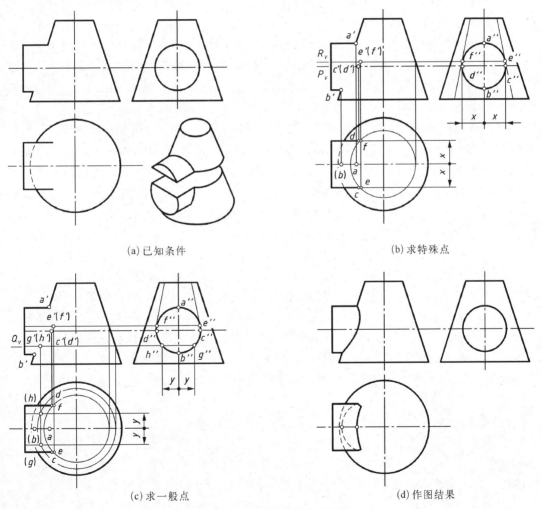

(a) 已知条件   (b) 求特殊点

(c) 求一般点   (d) 作图结果

图 3 - 28 圆柱与圆台的相贯线

圆柱和圆台相贯,相贯线是一条封闭的空间曲线,且前后对称。由于圆柱面的侧面投影积聚为圆,相贯线的侧面投影也必重合在这个圆上,求相贯线的正面投影和水平投影。

　　为了使辅助平面能与圆柱面、圆台面相交于素线或平行于投影面的圆,对圆柱而言,辅助平面应平行或垂直于轴线;对圆台而言,辅助平面应垂直于轴线或通过锥顶。综合以上情况,选择垂直于圆台轴线和过圆锥台锥顶两种辅助平面。

　　作图步骤:

　　(1) 找特殊点。

　　① 找最高点、最低点。通过圆台锥顶作正平面,与圆柱面相交于最高和最低两素线,与圆锥面相交于最左素线,在它们正面投影的相交处作出相贯线上的最高点 A 和最低点 B 的正面投影 a' 和 b'。由 a'、b' 分别作出 a''、b'' 和 a、b。

　　② 找最前点、最后点。通过圆柱轴,垂直圆台轴作水平面 P,与圆柱面相交于最前、最后两素线;与圆台面相交成水平的纬圆,在水平投影相交处,作出相贯线上的最前点 C 和最后点 D 的水平投影 c 和 d。由 c、d 分别在 P 平面的正面和侧面投影上作出 c'、d'(c'、d' 相互重合)和 c''、d''。由于 c 和 d 就是圆柱面水平投影的转向轮廓线的端点,也就确定了圆柱面水平投影的转向轮廓线的范围。

　　③ 找相贯线的最右点。通过圆台锥顶作与圆柱面相切的侧垂面,与圆柱面相切于一条素线,其侧面投影积聚,且与圆柱面侧面投影的圆相切;作出切点的侧面投影 e'' 和 f'',通过 E、F 作水平面 R,根据宽相等,求出 E、F 的水平投影 e、f,再求得正面投影 e'、f',如图 3 – 28b 所示。

　　(2) 求一般点。作水平面 Q_V 交圆台是纬圆,与侧面圆柱的积聚圆相交于 g'' 和 h'',根据宽相等,求出纬圆上 G、H 的水平投影 g、h,再求得正面投影 g'、h',如图 3 – 28c 所示。

　　(3) 按侧面投影中诸点的顺序,把诸点的正面投影和水平投影分别连成相贯线。按照“只有同时位于两个立体可见表面上的相贯线,其投影才可见”的原则,可以判断:水平投影 d、f、a、e、c 可见;g、b、h 不可见;正面投影 a'、e'、c'、g'、b' 可见,d'、f'、h' 不可见,且与 c'、e'、g' 重合,作图结果如图 3 – 28d 所示。

　　例 3 – 18　如图 3 – 29a 所示,求作圆台与球的相贯线。

　　圆台和球相贯,圆台的轴线不通过球心,但它们有公共的前后对称面,圆台从左上方全部穿进球体,相贯线是一条前后对称的封闭的空间曲线,如图 3 – 29a 中立体图所示。

　　由于圆台和球体表面的投影都没有积聚性,所以不能用表面取点法,但可用辅助平面法。为了使辅助平面截切圆台和球的截交线为最简单的直线或圆,对圆台而言,辅助平面应通过圆台延伸后的锥顶或垂直于圆台轴线;对球而言,辅助平面可选投影面平行面,综合以上情况,辅助平面选择垂直于圆台轴线的水平面和过圆锥台锥顶的正平面和侧平面。

　　作图步骤:

　　(1) 找特殊点。

　　① 找最高点、最低点。通过圆台锥顶作正平面 P,与圆锥面相交于最左、最右素线,与球相交于平行于正面的大圆,在它们正面投影的相交处作出相贯线上的最低点 A 和最高点 B 的正面投影 a' 和 b'。由 a'、b' 分别作出 a''、b'' 和 a、b,如图 3 – 29b 所示。

　　② 找最前点、最后点。通过圆台锥顶作侧平面 T,与圆台相交于最前、最后两素线;与球面相交成侧平的纬圆,在侧面投影相交处,作出相贯线上的最前点 C 和最后点 D 的水平投影 c'' 和 d''。由 c''、d'' 分别在 T 面的正面和水平面投影上作出 c'、d'(c'、d' 相互重合)和

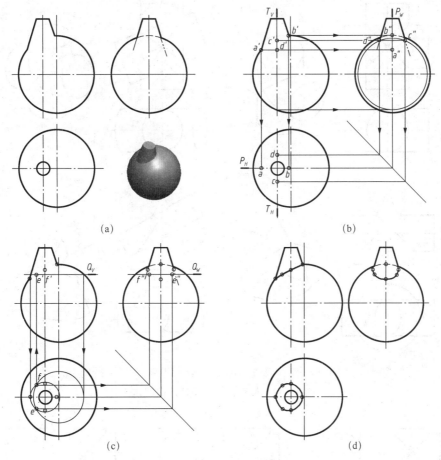

图 3 - 29　圆台与球的相贯线

c、d，如图 3 - 29b 所示。

(2) 求一般点。作水平面 Q，交圆台与球均为水平纬圆，如图 3 - 29c 所示，作出两水平纬圆的交点 e 和 f，由此求出 E、F 的侧面投影 e''、f'' 和正面投影 e'、f'。

(3) 按顺序连接诸点的同面投影，即得相贯线的三面投影，如图 3 - 29d 所示。按照"只有同时位于两个立体可见表面上的相贯线，其投影才可见"的原则，可以判断：水平投影 $abcdfe$ 可见；正面投影 $a'e'c'b'$ 可见，$d'h'$ 不可见，但两者重合；侧面投影 $d''f''a''e''c''$ 可见，$c''b''d''$ 不可见，作图结果如图 3 - 29d 所示。

3.3.5　相贯线的特殊情况

在一般情况下，两回转体的相贯线是空间曲线，但在一些特殊情况下，也可能是平面曲线或直线。下面介绍几种相贯线比较常见的特殊情况。

(1) 两回转体相交且平行于同一投影面，若它们能公切于一个球时，则它们的相贯线是垂直于这个投影面两个相交的椭圆，如图 3 - 30 所示。

(2) 图 3 - 31 所示为两等径圆柱轴线正交时相贯线的几种情况。

(3) 如图 3 - 32 所示，同轴回转体相交，相贯线是垂直于轴线的圆。

(4) 如图 3 - 33b 所示，两轴线相互平行的圆柱面相交，相贯线是两条平行于轴线

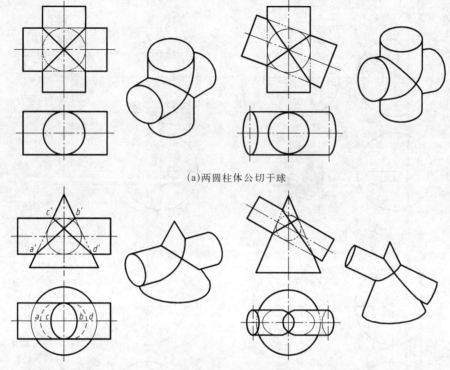

(a)两圆柱体公切于球

(b)圆锥体与圆柱体公切于球

图 3 − 30　具有公共内切球的回转体

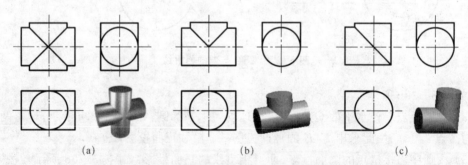

(a)　　　　　　　　　　　(b)　　　　　　　　　　　(c)

图 3 − 31　两圆柱轴线正交,直径相等情况

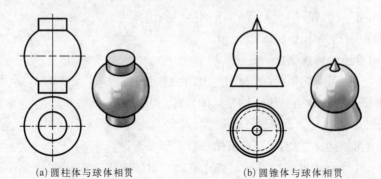

(a)圆柱体与球体相贯　　　　　　　(b)圆锥体与球体相贯

图 3 − 32　同轴回转体的相贯线

的直线,如图 3 - 33a 所示;两个共锥顶的锥体相交,相贯线是过锥顶的一对相交直线。

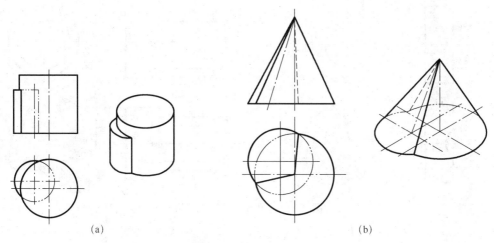

(a)　　　　　　　　　　　　　　　　　　(b)

图 3 - 33　相贯线为直线

3.3.6　组合相贯线

三个或三个以上的立体相交形成的交线称为组合相贯线,组合相贯线的各段相贯线分别是两立体表面的交线,两段相贯线的连接点必定是相贯体上三个立体表面的共有点。

例 3 - 19　如图 3 - 34a 所示,求相贯体的组合相贯线。

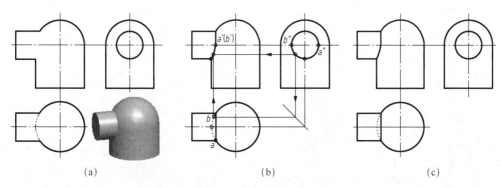

(a)　　　　　　　　　　　　(b)　　　　　　　　　　　　(c)

图 3 - 34　组合相贯线

相贯体是由三个体相交,右侧是半球与大圆柱相切,相切处是光滑过渡,不画出相切处的圆;相贯体的左侧是小圆柱,上半部与半球相贯,且小圆柱与半球同轴,其相贯线是垂直于公共轴线的半圆,其正面投影与水平投影均积聚为直线;下半部与大圆柱相贯,相贯线是一段空间曲线,用表面取点法作出,如图 3 - 34b 所示。其水平投影积聚在大圆柱的圆周线上;上部与下部的相贯线分别有前后各一个连接点 A、B,从而形成封闭的组合相贯线,组合相贯线的侧面投影积聚在小圆柱的圆周线上,结果如图 3 - 34c 所示,注意可见性。

例 **3 - 20**　图 3 - 35 给出两个组合相贯线的示例,请读者自行看图分析。

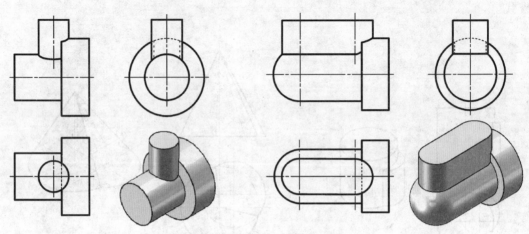

图 3 - 35　组合相贯线的示例

第4章 轴测图

4.1 轴测图的基本知识

在工程上应用正投影法绘制的多面投影图,可以完全确定物体的形状和大小,且作图简便,度量性好,据此图样可制造出所表示的物体。但它缺乏立体感,直观性较差,对缺乏读图知识的人难以看懂,需要运用正投影原理把几个视图联系起来看才可以想象物体的形状,如图 4-1a 所示。

然而,有时工程上还需采用一种立体感较强的图来表达物体,帮助人们想象物体的形状。轴测图是一种具有立体感的单面投影图,就是用轴测投影的方法画出来的富有立体感的图形,它接近人们的视觉习惯,但不能确切地反映物体真实的形状和大小,并且作图较正投影复杂,因而在生产中它作为辅助图样,用来帮助人们读懂正投影视图,如图 4-1b 所示。

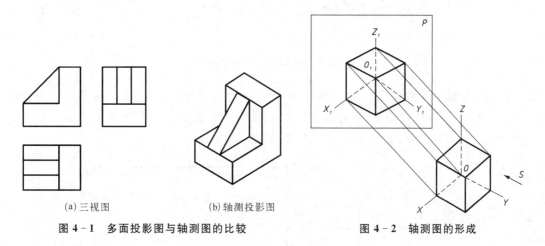

(a)三视图　　　　　　(b)轴测投影图

图 4-1　多面投影图与轴测图的比较　　　　　图 4-2　轴测图的形成

4.1.1　轴测投影的形成和参数

1) 轴测投影的形成

用平行投影法将物体连同其参考直角坐标系,沿不平行于任一坐标面的方向(如 S 方向),将其一起投射到单一投影面上所得到的具有立体感图形的方法,称为轴测投影,用此方法绘制出的图形称为轴测图,如图 4-2 所示。

2) 轴测投影的基本参数

(1) 轴测投影面和轴测轴。如图 4-2 所示,形成轴测投影图的投影面 P 称为轴测投影面,空间直角坐标轴 OX、OY、OZ 在轴测投影面 P 上的投影 O_1X_1、O_1Y_1、O_1Z_1,称为轴测投影轴,简称轴测轴。轴测轴之间的夹角,称为轴间角,如 $\angle X_1 O_1 Y_1$、$\angle Y_1 O_1 Z_1$、$\angle Z_1 O_1 X_1$。

(2)轴向伸缩系数。轴测轴上的单位长度与相应物体上平行于直角坐标轴的单位长度的比值,称为轴向伸缩系数,简称伸缩系数。用 p、q、r 分别表示 OX、OY、OZ 轴的轴向伸缩系数:

$$p = \frac{O_1 X_1}{OX}; \quad q = \frac{O_1 Y_1}{OY}; \quad r = \frac{O_1 Z_1}{OZ}$$

4.1.2　轴测图的分类

在轴测投影中,当投射方向 S 垂直于轴测投影面 P 时,所得图形称为正轴测图,如图 4－3a 所示;当投射方向 S 倾斜于轴测投影面 P 时,所得图形称为斜轴测图,如图 4－3b 所示。由此可见,正轴测图是由正投影法得到的,而斜轴测图是由斜投影法得到的。

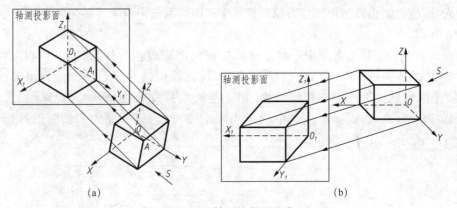

图 4－3　轴测投影图分类

轴测图按轴测轴的伸缩系数(或简化系数)是否相等而分成三种,当三根轴测轴的轴向伸缩系数都相等,称为等测图;只有两根相等时,称为二等测图;三根轴的轴向伸缩系数都不相等时,称为三测图。综上所述,轴测图分类可以归结为:

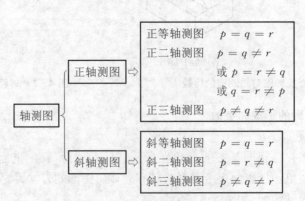

机械工程中常用的两种轴测图是正等测和斜二测,如图 4－4 所示。作物体轴测图时,应先根据物体的特点,选择画哪种轴测图,然后依据各自的轴间角和轴向伸缩系数绘制。一般轴测图的轴可根据规定的轴间角,按表达清晰和作图方便布置,但是轴的 Z 轴常画成竖直

的位置。本章只讲述正等测和斜二测。

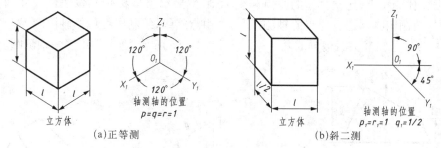

图 4 - 4　正等测轴测图和斜二测轴测图

4.2　轴测图的画法

《技术制图　投影法》(GB/T 14692—2008)规定指出:轴测图中应用粗实线画出物体的可见轮廓,必要时可用细虚线画出物体的不可见轮廓,三根轴测轴应配置成便于作图的特殊位置,绘图时轴测轴随轴测图同时画出,也可省略不画。

4.2.1　轴测投影的特性

由于轴测图是用平行投影法得到,因此必须遵守平行投影的特性。

(1) 线性不变。直线或平面轴测投影后,仍为直线或平面图形的类似形。

(2) 平行性不变。空间相互平行的直线,轴测图中仍然平行。

(3) 从属性不变。线段上的点,轴测投影后仍属于该线段。

(4) 等比性不变。物体上平行于坐标轴的线段,在轴测图中仍然平行于相应的轴测轴,且同一轴向所有线段的轴向伸缩系数相同。

(5) 相切性不变。物体上有圆弧相切的地方,轴测图中仍然相切。

4.2.2　正等轴测图的画法

如图 4 - 3a 所示,先将正方体的对角线 OA 放置成与轴测投影面垂直的状态,并以 AO 的方向作为轴测投影方向,这样轴测投影面上所得到的轴测投影图就是正等轴测图,简称正等测。正等测图的基本参数如下:

(1) 轴间角 $\angle X_1O_1Y_1 = \angle Y_1O_1Z_1 = \angle X_1O_1Z_1 = 120°$。

(2) 轴向伸缩系数 $p_1 = q_1 = r_1 \approx 0.82$。

(3) 实际作图中考虑作图方便,采用简化轴向伸缩系数 $p = q = r = 1$。

用简化轴向伸缩系数画出的轴测图,比用轴向伸缩系数画出的轴测图放大了 1.22 倍 (即 $1/0.82 \approx 1.22$)。但也不影响物体的形状和立体感,因此画正等轴测图时,采用简化伸缩系数,其尺寸可直接从三视图中量取。

4.2.2.1　平面立体正等轴测图的画法

常用平面立体正等轴测图的画法包括坐标法、叠加法和切割法。这三种方法都需要定出原物体坐标系的原点和坐标轴的方向,沿着坐标轴测量线性尺寸,并利用轴测轴按轴测投影的特性绘制轴测图。

1）坐标法

根据物体的特点,建立合适的原点和坐标轴,然后沿着坐标轴测量线性尺寸,利用轴测轴,按坐标值画出物体上各顶点的轴测投影,再由点连线,绘制出物体的轴测图。

例 4 - 1 已知截头四棱锥的两个视图,如图 4 - 5a 所示,画出其正等测轴测图。

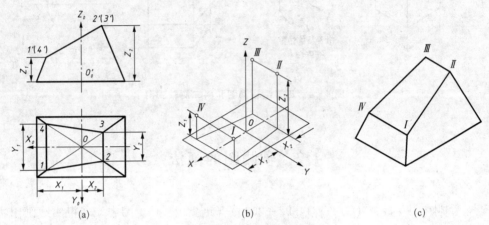

图 4 - 5 截头四棱锥正等轴测图画法

分析:由于四棱锥体由平面组成,底面是水平面,作图时可以将底面作为 XOY 坐标面,先作底面的轴测投影,然后再沿 Z 轴方向找出截切面上的四个顶点,连接各顶点即可。

作图步骤:

（1）在图 4 - 5a 中,以四棱锥体底面作为 XOY 坐标面,四棱锥体底面的对称中心线交点作为坐标原点,Z 轴向上。

（2）按正等测的参数,画出轴测轴,并在轴测投影面中相应画出四棱锥体底面的各顶点的轴测图,连接各点即可得到四棱锥体底面的轴测图。

（3）根据截口的位置,按坐标作出截面上各顶点的轴测图,如图 4 - 5b 所示。

（4）连接各点,擦去不可见轮廓线,即得截头四棱锥的轴测图,如图 4 - 5c 所示。

例 4 - 2 已知三棱锥的三视图,如图 4 - 6a 所示,画出其正等测轴测图。

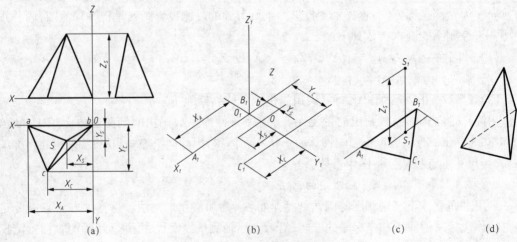

图 4 - 6 三棱锥正等轴测图画法

分析：由于三棱锥由各种位置的平面组成，作图时可以先作锥顶和底面的轴测投影，然后连接各棱线即可。

作图步骤：

（1）先在三视图上定出原点和坐标轴的位置。考虑到作图方便，把坐标原点选在底面的顶点 B 处，并使 AB 与 OX 轴重合，如图 4 – 6a 所示。

（2）画出正等测的轴测轴 O_1X_1、O_1Y_1、O_1Z_1。

（3）根据坐标关系画出底面各顶点和锥顶 S 在底面的投影 s_1，如图 4 – 6b 所示。

（4）过 s_1 垂直于底面向上作 O_1Z_1 的平行线，在线上量取三棱锥的高度 h，得到锥顶 S_1，如图 4 – 6c 所示。

（5）依次连接各顶点，擦去多余的图线并描深，即得到三棱锥的正等测图，如图 4 – 6d 所示。

2）叠加法

对于由几个简单的形体叠加而成的物体，运用形体分析法，根据各形体之间的相对位置依次画出各部分的轴测图，即可得到该物体的轴测图。

例 4 – 3　已知组合体的三视图，如图 4 – 7a 所示，画出其正等轴测图。

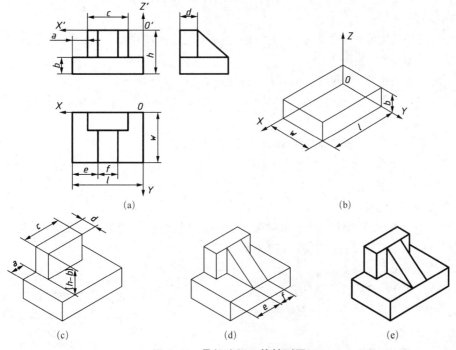

图 4 – 7　叠加法画正等轴测图

作图步骤：

（1）在三视图上定出坐标原点和坐标轴，然后画出正等轴测图的轴测轴，画底部四棱柱的正等轴测图，如图 4 – 7b 所示。

（2）在底部四棱柱的正等轴测图的相应位置上画出上方竖板的正等轴测图，如图 4 – 7c 所示。

（3）在底板和竖板之间画出肋板的正等轴测图，如图 4 – 7d 所示；然后整理图形，加深即得到组合体的正等轴测图,如图 4-7e 所示。

3) 切割法

适用于带截切面的平面立体,它以坐标法为基础,先用坐标法画出构成该物体的基本体的轴测图,然后逐步画出各切口部分的轴测图。

例 4-4 画带切口平面立体的正等轴测图,如图 4-8a 所示。

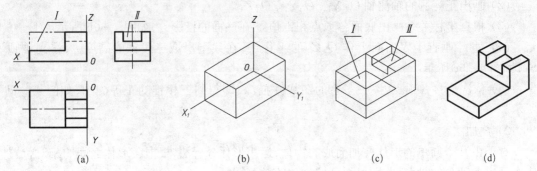

(a)   (b)   (c)   (d)

图 4-8 带切口平面立体的正等轴测图画法

分析:可以把该物体看作由一个完整的四棱柱切割掉Ⅰ、Ⅱ两部分后形成。

作图步骤:

(1) 在三视图上定出坐标原点和坐标轴,然后画出正等轴测图的轴测轴,再画出该物体没有切割前的基本体,如图 4-8b 所示。

(2) 再画被切去Ⅰ、Ⅱ两部分的正等轴测图,如图 4-8c 所示。

(3) 最后擦去被切割部分的多余作图线,加深可见轮廓线,即得到平面立体的正等轴测图,如图 4-8d 所示。

4.2.2.2 曲面立体正等轴测图的画法

由于平行于坐标面的圆,轴测投影是椭圆,因此绘制曲面立体的正等轴测图,必须要掌握正等轴测图中椭圆的画法。

1) 圆的正等轴测图画法

平行于坐标面的圆的轴测投影是椭圆,如图 4-9 所示。三个轴测投影面内的椭圆形状大小相同,画法一样,只是长、短轴方向不同,各椭圆长、短轴的方向为:

(1) 平行 XOY 坐标面的圆的正等轴测图(椭圆),长轴垂直于 O_1Z_1 轴,短轴平行于 O_1Z_1 轴。

(2) 平行 XOZ 坐标面的圆的正等轴测图(椭圆),长轴垂直于 O_1Y_1 轴,短轴平行于 O_1Y_1 轴。

(3) 平行 YOZ 坐标面的圆的正等轴测图(椭圆),长轴垂直于 O_1X_1 轴,短轴平行于 O_1X_1 轴。

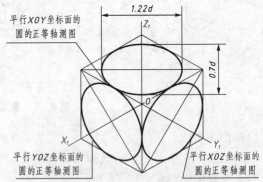

图 4-9 平行各坐标面的圆的正等轴测图

画椭圆的方法常用四心近似椭圆画法。四心近似椭圆画法,作图时需要确定圆弧的圆心、切点及半径,确定椭圆的长轴和短轴方向,用光滑连接的四段圆弧代替椭圆。

例 4－5 用四心近似椭圆法画出水平圆的轴测图,如图 4－10a 所示。

作图步骤:

(1) 确定水平圆的坐标系,以圆心 O 为坐标原点,OX、OY 为坐标轴,在视图中画圆的外切正方形,a、b、c、d 为四个切点,如图 4－10a 所示。

(2) 按正等测画出轴测轴,在 O_1X_1、O_1Y_1 轴上,按 $OA = OB = OC = OD = d_1/2$ 得到四点,并作圆外切正方形的正等轴测图——菱形,其长对角线为椭圆长轴方向,短对角线为椭圆短轴方向,如图 4－10b 所示。

(3) 分别以菱形的短对角线的端点 1、2 为圆心,$1D$、$2B$ 为半径作大圆弧,并连接 $1D$、$1C$,交菱形长对角线于 3、4 两点,如图 4－10c 所示。

(4) 分别以 3、4 点为圆心,以 $3D$、$4C$ 为半径画两侧的小圆弧,即得到近似椭圆,如图 4－10d 所示。

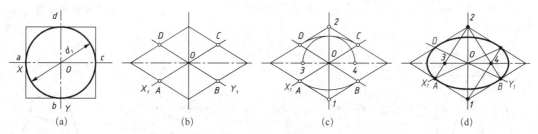

图 4－10 水平圆正等轴测图的四心近似椭圆画法

2) 曲面立体正等轴测图画法举例

例 4－6 画圆柱的正等轴测图。

作图步骤:

(1) 在正投影图中选定坐标原点和坐标轴,如图 4－11a 所示。

(2) 画轴测的坐标轴,按圆柱高 h 确定上、下底中心,并作上、下底的菱形,如图 4－11b 所示。

(3) 用四心近似椭圆画法画出上、下底椭圆,如图 4－11c 所示。

(4) 画作上、下底椭圆公切线,擦去作图线,加深可见轮廓线完成全图,如图 4－11d 所示。

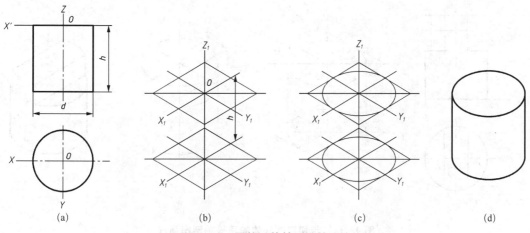

图 4－11 圆柱正等轴测图的画法

如图 4－12 所示,轴线垂直投影面的圆柱的正等测图,当半径相同时圆柱的形状一样,只是轴线的方向和四心椭圆的长、短轴的方向不同。但是,不论圆在哪一个坐标面上,其椭圆的长轴一定垂直圆柱体轴线。

例 4－7 画圆台的正等轴测图,如图 4－13a 所示。

作图步骤:

(1) 画轴测图的坐标轴,按 h、d_2、d_1 分别作上、下底面的菱形,如图 4－13b 所示。

(2) 用四心近似椭圆法画出上、下底面的椭圆,如图 4－13c 所示。

(3) 作上、下底椭圆的公切线,擦去作图线,加深可见轮廓线,完成全图,如图 4－13d 所示。

例 4－8 画带切口圆柱体的正等轴测图,如图 4－14a 所示。

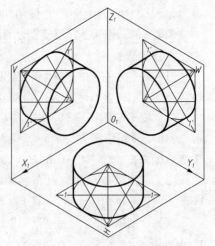

图 4－12 轴线垂直于投影面的圆柱的正等轴测图

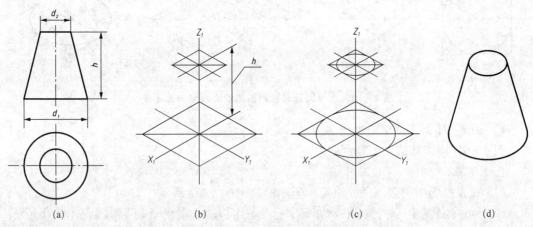

(a)　　　　(b)　　　　(c)　　　　(d)

图 4－13 圆台正等轴测图的画法

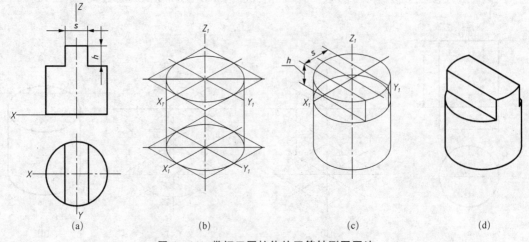

(a)　　　　(b)　　　　(c)　　　　(d)

图 4－14 带切口圆柱体的正等轴测图画法

作图步骤:

(1) 依据带切口圆柱体两个视图,先画出完整圆柱的正等轴测图,如图 4-14b 所示。

(2) 按缺口处尺寸 s、h,画截交线(矩形和圆弧)的正等轴测图(平行四边形和椭圆弧),如图 4-14c 所示。

(3) 擦去作图线,加深可见轮廓线,完成全图,如图 4-14d 所示。

3) 圆角正等轴测图近似画法

例 4-9 带圆角形体的正等轴测图的画法,如图 4-15 所示。

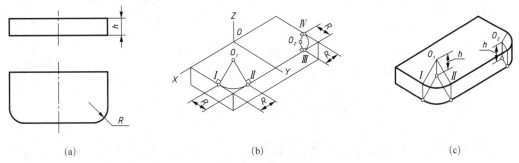

(a)   (b)   (c)

图 4-15 圆角正等轴测图的近似画法

作图步骤:

(1) 画出轴测轴和长方形板的正等轴测图,对于顶面的圆角可用近似画法画图。

(2) 先在顶面按 R 确定切点 Ⅰ、Ⅱ、Ⅲ、Ⅳ,再由 Ⅰ、Ⅱ、Ⅲ、Ⅳ点作相应边的垂线,其交点为 O_1、O_2。最后以为 O_1、O_2 为圆心,O_1Ⅰ、O_2Ⅲ为半径,作 ⅠⅡ圆弧和Ⅲ Ⅳ圆弧,如图 4-15b 所示。

(3) 把圆心 O_1、O_2,切点 Ⅰ、Ⅱ、Ⅲ、Ⅳ向下平移 h 高度,再画出底面圆弧的正等轴测图,最后在右侧作顶面和底面两端圆弧的公切线,如图 4-15c 所示。

例 4-10 根据如图 4-16a 所示,组合体的正投影图,画正等轴测图。

组合体一般由若干基本立体组成。画组合体的轴测图,可以先分别画出各基本立体的轴测图,按照它们之间的相对位置、连接关系,采取从下向上、由上向下或画两头补中间等方法。

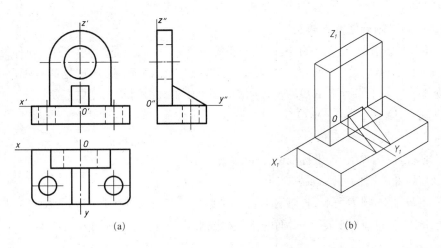

(a)   (b)

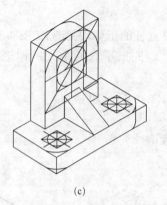

(c)　　　　　　　　　　　　　　　　　　　(d)

图 4 - 16　组合体正等轴测图的画法

作图步骤:

(1) 画轴测图的坐标轴,分别画出底板、立板和三角形肋板的正等轴测图,如图 4 - 16b 所示。

(2) 画出立板半圆柱和圆孔、底板圆角和两个小圆孔的正等轴测图,如图 4 - 16c 所示。

(3) 擦去作图线,加深可见轮廓线,完成全图,如图 4 - 16d 所示。

4.3　斜二轴测图基本参数和画法

如图 4 - 3b 所示,若将物体坐标系中的坐标轴 OZ 放置成铅垂位置,并使坐标面 XOZ 平行于轴测投影面,当选轴测投影方向与三个坐标面都不平行(即轴测投射方向倾斜于轴测投影面)时,就形成正面斜轴测图。在正面斜轴测图中,O_1X_1 轴平行于 OX,仍为水平方向;轴测轴 O_1Z_1 平行于 OZ,仍为铅垂方向。轴向伸缩系数 $p=r=1$,轴间角 $\angle X_1OZ_1=90°$。因此,形体上与 XOZ 坐标面平行的图形,在轴测投影面 P 上的投影就反映实形。而轴测轴 Y_1 的方向和轴向伸缩系数 q,随着投影方向的改变而变化。在画斜轴测投影图时,可根据物体的结构特点,灵活地选择轴向伸缩系数和轴间角 $\angle X_1O_1Y_1$ 或 $\angle Z_1O_1Y_1$,使所作的斜轴测图立体感更强。

4.3.1　斜二轴测图基本参数

斜二测是用斜投影法得到的,其画法与正等测基本一样,只是轴间角和轴向伸缩系数不同,如图 4 - 17 所示。由于坐标面 XOZ 平行于轴测投影面 P,在 P 面上的投影反映实形,所以当物体上有若干平行于 XOZ 坐标面的圆或曲线时,选用斜二测更方便。

轴间角　$\angle X_1OY_1 = \angle Y_1OZ_1 = 135°$, $\angle X_1OZ_1 = 90°$;

轴向伸缩系数 $p=r=1$, $q=0.5$。

斜二轴测图中平行于各坐标面的圆的画法,如图 4 - 18 所示。

平行于 V 面的圆仍为圆,反映实形。

平行于 H 面的圆为椭圆,长轴对 O_1X_1 轴偏转 $7°10'$,长轴 $\approx 1.06d$,短轴 $\approx 0.33d$。

平行于 W 面的圆与平行于 H 面的圆的椭圆形状相同。长轴对 O_1Z_1 偏转 $7°10'$。

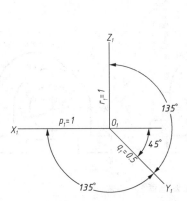

图 4-17　斜二轴测图的轴间角和轴向伸缩系数

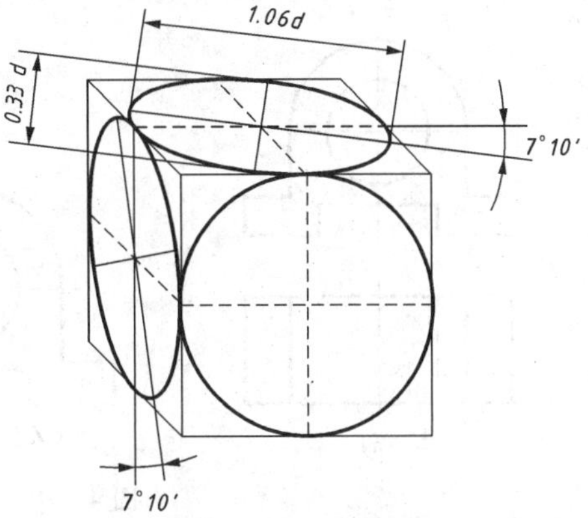

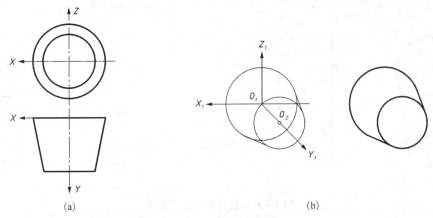

图 4-18　平行于各坐标面的圆的画法

4.3.2　斜二轴测图的画法

对于柱状形体或圆面都在某一个方向上的形体,先画出能反映柱类形体特征的一个端面的斜二轴测图,然后顺次画出各个端面的斜二轴测图,再画出其余可见轮廓线,从而完成整个形体的斜二轴测图。

例 4-11　已知圆台正投影图如图 4-19a 所示,画圆台的斜二测图。

(a)　　　　　　　　　　　　　　　　　　(b)

图 4-19　圆台的斜二轴测图

作图步骤:

(1) 在正投影图中,取圆台大圆端面的圆心为坐标原点 O,选 Y 轴与圆台轴线重合。

(2) 按圆台高度的一半,即高度 Y 轴轴向伸缩系数(0.5),在 Y_1 轴上截取圆台小圆端面的圆心 O_1。

(3) 分别以 O 和 O_1 为圆心,以圆台前后端面半径画圆。

(4) 再画出此两圆的外公切线。

(5) 最后擦去不必要作图线,加深可见轮廓线,完成斜二测图,如图 4-19b 所示。

例 4-12　已知支座的正投影图如图 4-20a 所示,画支座的斜二轴测图。

作图步骤:

(1) 在正投影图中选定坐标原点和坐标轴,如图 4-20a 所示。

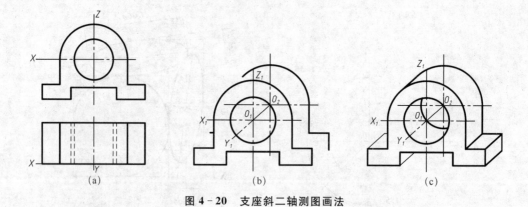

图 4 - 20　支座斜二轴测图画法

(2) 画斜二轴测图的坐标轴,作主要轴线,确定各圆心 O_1 和 O_2 的轴测投影位置,先画出前后断面的形状,如图 4 - 20b 所示。

(3) 再画连接前后端面的可见轮廓线。注意,根据轴测投影图特点,物体上平行于原坐标轴的线轴测投影后仍然平行于轴测轴。

(4) 作各圆或圆弧的公切线,形体后面看得见的圆孔线仍然画出来,擦去多余作图线,加深可见轮廓线,完成全图,如图 4 - 20c 所示。

例 4 - 13　已知机件的正投影图如图 4 - 21 所示,画斜二轴测图。

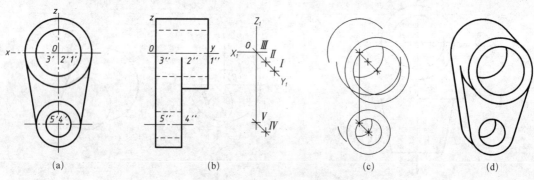

图 4 - 21　机件斜二测的画法

该机件由圆筒及支板两部分组成,前后端面均有平行于 XOZ 坐标面的圆及圆弧。因此,画斜二轴测图时,首先确定各端面圆的圆心位置。

作图步骤:

(1) 在正投影图中选定坐标原点和坐标轴,如图 4 - 21a 所示。

(2) 画轴测图的坐标轴,作主要轴线,确定各圆心Ⅰ、Ⅱ、Ⅲ、Ⅳ、Ⅴ的轴测投影位置,如图 4 - 21b 所示。

(3) 按正投影图上不同半径,由前往后分别作各端面的圆或圆弧,如图 4 - 21c 所示。

(4) 作各圆或圆弧的公切线,擦去多余作图线,加深可见轮廓线,完成全图,如图 4 - 21d 所示。

4.4 轴 测 剖 视 图

在轴测图中,为了表达机件的内部形状,可以假想用剖切平面将机件的一部分剖去,这种剖切后的轴测图称为轴测剖视图。

4.4.1 轴测剖视图规定画法

(1) 剖切面的位置。为了使图形清楚并便于作图,剖切面一般应通过物体的主要轴线或对称平面,并且平行于坐标面;通常把物体切去四分之一,这样可以同时表达物体的内外形状,如图4-22所示。

图 4-22 轴测剖视图剖切面位置

(2) 剖面线画法。在轴测图中平行于三个坐标面的剖面区域,剖面线方向是不同的,如图4-23所示。

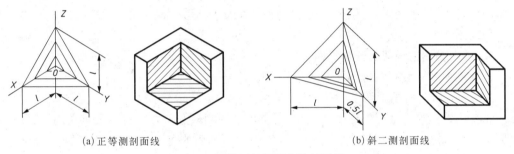

(a) 正等测剖面线　　　　　　　　　　　(b) 斜二测剖面线

图 4-23 轴测剖视图中的剖面线

剖切平面剖开物体后得到的断面,应填充剖面符号,与未剖切部位相区别。不论是什么材料,剖面符号一律画成互相平行的等距细实线。剖面线的方向不同,轴测图的轴测轴方向和轴向伸缩系数也不同,正等轴测剖视图剖面线如图4-23a所示,斜二轴测剖视图的剖面线方向如图4-23b所示。

(3) 肋板或薄壁结构剖切画法。平面通过零件的肋板或薄壁等结构的纵向对称平面时,这些结构不画剖面符号,而用粗实线将它与邻接的部分分开,如图4-24a所示;图中表现不够清楚的地方,允许在肋板或薄壁部分,用细点表示被剖切部分,如图4-24b所示。

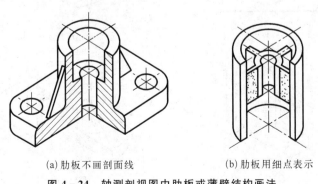

(a) 肋板不画剖面线　　　　　　　　　(b) 肋板用细点表示

图 4-24 轴测剖视图中肋板或薄壁结构画法

（4）零件中间折断或断裂处画法。零件中间折断或断裂的边界线应画波浪线，并在可见断裂面内加画细点，以代替剖面线，如图 4－25 所示。

（5）装配图中相邻零件画法。在轴测装配图中，相邻零件的剖面线可以画成方向相反，或不同的间隔予以区别，如图 4－26 所示。

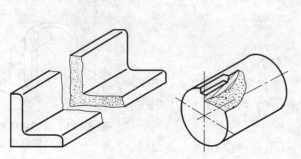
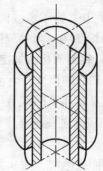

图 4－25　零件中间折断或局部断裂画法　　　图 4－26　轴测装配图中剖面线画法

（6）在轴测装配图中，当剖切平面通过轴、销、螺栓等实心零件的轴线时，这些零件应按未剖切绘制。

4.4.2　轴测剖视图的画法举例

轴测剖视图一般有两种画法。

1）先画外形，再画剖切

先将物体完整的轴测外形图作出，然后再用沿轴测轴方向的剖切平面将它剖开，画出断面形状，擦去被剖切掉的四分之一部分轮廓，添加剖切后的可见内形，并在断面上画上剖面线。步骤如图 4－27 所示。

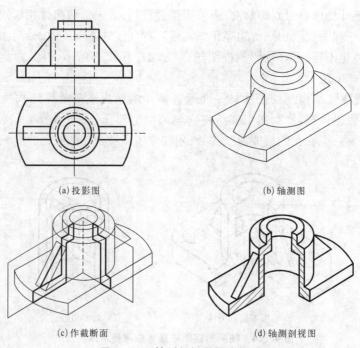

(a) 投影图　　　　　　　　　　　　　　　(b) 轴测图

(c) 作截断面　　　　　　　　　　　　　　(d) 轴测剖视图

图 4－27　轴测剖视图画法（一）

2）先作截断面,再画内外形

准确想象剖切面形状,作出剖切后的剖面形状,再由此逐步画外部的可见轮廓,这种画法作图迅速,减少很多不必要的作图线,如图 4-28 所示。

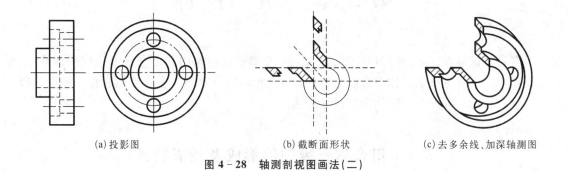

(a)投影图　　　　　　　　　(b)截断面形状　　　　　　　(c)去多余线、加深轴测图

图 4-28　轴测剖视图画法(二)

第5章 组 合 体

各种机械零件,尽管其形状千差万别,但一般都可以看作由若干个基本几何形体叠加、切割组成。这种由基本形体组合而成的物体称为组合体。本章主要介绍组合体三视图的投影特性,以及组合体的画图、读图和尺寸标注。

5.1 组合体三视图的形成及投影特性

5.1.1 组合体三视图的形成

组合体三视图的形成过程与三面投影的形成过程完全相同。在绘制技术图样时,将物体置于第一分角内,如图5-1a所示,按国家标准有关规定在三个相互垂直的投影面内作正投影,所得的三个图形称为三视图。分别为:由前向后投影,在正投影面上所得视图称为主视图,它通常反映机件形体的主要特征;由上向下投影所得的水平投影称为俯视图;由左向右投影所得的侧面投影称为左视图。

三个投影面展开后,三视图位置的配置如图5-1b所示,按此配置的三视图,一律不用注明视图的名称。

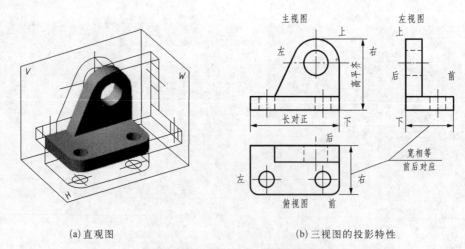

(a)直观图　　　　　　　　　　　　　　(b)三视图的投影特性

图5-1　三视图的形成及投影特性

5.1.2 组合体三视图的投影特性

如图5-1b所示,表达几何形体的三视图之间有着内在联系。根据三视图的形成过程可以看出:一个视图只能反映两个方向的尺寸,主视图反映了物体的长度和高度,俯视图反映了物体的长度和宽度,左视图反映了物体的宽度和高度。三个视图之间的投影规律为:

(1)主、俯视图长对正,反映同一个物体的长度。

（2）主、左视图高平齐，反映同一个物体的高度。

（3）左、俯视图宽相等，反映同一个物体的宽度。

画图时形体上每一个点、线和面的三个投影一定要符合上述基本规律；看图时也必须以这三条规律为依据，找出三视图中的相应关系，构思机件的原形。一般来说，上下、左右方向符合人们的习惯容易掌握，但前后方向则容易搞错。注意左视图和俯视图的宽度方向，且远离主视图的一侧是机件的前方，靠近主视图的一侧是机件的后方。

5.2 组合体的构型分析

5.2.1 形体分析法

形体分析法就是假想将组合体分解成若干基本形体，弄清各形体的形状、相对位置及组合方式，帮助组合体画图和读图的方法。此法对于叠加形成的组合体更为有效。

1）组合体的组合方式

组合体的组合方式可划分为叠加和切割（包括穿孔）两类，一般较复杂的形体往往由叠加和切割综合而成。图 5 - 2a 为两块长方形板叠加形成的叠合式组合体；图 5 - 2b 为长方体两次切割后形成的切割式组合体；图 5 - 2c 为长方体经叠加、切割后形成的综合式组合体。

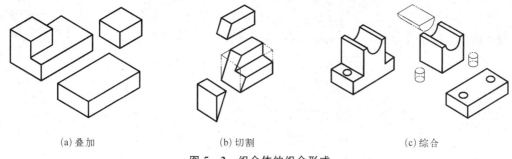

(a) 叠加   (b) 切割   (c) 综合

图 5 - 2 组合体的组合形式

2）组合体表面间的相对位置

（1）平齐。当两基本体表面平齐时，结合处不画分界线。如图 5 - 3a 所示，两长方体前后端面平齐，主视图上无分界线。

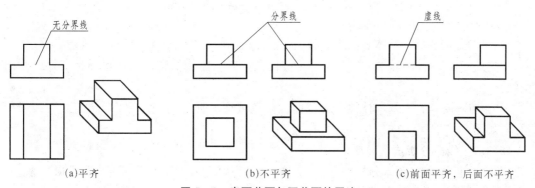

(a) 平齐   (b) 不平齐   (c) 前面平齐，后面不平齐

图 5 - 3 表面共面与不共面的画法

（2）不平齐。当两基本体表面不平齐时,结合处应画出分界线。如图 5-3b 所示,两长方体前后的宽度和左右的长度都不相等,则两者前后、左右端面都不平齐,主、左视图上存在分界线。

如图 5-3c 所示,两长方体前面平齐,后面不平齐,后面的分界线画虚线。

（3）相切。当两形体表面相切时,两表面光滑地连接在一起,相切处不画分界线,如图 5-4 所示。

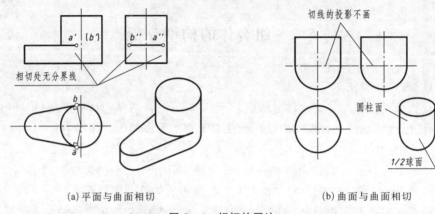

(a) 平面与曲面相切　　　　　　　　　　　(b) 曲面与曲面相切

图 5-4　相切的画法

注意:如图 5-5 所示,当两圆柱面相切时,如果其切平面倾斜或平行于投影面,则不画相切线在该投影面上的投影;如果其切平面垂直于投影面,则应画出相切线在该投影面上的投影。

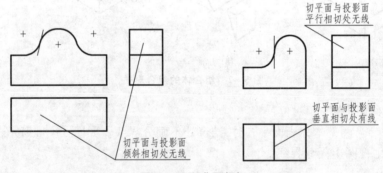

图 5-5　两曲面相切

（4）相交。当两基本体表面相交时,相交处应画出分界线。如图 5-6a 所示,圆柱体相交,相交处应画出相贯线;如图 5-6b 所示,长方体与圆柱体相交,主、左视图相交处应画出交线。

（5）切割或穿孔。基本体被平面或曲面切割或穿孔后,会产生不同形状的截交线或相贯线,如图 5-7 所示。

5.2.2　线面分析法

线面分析法是在形体分析的基础上,对不易表达清楚的局部,运用线、面投影关系,分析组合体表面形状及表面间相对位置的方法。尤其对于切割体来说,其表面的交线较多,

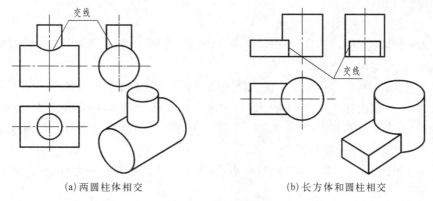

(a) 两圆柱体相交　　　　　　　　(b) 长方体和圆柱相交

图 5 - 6　相交的画法

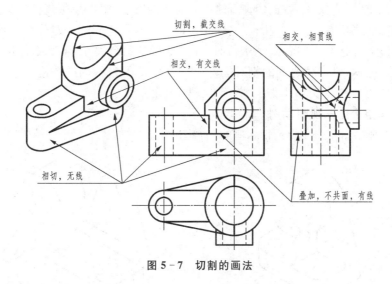

图 5 - 7　切割的画法

形体不完整,需要在形体分析的基础上,对某些线面做投影分析,从而完成切割体三视图的绘制。

5.3　画组合体视图

5.3.1　画组合体视图的方法与步骤

（1）形体分析。画组合体三视图时,应先分析物体的形状和结构特点,了解组合体由哪几个基本体组成、各基本体的形状、组合形式和相对位置关系,为画图做准备。

（2）选择主视图。主视图是反映物体主要形状特征的视图,选择主视图一般应符合以下原则:

① 主视图应较多地反映组合体各部分的形状特征,尽量以清楚地表达组合体各组成部分形状、表明相对位置关系最多的方向作为主视图的投影方向。

② 符合自然安放位置,尽量使主要平面(或轴线)尽可能多地平行或垂直于投影面,以

便使投影得到实形。

③ 尽量减少其他视图中的虚线。

(3) 选定画图比例和图幅。根据物体的大小选定作图比例,尽量选用1∶1,这样既便于画图,又能较直观地反映物体的大小。

(4) 布置视图、画作图基准线。在选择图纸幅面的大小时,不仅要考虑到图形的大小和摆放位置,而且要留出标注尺寸和画标题栏的位置,图形布置要匀称。因此要先画每一投影的作图基准线,通常用对称中心线、轴线、大端面作为基准线和基准面。组合体视图需要确定长、宽、高三个方向的主要基准。

(5) 画三视图,为了作图准确,按组合形式,各个形体三个视图一起画,并注意形体之间的连接关系。

运用形体分析法逐个画出各个基本体,每一个基本体同时画出其三个视图,画基本体时按照先主体、后细节,先实体、后挖切,先形体、后交线的方法,根据投影规律先从反映形体特征的视图画起,再画出其他两个视图。这样既保证各基本体之间的相对位置和投影关系,又能提高绘图速度,在逐个画出各个基本体时,注意分析其组合关系,看基本体连接处是否有线。这样既能保证各基本体之间的相对位置和投影关系,又能提高绘图速度。

(6) 检查错漏,擦去多余图线后,按标准线型描深。

5.3.2　画组合体三视图举例

例 5-1　画如图 5-8a 所示轴承座的三视图。

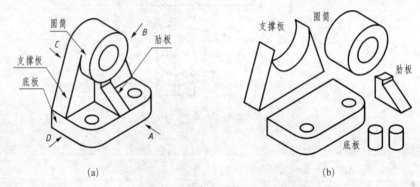

图 5-8　轴承座的形体分析

1) 形体分析

如图 5-8b 所示,轴承座由圆筒、长方形底板、支撑板和三角形肋板四个基本部分组成,构成方式主要为叠加。支撑板由三棱柱被圆弧切割后所形成;肋板是在长方形板上由圆弧和平面切割而成。其中,底板与支撑板后面共面,支撑板与圆筒相切,肋板与圆筒相交,轴承座的总体结构左右对称。

2) 选择主视图

从图 5-8a 中可以看出,轴承座按自然位置安放后,可以从 A、B、C、D 四个方向投影,如图 5-9 所示。所得的四个投影图进行比较,若按 B 向投影,主视图不能反映组合体中各个形体的形状,但是它的左视图清晰;若以 C 向作为主视图的投影方向,则主视图虚线较多;若按 D 向投影,则左视图的虚线多;若以 A 向作为主视图的投影,则主视图能够清晰地反映组合体各个形体的形状,左视图也能将组合体的侧面表达清楚。再对 A 向和 B 向视图做比较，A 向更能反映轴承座各部分的形状特征，因此应以 A 向作为主视图的投影方向。主视图确定后，其他视图就确定了。

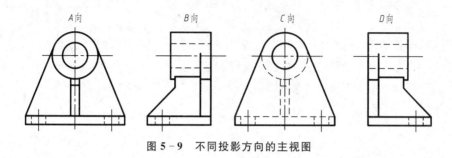

A向   B向   C向   D向

图 5-9 不同投影方向的主视图

3) 画图步骤

(1) 选择比例，确定图幅。

(2) 画基准线布置视图。轴承座以底面、后端面和左右对称中心线作为作图基准，注意三视图基准统一，如图 5-10a 所示。

(3) 运用形体分析法，逐个画出各组成部分形体的三视图，如图 5-10b~e 所示。一般先画较大的、主要的组成部分(如轴承座的底板)，再画其他部分；先画主要轮廓，再画细节。在形状较复杂的局部，如具有相贯线和截交线的地方，宜适当配合线面分析，可以帮助想象和表达，并能减少投影图中的错误。

(4) 检查底稿、描深，如图 5-10f 所示。

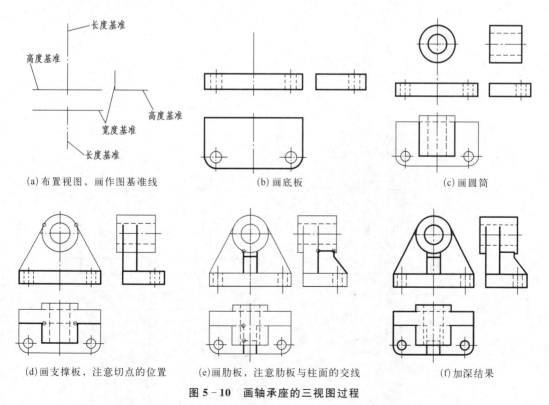

长度基准
高度基准
高度基准
宽度基准
长度基准

(a)布置视图，画作图基准线   (b)画底板   (c)画圆筒

(d)画支撑板，注意切点的位置   (e)画肋板，注意肋板与柱面的交线   (f)加深结果

图 5-10 画轴承座的三视图过程

例 5-2　分析图 5-11 所示组合体,并画组合体的三视图。

1) 形体分析

图 5-12 表明该组合体的构型方式,基础形体是由两个长方体组成的"L"形立体,如图 5-12a 所示;然后用侧垂面切去一个角,如图 5-12b 所示;接着切去一个"凸"字形槽,如图 5-12c 所示;再用圆柱铣刀铣一个槽,槽的右端是半圆柱面,如图 5-12d 所示。

2) 利用形体分析法绘制组合体视图

作图步骤:

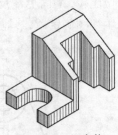

图 5-11　组合体

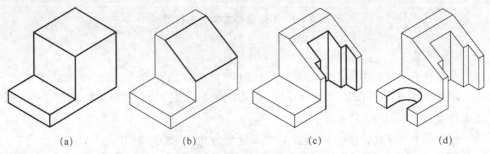

图 5-12　组合体的构型过程

(1) 画基本形体的三视图。先画主视图,后画俯视图和左视图,如图 5-13a 所示。

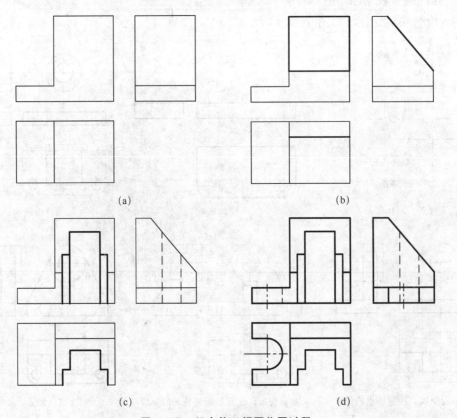

图 5-13　组合体三视图作图过程

（2）画侧垂面切去的角。先画左视图中的积聚直线，然后根据"高平齐、宽相等"依次画主视图和俯视图，如图 5-13b 所示。

（3）画切去的"凸"字形槽。先画有积聚性的俯视图，再根据"宽相等"画左视图，最后由俯视图和左视图画出主视图，如图 5-13c 所示。

（4）画左侧半圆形槽。因为俯视图上有积聚性，所以先画俯视图，然后画主视图和左视图。在左视图中，当虚线和粗实线重合时，应画成粗实线，如图 5-13d 所示。

例 5-3 利用形体分析和线面分析方法作组合体三视图，如图 5-14 所示。

形体分析和线面分析：该组合体的基本形体是一个圆柱体，在该基础形体上方叠加一块板，然后钻两个通孔；板上的大孔和圆柱大孔同轴，小孔和板左侧的圆弧面同轴；板的顶面与大孔顶面同面，无交线。板的侧面与圆筒外面相切，光滑过渡的也不产生交线。

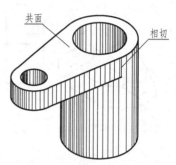

图 5-14 组合体

作图步骤：

（1）画圆柱体的三视图，如图 5-15a 所示。

（2）画叠加板。先画最能反映其形状的俯视图，然后画主视图和左视图。由于板的侧面和外柱面相切，表现在俯视图上为直线和圆相切，在俯视图中，先画叠加板的左侧圆弧，找出切点，再画相切线，在主视图和左视图上的投影要画到切点处，相切处不画线，如图 5-15b 所示。

（3）画两个通孔。先画俯视图，然后画主视图和俯视图，如图 5-15c 所示。

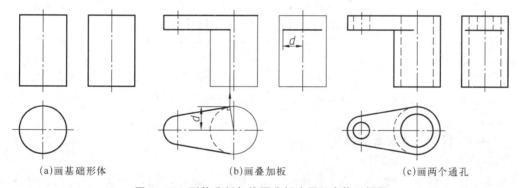

(a)画基础形体　　　　　　(b)画叠加板　　　　　　(c)画两个通孔

图 5-15 形体分析与线面分析法画组合体三视图

例 5-4 补全切割式组合体的三视图，如图 5-16a 所示。

1) 形体分析

由图 5-16a 分析组合体三视图，可见组合体是在基本体四棱柱基础上切割而成的。主视图的长方形左上方斜切一角，说明在四棱柱的左上方用正垂面切掉一角，如图 5-16b 所示；俯视图的长方形左前方上斜切一角，说明四棱柱左端用铅垂面切掉左前角，如图 5-16c 所示；左视图呈阶 L 状，说明四棱柱的前上方被正平面和水平面共同切去了一块形成台阶，如图 5-16d 所示。由上述分析可知，组合体是由长方体经三次切割以后形成的。分别补全每次切割后的截交线，即可完成组合体的三视图，注意先切割所得截交线，被后面切割后截交线的长短变化。

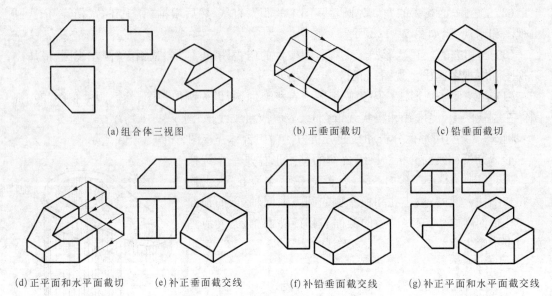

(a) 组合体三视图　　　　　　　　(b) 正垂面截切　　　　　　　　(c) 铅垂面截切

(d) 正平面和水平面截切　　(e) 补正垂面截交线　　　(f) 补铅垂面截交线　　(g) 补正平面和水平面截交线

图 5 - 16　补全组合体的三视图过程

2) 作图步骤

(1) 作正垂面切割后的截交线,如图 5 - 16e 所示。

(2) 作由铅垂面切割后的截交线,如图 5 - 16f 所示。

(3) 作正平面和侧平面切台阶后的截交线,如图 5 - 16g 所示。

5.4　读组合体视图

　　根据组合体的视图,想象其结构形状称为读图。可见读图和画图是认识组合体的两个相反的过程。要能正确迅速地读懂视图,必须掌握读图的基本要领和基本方法,培养空间想象能力和构思能力。

5.4.1　读组合体视图要领

1) 几个视图联系起来看

　　因为组合体的一个视图往往不能唯一确定其形状,如图 5 - 17 所示。有时两个视图也不能唯一确定其形状,如图 5 - 18 所示。所以看图时应将已知的视图联系起来看,才能准确读懂形体的几何特征和相对位置。

2) 弄清视图中线框和图线的含义

(1) 视图中的一个封闭线框,一般可表示平面的投影、曲面的投影、孔洞的投影或平面与曲面相切得到的组合面的投影,如图 5 - 19 所示。

　　物体上的平面多边形,它的投影可能是一段直线或一个边数相等的多边形,按照长对正、高平齐、宽相等的关系可以确定这个多边形的三面投影,如图 5 - 19a 所示的 P、Q 两面的投影。

(2) 视图中的一条图线(粗实线或虚线),一般可表示为:

① 平面或曲面的积聚性投影。

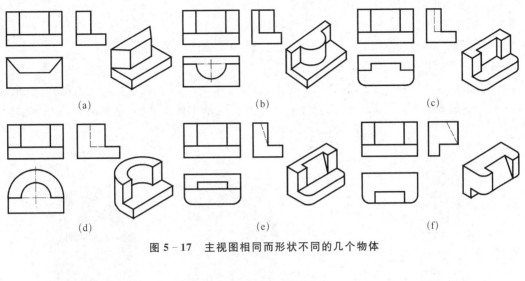

图 5－17　主视图相同而形状不同的几个物体

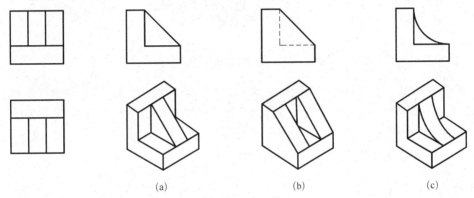

图 5－18　两个视图相同而形状不同的几个物体

② 回转体转向轮廓线的投影。

③ 组合体两表面交线的投影(如棱线、截交线、相贯线等)，如图 5－19 所示。

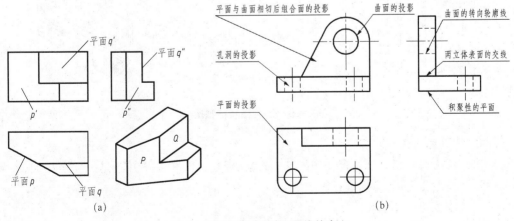

图 5－19　视图中线框、图线的含义

3）找出特征视图,善于构思立体形状

特征视图就是最能反映组合体的位置特征和形状特征的视图。要先从反映形体特征明显的视图看起,再与其他视图联系起来,综合想象,识读出组合体的形状。

(1) 寻找位置特征的明显视图。如图 5‑20a 所示组合体三视图,从主视图看不出来基本体 1 和基本体 2 的结构是凸出还是孔,可以想象成图 5‑20b。俯视图有凸出结构,但是也分辨不出是基本体 1 还是基本体 2,而左视图却能表明基本体 1 凸出,基本体 2 是一个方孔。

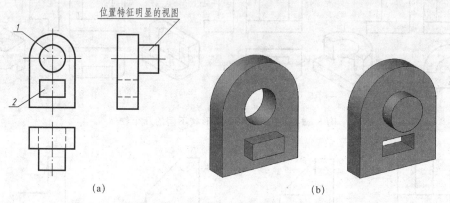

图 5‑20　寻找位置特征明显视图

(2) 寻找形状特征的明显视图。如图 5‑21 所示组合体三视图,首先从主视图读起,将其分为 1′、2′、3′三部分,然后按"长对正、高平齐",分别在俯视图和左视图上寻找形状特征的明显视图,想象出这三部分的形状,接着分析这三部分间的位置关系,最后将这三个形体结合起来想象出物体的整体形状。

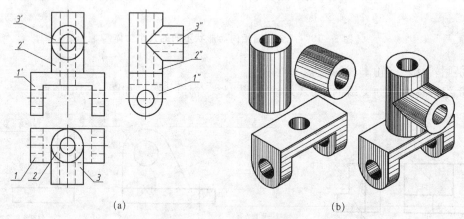

图 5‑21　左视图特征视图

5.4.2　读图方法和步骤

形体分析法与线面分析法是读图的基本方法,但是这两种方法并不是孤立运用的,实际读图时常常是综合运用,穿插进行。

1）用形体分析法读图

读图是画图的逆过程。在反映形状特征的视图上,按线框将组合体划分为几个部分;然后根据投影规律,找到各线框在其他视图上的投影,从而想象出每个部分的形状;最后根据其相对位置、组成方式和表面连接关系,综合想象出整体的结构形状。

例 5-5 读组合体三视图,如图 5-22a 所示。

(1) 画线框对投影。先从反映形体特征明显的主视图看起,把主视图分成三个独立部分,根据"长对正、高平齐、宽相等"的投影规律,把几个视图联系起来看,如图 5-22a 所示。

(2) 识别形体,定位置。根据各部分三视图(或两视图)的投影特点想象出形体,并确定它们之间的相对位置。在图 5-22b 中,1 为四棱柱切去了一个矩形槽,2 为穿孔的半圆头长方形板,3 为四棱柱肋板;它们之间的位置关系均为叠加不共面,有交线。

(3) 综合起来想整体。综合考虑各个基本形体及其相对位置关系,通过逐个分析,可由图 5-22a 的三视图想象出图 5-22c 所示物体。

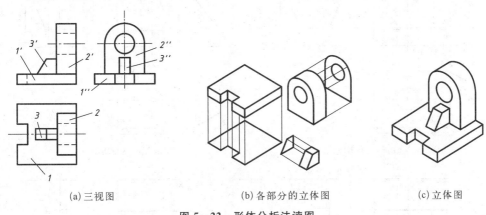

(a) 三视图　　　　　　　　(b) 各部分的立体图　　　　　　(c) 立体图

图 5-22　形体分析法读图

2) 用线面分析法读图

组合体也可以看作由若干面(平面或曲面)切割或穿孔形成,因此,线面分析法也就是按照"长对正、高平齐、宽相等"的投影关系找出每个切面截交线的三个投影,并确定它们之间的相对位置和投影特性的方法。

例 5-6 读组合体三视图,如图 5-23a 所示。

(1) 该形体的基本体是四棱柱,它是在此基础上切割和挖孔而成,如图 5-23b 所示。

从图 5-23c 分析,俯视图中的梯形线框 p,在主视图中找出与它对应的斜线 p',可知 P 面是梯形的正垂面,四棱柱的左上角就是由这个平面切割而成的。平面 P 对侧面和水平面都处于倾斜位置,所以它的侧面投影 p'' 和水平投影 p 是类似图形,不反映 P 面的真形。

(2) 从图 5-23d 分析,由主视图的七边形 q',在俯视图上找出与它对应的斜线 q',可知 Q 面是铅垂面。四棱柱的左端就是由这样的两个平面前后对称切割而成的。平面 Q 对正面和侧面都处于倾斜位置,因而侧面投影 q'' 也是一个类似的七边形。

(3) 读图 5-23e 分析,从主视图上的长方形 r' 出发,找出 R 面的三个投影,可见 R 面是正平面,水平投影和侧面投影都具有积聚性。

(4) 读图 5-23f 分析,从俯视图的四边形 s 出发,找到 S 面的三个投影。不难看出,R 面平行于正面,S 面平行于水平面。长方块的前后两边,就是这两个平行平面切割而成的。在图 5-23f 中,$a'b'$ 线不是平面的投影,而是 R 面与 Q 面的交线。$c'd'$ 线是处于最前的正平面与 Q 面的交线,压块中间还有一个圆柱孔。

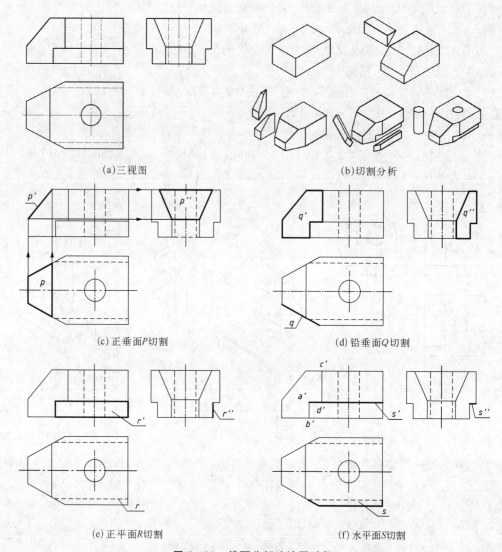

(a)三视图   (b)切割分析

(c) 正垂面P切割   (d) 铅垂面Q切割

(e) 正平面R切割   (f) 水平面S切割

图 5-23   线面分析法读图过程

其余表面比较简单易看,请读者自己分析。这样,我们既从形体上,又从线、面的投影上,彻底弄清了整个压块的三视图,就可以想象出物体的空间形状。

看图时一般是以形体分析法为主,线面分析法为辅,线面分析法主要用来分析视图中的局部复杂投影。由于工程上机件的形状是千变万化的,所以在读图时不能局限于某一种方法。

例 5-7   如图 5-24a 所示,已知架体的主、俯视图,读懂结构后补画左视图。

如图 5-24a 所示,主视图中有三个线框 a'、b'、c',它们都代表三个平面,按长对正关系在俯视图中没有一个类似形与之对应,只有四条长度对应相等的直线 1、2、3、4,按其位置知 A、B、C 三面为正平面;由于三个平面俯视图均可见,所以必定 C 面在最前方即为 1,B 面在中间为 2,C 面在后面为 3,最后一条直线 4 是立体的后壁,由此可想象出架体的立体形状如图 5-24b 所示。

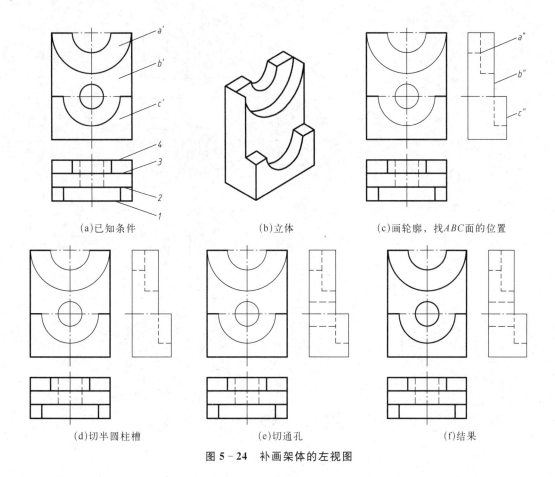

(a)已知条件   (b)立体   (c)画轮廓，找ABC面的位置

(d)切半圆柱槽   (e)切通孔   (f)结果

图 5 - 24 补画架体的左视图

作图步骤：

(1) 按高平齐、宽相等关系画整个架体的轮廓，找 A、B、C 三面的位置，如图 5 - 24c 所示。

(2) 从 C 面往后切半圆柱槽到 B 面，从 B 面往后切半圆柱槽到 A 面，从 A 面往后到后壁穿通半圆柱槽，如图 5 - 24d 所示。

(3) 从 B 面往后壁穿通孔，如图 5 - 24e 所示。

(4) 描深，结果如图 5 - 24f 所示。

例 5 - 8 如图 5 - 25a 所示，已知组合体的主、俯视图，读懂结构后补画左视图。

由已知的两视图可以看出，该组合体由两个基本体组成，右侧是一圆柱体，并开有一同轴阶梯孔，在圆柱的前上方挖有 U 形槽，后壁钻有圆孔；左侧是一水平板，水平板左端是圆柱面，板的前后面与右侧圆柱相切，板的左上角有一圆柱形弧槽和一个圆柱孔，想象的组合体如图 5 - 25b 所示。

作图步骤：

(1) 画圆柱体以及体内的切割孔和 U 形槽，尤其注意截交线、相贯线的特殊点 1、2 的位置，如图 5 - 25c 所示。

(2) 画水平板，注意板与圆柱相切的切点 3、交点 4 的位置，如图 5 - 25d 所示。

(3) 描深，结果如图 5 - 25e 所示。

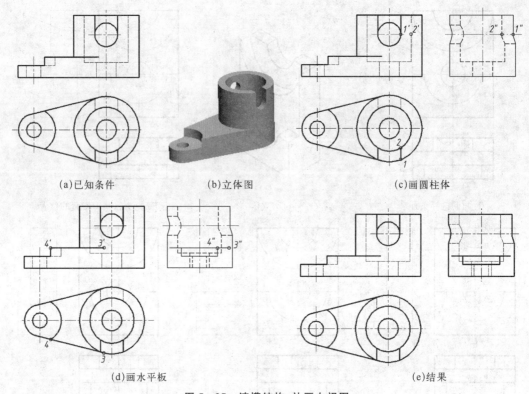

(a)已知条件　　　　　(b)立体图　　　　　　　(c)画圆柱体

(d)画水平板　　　　　　　　　　　　　　　(e)结果

图 5-25　读懂结构,补画左视图

5.5　组合体的尺寸标注

　　组合体的视图只反映体的形状,而其大小要通过图上所注的尺寸确定。组合体视图上的尺寸标注要达到正确、完整、清晰、合理的要求,即所注尺寸要符合国家标准的有关规定,尺寸标注齐全,不遗漏,不重复;尺寸配置整齐、清楚,便于读图;方便生产加工和检测。本节在学习平面图形尺寸标注的基础上,进一步学习组合体的尺寸标注。

　　由于组合体可以看作由一些基本几何体组合而成,所以要学会组合体尺寸标注,必须首先掌握基本几何体的尺寸注法。

5.5.1　基本体的尺寸标注

1)常见基本体的尺寸标注

　　一般情况下,标注基本体的尺寸时,应标出长、宽、高三个方向的尺寸。对于圆柱体、圆锥体,如果在投影为非圆的视图上标注直径 ϕ 时,可以省略一个视图。常见基本体的尺寸标注如图 5-26 所示。

2)带有缺口的基本体的尺寸标注

　　截交线形状取决于立体的形状、大小以及截平面与立体的相对位置。对于带有缺口的基本体,只标注缺口位置的尺寸,而不标注截交线和相贯线的尺寸,如图 5-27 所示。

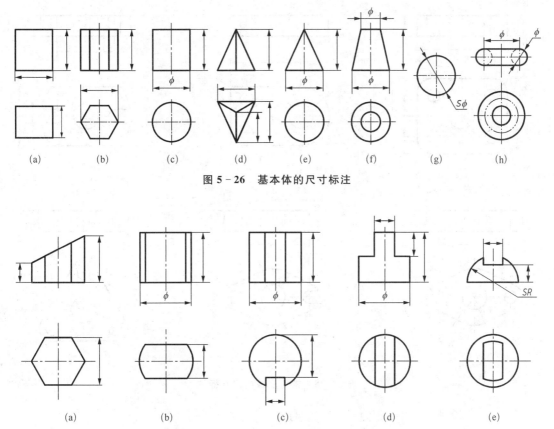

图 5 – 26 基本体的尺寸标注

图 5 – 27 带有缺口的基本体的尺寸标注

3) 常见底板的尺寸标注

机器零件上的一些常见底板、法兰盘等,它们的形状多为长方体、圆柱体及其经切割(穿孔)的组合体。通常是由两个以上基本体组成,它们的尺寸标注一般先注出长、宽、高尺寸,再注出其上圆孔、圆角的定形尺寸和定位尺寸及总体尺寸,如图 5 – 28 所示。

5.5.2 组合体的尺寸标注

5.5.2.1 尺寸分类和尺寸基准

1) 尺寸分类

按尺寸所起的作用,可将组合体的尺寸分为三类:定形尺寸、定位尺寸和总体尺寸。其中,确定基本形体形状和大小的尺寸称为定形尺寸;确定基本形体之间相互位置的尺寸称为定位尺寸;确定物体的总长、总宽、总高的尺寸称为总体尺寸。

标注尺寸时,应先按形体分析法注出各基本形体的定形尺寸,再标注确定各基本形体间相互位置的定位尺寸,最后根据组合体的结构特点注出总体尺寸。

2) 尺寸基准

标注尺寸的起始位置称为尺寸基准。组合体长、宽、高三个方向上至少各有一个基准,其中一个为主要基准,其余为辅助基准。尺寸基准的确定既与物体的形状有关,也与该物体的加工制造要求、工作位置等有关。常选用物体上的对称面、回转体的轴线、较大的底面或端面等作为尺寸基准。

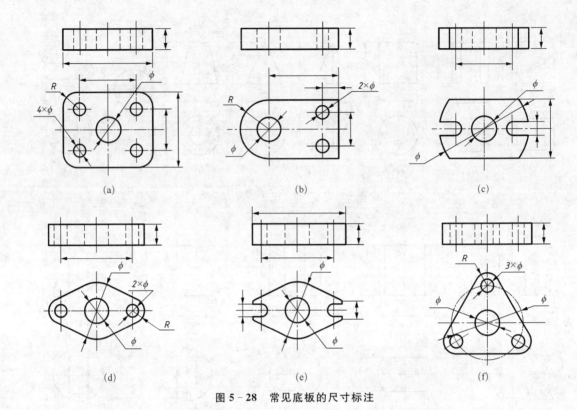

图 5 - 28　常见底板的尺寸标注

　　如图 5 - 29 所示,由于组合体左右对称,可将左右对称面作为长度方向的尺寸基准;机件的后端面为较大的平面,定为宽度方向的尺寸基准;底平面定为高度方向的尺寸基准。

5.5.2.2　尺寸标注的要求

1) 尺寸标注要正确、完整

　　组合体尺寸标注要正确、完整,即数值正确,标准方法符合国家标准;标注的尺寸必须齐全,不得遗漏,不得重复。为保证尺寸标注的完整性,一般采用形体分析法,将组合体分解为若干基本形体,先注出各基本形体的定位尺寸,然后再注出定形尺寸,最后标注总体尺寸。一般组合体应注出长、宽、高

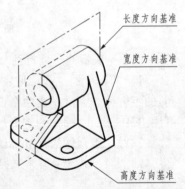

图 5 - 29　组合体的尺寸标注基准

三个方向的总体尺寸,当组合体端部为回转体结构时,该方向的总体尺寸一般不直接注出,而是注出回转轴线的定位尺寸和回转体的半径或直径,如图 5 - 30a 中注出 34 和 $R14$,图 5 - 30b 中注出 R8 和定位尺寸 21。

2) 尺寸标注要清晰

　　组合体尺寸清晰,是指尺寸的布置要整齐、清晰,这不仅便于检查图形,也可以防止误读尺寸,在实际生产中有重要的意义。为此,标注尺寸时应注意以下几点:

　　(1) 同方向的平行尺寸,应使小尺寸在内、大尺寸在外,避免尺寸线与尺寸界线相交,如图 5 - 31 所示。

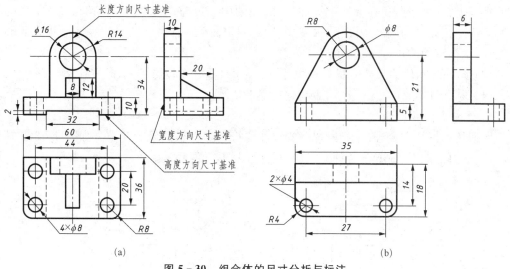

图 5 - 30 组合体的尺寸分析与标注

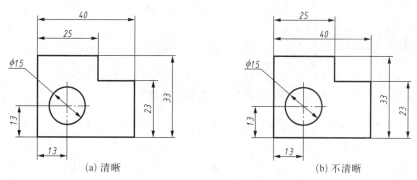

(a) 清晰 (b) 不清晰

图 5 - 31 平行尺寸的标注

(2) 如图 5 - 32 所示,物体上同一形体的尺寸应尽可能集中标注在反映该形体特征最明

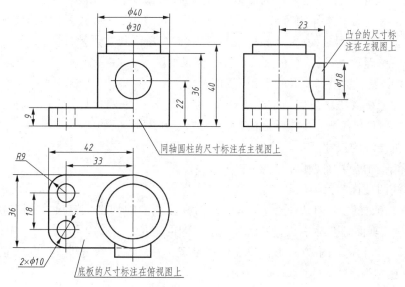

图 5 - 32 同一形体尺寸尽量集中、有序

显的视图上,并尽量避免在虚线上标注尺寸,如图中高度方向的尺寸 22、36、40;圆弧的尺寸必须标注在投影为圆的视图上,如图中的 $R9$;同轴线柱面的直径尺寸最好标注在非圆视图上,如主视图中的尺寸 $\phi30$ 和 $\phi40$。

(3) 同一基本体的尺寸应尽量集中标注;尺寸尽量标在投影外部,配置在两投影之间。

(4) 内形与外形尺寸最好分别标注在投影图两侧。

3) 尺寸标注要合理

所谓尺寸标注的合理,是指所标注的尺寸要符合加工和测量的要求。如图 5-33a 轴套的标注合理;而图 5-33b 不合理,其轴向尺寸 5 就不方便测量。

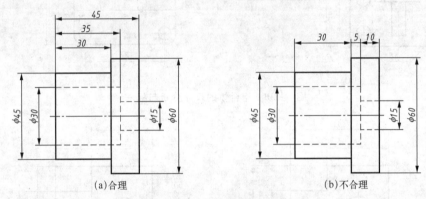

图 5-33　尺寸标准的合理性

5.5.2.3　组合体尺寸标注的方法和步骤

例 5-9　标注图 5-10 所画轴承座的尺寸,如图 5-34a 所示。

(1) 形体分析。轴承座由底板、肋板、圆柱筒和支撑板四部分组成。支撑板侧面和圆柱筒相切且其后面与底板后侧面共面,肋板居中且与圆柱筒相交。

(2) 选取尺寸基准。因轴承座左右对称,因此长度方向的基准为左右对称面,底板的底面为高度方向尺寸基准,宽度基准为底板的后侧面,如图 5-34a 所示。

(3) 逐个标注各基本体的定形、定位尺寸,如图 5-34b~e 所示。其中需要注意的是,圆柱筒高度方向的定位尺寸 40 要从底板底面开始标注,总高尺寸无须标注。

(4) 最后整理尺寸,校验总体尺寸。标注结果如图 5-34e 所示。

例 5-10　标注如图 5-35a 所示压块的尺寸。

(1) 形体分析。压块是切割型的组合体,初始形状是一四棱柱,左上角被正垂面截切,左前下方、左后下方各被一个铅垂面截切,从右向左开矩形通槽。

(2) 分析压块的尺寸基准。选择右端面为长度方向尺寸基准,前后对称面为宽度方向尺寸基准,底面为高度方向尺寸基准,如图 5-35a 所示。

(3) 标注四棱柱的定形尺寸,再依次标注各截平面的定位尺寸。标注四棱柱的长 320、宽 210 和高 140,如图 5-35b 所示;正垂面只需标注顶面的切割位置尺寸 200,如图 5-35c 所示;前后两铅垂面需要标注长度方向和宽度方向的定位尺寸 240 和 90,且集中标注在俯视图上,如图 5-35d 所示;上方矩形槽只需标注槽宽 100 和深度尺寸 50,长度尺寸不用标注,且集中标注在左视图上,如图 5-35e 所示。

(4) 检查整理尺寸,完成压块的尺寸标注,如图 5-35f 所示。

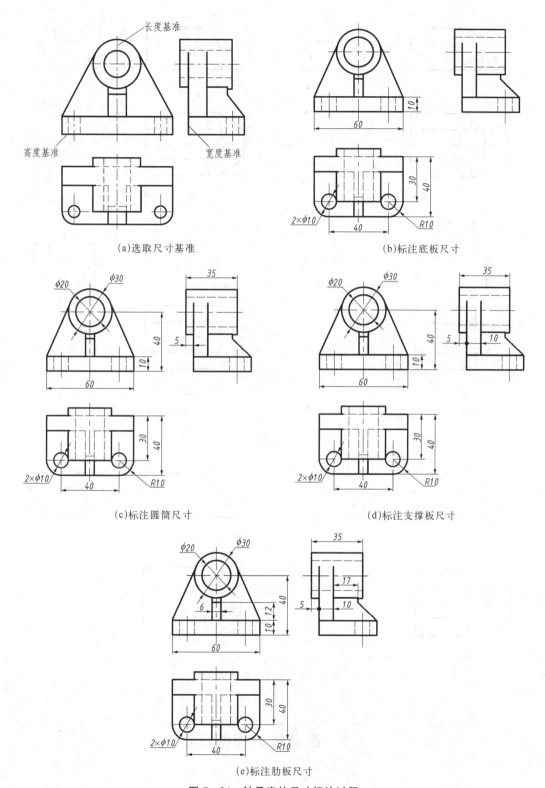

(a)选取尺寸基准　　　　　　　　　　　　　(b)标注底板尺寸

(c)标注圆筒尺寸　　　　　　　　　　　　　(d)标注支撑板尺寸

(e)标注肋板尺寸

图 5 - 34　轴承座的尺寸标注过程

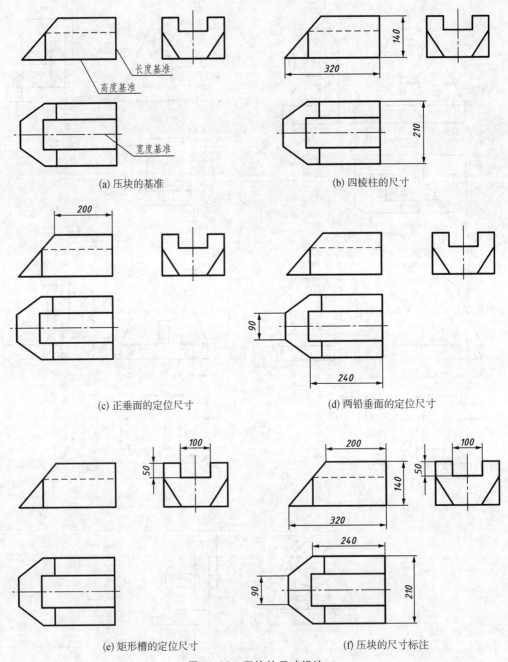

(a) 压块的基准 (b) 四棱柱的尺寸

(c) 正垂面的定位尺寸 (d) 两铅垂面的定位尺寸

(e) 矩形槽的定位尺寸 (f) 压块的尺寸标注

图 5-35　压块的尺寸标注

5.6　组合体的构型设计

　　根据已知条件构思组合体的结构、形状并表达成图的过程,称为组合体的构型设计。在组合体构型设计时,要把空间想象、联想、类比、构思形体和形体表达有机地结合起来。这不

仅能促进画图、读图能力的提高,还能发展空间想象能力,同时在构型设计中还有利于发挥
构思者的创造性,培养和开发创新意识和创新能力。

5.6.1　构型设计的基本原则

1) 以基本几何体为主的原则

组合体构型设计就是利用基本几何体构造组合体
的方法。组合体构型设计应尽可能地体现工程产品或
零部件的结构形状和功能,以培养观察、分析和综合能
力,但又不强调必须工程化。所设计的组合体应尽可能
由基本立体组成,如图 5-36 所示组合体,模拟台灯外
形的构型设计,它由圆柱、圆锥、圆台和回转体组成,体
现了共轴线的特殊相贯形式。

2) 构型应体现平、稳、动、静等造型艺术法规

构型设计时,对称的结构能使形体具有平衡、对称、
尺度比例美、谐调、稳定的效果,如图 5-37a 所示对称
组合体;而对于非对称的组合体,采用适当的形体分布
也可以获得力学与视觉上的平衡感和稳定感,如图 5-
37b 所示;如图 5-37c 所示火箭构型,线条流畅且富有
美感和速度感,静中有动,有一触即发之势。

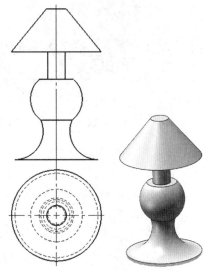

图 5-36　模拟台灯外形

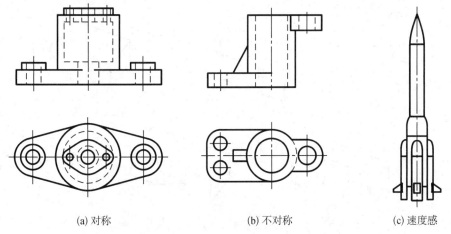

(a) 对称　　　　　　　　　(b) 不对称　　　　　　　　　(c) 速度感

图 5-37　构型应体现平、稳、动、静等造型艺术法规

3) 连续实体的原则

组合体构型设计生成的实体必须是连续的,且便于加工成形。为使构型符合工程实际,
应注意形体之间不能以点、线、圆连接,如图 5-38 所示;不要出现封闭内腔的造型,不便于
加工,如图 5-39 所示。

5.6.2　组合体构型设计的方法

组合体的构型设计,主要方式之一是根据组合体的某个投影图,构思出各种不同的组合
体。这种由不充分的条件构思出多种组合体的过程,不仅要求熟悉组合体画图、读图的相关知
识,同时还要具备良好的空间想象能力和创新思维能力。从工程角度考虑,形体组合构成组合

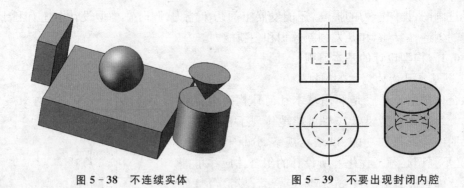

图 5 - 38　不连续实体　　　　　　　　　图 5 - 39　不要出现封闭内腔

体的基本形式是叠加和切割,较复杂的组合体常常是同时运用叠加和切割两种形式构成的。

1) 切割构型设计

根据图 5 - 40 所示正面投影,构思不同形状的组合体。假定该组合体的原形是一个四棱柱,柱体的前面有三个彼此不同形状或不同位置的可见面。这三个表面的凹凸、正斜、平曲可构成多种不同形状的组合体。

先分析中间的面形,通过凸与凹的联想,可构思出如图 5 - 41a、b 所示组合体;通过正与斜的联想,可构思出如图 5 - 41c、d 所示组合体;通过平与曲的联想,可构思出如图 5 - 41e、f 所示组合体。

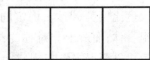

图 5 - 40　由一个投影构思
组合体

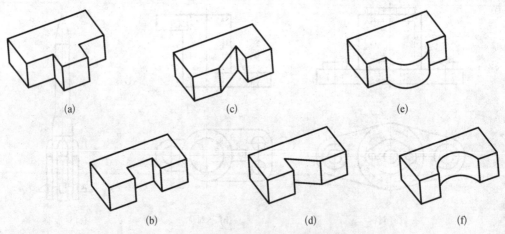

(a)　　　　　　　　　　(c)　　　　　　　　　　(e)

(b)　　　　　　　　　　(d)　　　　　　　　　　(f)

图 5 - 41　通过不同形状或不同位置关系构思组合体

用同样的方法对左右两面进行分析、联想、对比,可以构思出更多不同形状的组合体,图 5 - 42 中只给出了其中一部分组合体的直观图。若对组合体的后面也进行凹凸、正斜和平曲的构思设计,只要符合图 5 - 40 的投影要求,则构思出的组合体将更多,读者可自行构想。

2) 叠加构型设计

叠加型组合体是由基本体按不同的相对位置叠加而成。叠加构型设计就是根据给定的几个基本体,按不同的相对位置叠加,从而设计出各种不同形状的组合体。如图 5 - 43a 所示,根据已知的三个基本体进行叠加构型设计,设计几种不同的组合体。通过构思可设计如图 5 - 43b~g 所示五个组合体。

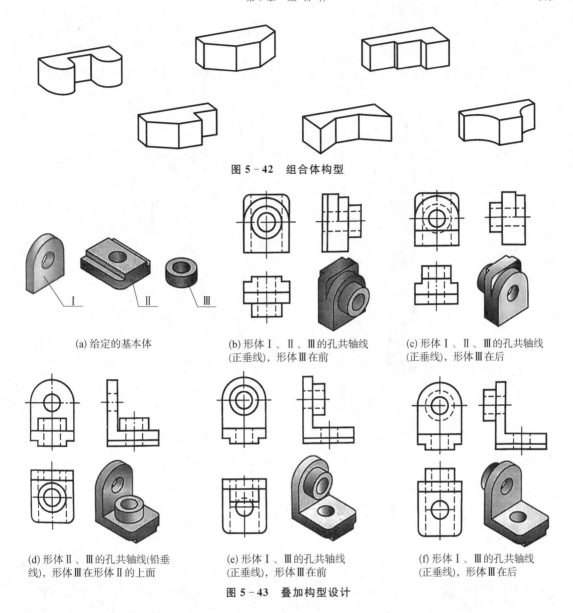

图 5 - 42　组合体构型

(a) 给定的基本体

(b) 形体 Ⅰ、Ⅱ、Ⅲ的孔共轴线
(正垂线)，形体Ⅲ在前

(c) 形体 Ⅰ、Ⅱ、Ⅲ的孔共轴线
(正垂线)，形体Ⅲ在后

(d) 形体Ⅱ、Ⅲ的孔共轴线(铅垂
线)，形体Ⅲ在形体Ⅱ的上面

(e) 形体 Ⅰ、Ⅲ的孔共轴线
(正垂线)，形体Ⅲ在前

(f) 形体 Ⅰ、Ⅲ的孔共轴线
(正垂线)，形体Ⅲ在后

图 5 - 43　叠加构型设计

3) 分向穿孔构型设计

分向穿孔设计要求构思一个物体能分别沿着三个不同方向、不留间隙地通过平板上已知三个孔。通常先从形状简单、容易构型的孔入手，想象出尽可能多的能穿过此孔的形体，再剔除不能不留间隙地通过其他两个孔的形体，选留下的一个形体，将其切割成能达到穿孔要求的形体。

如图 5 - 44 所示，在三个互相垂直的平板上有方孔、圆孔和三角形孔，试构思一形体，使它能不留间隙地分别穿过这三个孔。

形体分析如下：

(1) 三个孔中方孔最大，因此先从方孔开始构思，能沿前后方向通过方孔的形体很多，如三棱柱、四棱柱、圆柱等，但这些形体中能沿上下方向通过圆孔的只有圆柱，即留下的形体为圆柱，如图 5 - 44b 所示。

（2）而要使圆柱沿左右方向通过三角形孔，只需要用两个侧垂面分别切去圆柱的前后两块即可，如图5-44c所示。

（3）当圆柱体被切割时会有截交线，补齐截交线的三视图投影即可得到结果，如图5-44d所示。

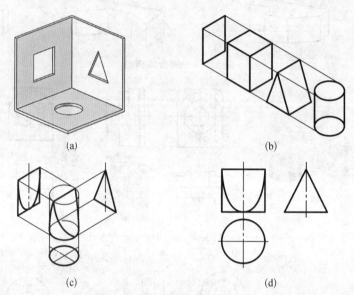

图5-44 立体构思过程

例5-11 如图5-45所示组合体，是在主视图和俯视图相同的情况下，通过改变基本体的位置和切割方式获得五种不同的组合体。构思过程读者可自行分析。

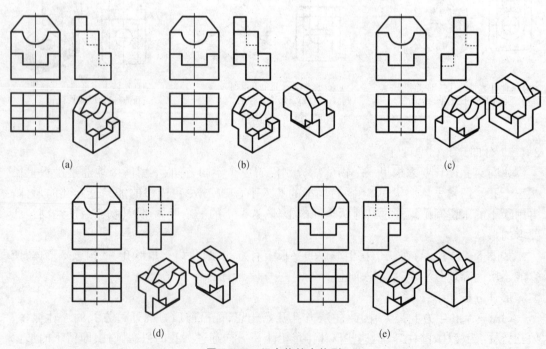

图5-45 组合体综合构型

第6章 机件的常用表达法

在实际生产中,机件的形状是复杂多变、各不相同的,为了完整、清晰地表达其结构和形状,国家标准《机械制图》和《技术制图》中有关图样画法方面(GB/T 17451—1998、GB/T 17452—1998、GB/T 17453—2005、GB/T 4458.1—2002、GB/T 4458.6—2002、GB/T 16675.1—2012)规定了绘制机械图样的各种画法,本章着重介绍一些常用的表达法。

6.1 视　图

视图主要用于表达机件的结构形状,机件可见的轮廓用粗实线表示,不可见的结构形状在必要时,可用细虚线画出。

视图分为基本视图、向视图、局部视图和斜视图。

6.1.1　基本视图

为了表达比较复杂的零件,要从更多方向观察和表达它,仅限于三个投影面是不够的。国家标准规定以正六面体的六个面作为基本投影面,将机件置于其中,相应地将物体分别向六个基本投影面投影,即得到六个基本视图,分别为主视图、俯视图、左视图、右视图、仰视图和后视图,如图 6-1a 所示。

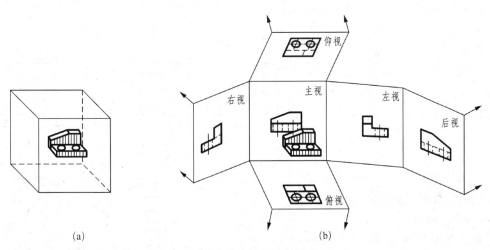

(a)　　　　　　　　　　　　　　　(b)

图 6-1　六个基本视图的形成及展开

展开方法如图 6-1b 所示,正投影面(主视图)保持不动,其余各投影面的视图按图中箭头旋转所指方向,使之与正投影面(主视图)共面。展开后各视图的名称及配置如图 6-2 所示,除主视图、俯视图、左视图外,其他三个视图的名称分别为:右视图(自右向左投射)、仰视图(自下向上投射)、后视图(自后向前投射)。各视图间仍然保持"长对正、高平齐、宽相等"的投影关系。这种配置一律不标注视图的名称。

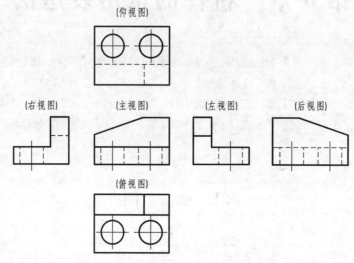

图 6 – 2　六个基本视图按投影关系配置

　　实际绘图时,并不是每个机件都必须要用六个视图表达它的外形结构,应根据机件的复杂程度,选用必要的基本视图。

　　选择视图的原则如下:

　　(1) 选择表示机件结构信息量最多的那个视图作为主视图,通常是机件的工作位置或加工位置、安放位置。

　　(2) 在机件表示明确的前提下,使视图的数量为最少。

　　(3) 尽量避免使用虚线表达机件的轮廓。

　　(4) 避免不必要的重复表达。

　　例 6 – 1　阀体的视图表达如图 6 – 3 所示。表达这个阀体采用了四个视图,主视图用虚线表明阀体的内腔结构以及各个孔的不可见结构,通过四个视图对照起来阅读,清晰完整地表达出阀体各部分的结构和形状,因此,在其他三个视图中的不可见结构投影省略不画。

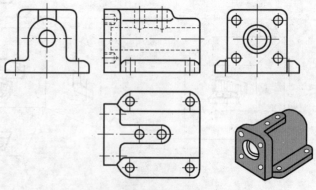

图 6 – 3　阀体的视图和轴测图

　　6.1.2　向视图

　　为了合理地利用图纸,有时不能按图 6 – 2 配置基本视图,国家标准规定可以采用向视图进行自由配置,如图 6 – 4 所示。由于向视图的配置是随意的,为了不致引起误解,图中必须给出明确标注。

（1）应在向视图的上方标注出视图的名称"×"，"×"为大写拉丁字母的代号，注写时按 A、B、C、…的顺序。

（2）在相应的视图附近用箭头注明投射方向，并标注上相同的字母，字母均应水平书写。

例如，图 6-4 右视图没按基本视图的位置配置，所以在相应的主视图附近用箭头指明投射方向，注上"A"，在右视图上方注上相同的大写字母"A"作为视图名称，称为 A 向视图；仰视图没有按规定配置，要标明投射方向 B 和视图名称"B"，称为 B 向视图。

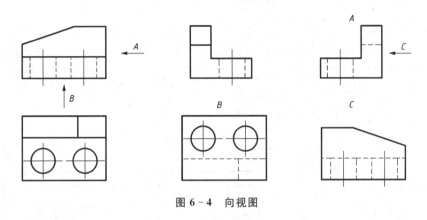

图 6-4　向视图

6.1.3　局部视图

将机件某一部分向基本投影面投影所得的视图称为局部视图，如图 6-5 所示。

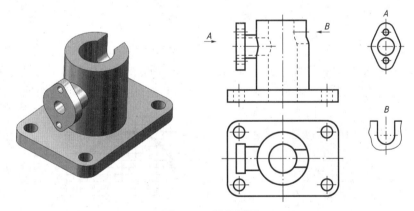

图 6-5　局部视图

局部视图的画法：

（1）画局部视图时，一般在局部视图的上方标注视图的名称，并在相应的视图附近用箭头指明投射方向，标注出相同的字母，字母一律水平书写；当局部视图按投影关系配置，中间又没有其他视图隔开时，可省略标注。

（2）局部视图的断裂边界线应以波浪线或双折线表示，如图 6-5 的 B 图。当所表达的局部结构是完整的，且外轮廓线又成封闭的，波浪线可省略不画，如图 6-5 的 A 图。

用波浪线作断裂线时，波浪线应画在机件的实体上，如图 6-6a 所示。不可超出断裂机件的外轮廓线，也不可画在中空处或图线延长线上，如图 6-6b 所示。

(a)正确　　　　　　不应穿过孔洞　　不应超过轮廓　　不画在图线延长线上

　　　　　　　　　　　　　　　　(b)不正确

图6-6　波浪线的画法

6.1.4　斜视图

　　机件中有些表面是倾斜的,如图6-7a所示,它在六个基本投影面中的投影均不反映实形,且不便于标注真实尺寸,此时可新增一个投影面,使之与倾斜结构平行,并垂直于某一基本投影面,倾斜结构在新投影面上的投影即可反映实形。这种把机件向不平行于任何基本投影面的平面投射所得的视图,称为斜视图。

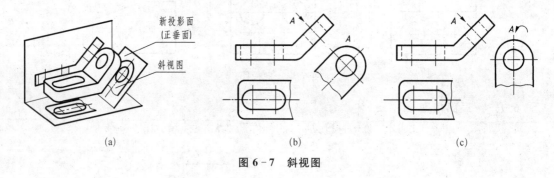

(a)　　　　　　　　　(b)　　　　　　　　　(c)

图6-7　斜视图

　　斜视图的画法:

　　(1) 斜视图一般按向视图配置并标注,如图6-7b所示,必须在视图上方注写视图名称,并在相应的视图附近,以箭头表示投射方向。必要时也可配置在其他适当的地方。

　　(2) 在不致引起误解时,允许将斜视图旋转摆正,此时需加旋转符号。表示视图名称的大写字母应靠近旋转符号的箭头端,允许将旋转角度注写在字母之后,如图6-7c所示。旋转符号的画法如图6-8所示。

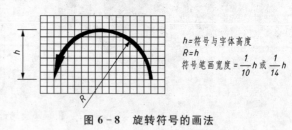

$h=$符号与字体高度
$R=h$
符号笔画宽度 $=\dfrac{1}{10}h$ 或 $\dfrac{1}{14}h$

图6-8　旋转符号的画法

　　(3) 当已画出需要表达的某一倾斜结构真形的斜视图后,通常就用波浪线断开,不画其他视图已表达清楚的部分。

6.2　剖　视　图

　　用视图表达机件时,其内部不可见的部分是用虚线来表示,不可见的结构形状越复杂,虚线就越多,这样给看图、读图和标注尺寸带来很多不便,如图6-9a所示,为此国家标准

(GB/T 17451—1998、GB/T 4458.1—2002)给出了反映物体内部结构及形状的表达方法——剖视。

6.2.1　剖视图的基本概念和画法

1）剖视图的概念

剖视图主要用于表达机件的结构形状,它是假想用一个剖切面(平面或柱面)剖开机件,将处于观察者与剖切面之间的部分移走,而将剩余的部分向投影面投影,所得到的视图称为剖视图,如图 6-9b 所示。原主视图表达内部结构的细虚线都画成粗实线,这样的表示方法给读图和标注尺寸带来了方便,如图 6-9c 所示。

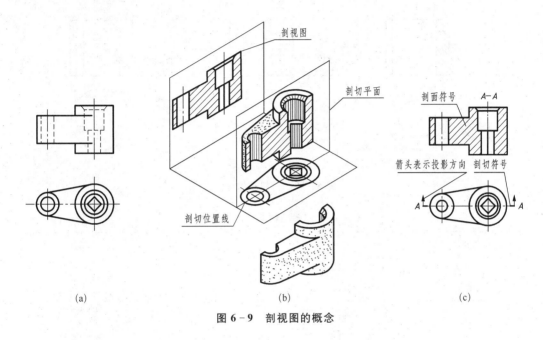

图 6-9　剖视图的概念

2）剖视图的画法

(1) 画出机件的视图底稿,如图 6-10b 所示。

(2) 为了能确切地表达机件内部的真实形状,选择适当的剖切面位置,即选择通过两个孔轴线的位置作为剖切位置,画出剖切平面与机件接触的交线,得到剖面区域,在剖面区域画出剖面符号,如图 6-10c 所示。

(3) 剖切平面后面的可见轮廓画成粗实线。对于剖切平面后边不可见的轮廓,其他视图表达清楚的,细虚线可以省略不画,否则要画虚线,如图 6-10d 所示。

(4) 标注剖切平面的位置、投射方向和剖视图名称,描深图线,如图 6-10e 所示。

3）画剖视图的注意事项

(1) 剖切位置的确定。为了使剖切后获得的投影视图能反映机件内孔的实际大小,剖切位置应通过机件的对称平面、轴线或中心线和孔的轴线,保证机件剖切后结构表达的完整。

(2) 剖面区域。在剖视图中,剖切面与机件接触的部分称为剖面区域。国家标准规定剖面区域内要画出剖面符号。机件的材料不同,剖面符号也不同,各种材料的剖面符号见表 6-1。若不需要在剖面区域中表示机件的材料类别时,根据国家标准《技术制图　图样画法　剖面区域的表示法》(GB/T 17453—2005),剖面符号可用通用剖面线表示。

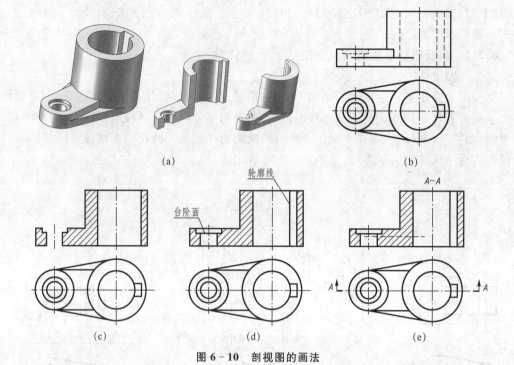

图 6 - 10　剖视图的画法

表 6 - 1　各种材料的剖面符号

材 料 类 型	表 示 方 法	材 料 类 型	表 示 方 法
金属材料(已有规定剖面符号者除外)		木质胶合板	
线圈绕组元件		基础周围的泥土	
转子、电枢、变压器和电抗器等的叠钢片		混凝土	
非金属材料(已有规定剖面符号者除外)		钢筋混凝土	
玻璃及供观察用的其他透明材料		格网(筛网、过滤网等)	
型砂、填砂、粉末冶金、砂轮、陶瓷刀片、硬质合金刀片等		固体材料	
木 材　　纵剖面		液体材料	
横剖面		气体材料	

注：1. 剖面符号仅表示材料的类别,材料的代号和名称必须另行注明。

　　2. 叠钢片的剖面线方向应与束装中叠钢片的方向一致。

　　3. 液面用细实线绘制。

金属材料的剖面符号一般画成与图形主要轮廓线(或剖面区域的对称线)呈 45°(或135°)的细实线。同一个机件所有视图上的剖面线应方向相同,间距相等,剖面线的间距一般取 2~4 mm,如图 6 - 11 所示。

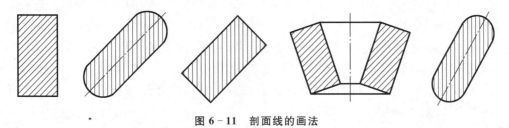

图 6 - 11　剖面线的画法

但如果图形主要轮廓线与水平方向呈 45°或接近 45°时,图形的剖面线应画成与水平线呈 30°或 60°的平行线,其方向、间隔应与该机件其他视图的剖面线相同,如图 6 - 12 所示。同一零件的剖面线在各个剖视图(或断面图)中,其倾斜方向和间隔都必须一致。

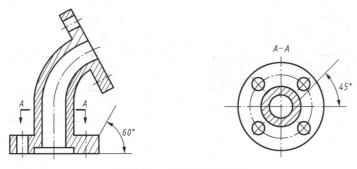

图 6 - 12　特殊剖面线画法

(3) 剖切假想性。由于画剖视图时将机件剖开是假想的,并不是真正把机件切掉一部分,虽然机件的某个图画成剖视图,但是机件仍然完整的,因此除了剖视图外,机件的其他视图要具有完整性,如图 6 - 13a 的俯视图应该画成完整的图形。

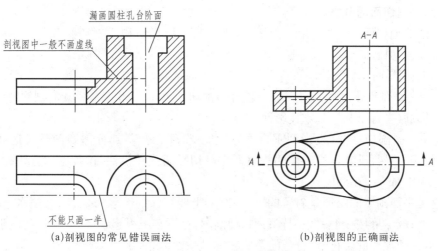

(a)剖视图的常见错误画法　　　　　　(b)剖视图的正确画法

图 6 - 13　剖视图的注意事项

（4）剖视图中,剖切面之后的可见轮廓全部画成粗实线,而不可见轮廓线(虚线)一般省略不画,如图6-13a主视图所示;而当某些结构在其他视图上没有表达清楚,则需要画出虚线,如图6-13b主视图所示。

（5）剖视图的标注。为看图方便,剖视图一般需要标注剖视图名称、剖切符号和剖切线,如图6-13b所示。

① 一般应在剖视图的上方用大写拉丁字母标注出剖视图的名称"×-×","×"应与剖切符号上的字母相同。

② 剖切符号指示剖切面的起、讫和转折位置。剖切符号是线宽$(1\sim1.5)d$、长$5\sim10\,\mathrm{mm}$的粗实线,不得与图形的轮廓线相交。在剖切符号的外侧画出与其垂直的细实线和箭头表示投射方向,并在附近标注出相同的大写字母,字母一律水平书写。

③ 剖切线是指示剖切面的线,用细点画线表示,剖切符号、剖切线和字母的组合标注如图6-14a所示。剖切线也可省略不画,如图6-14b所示。

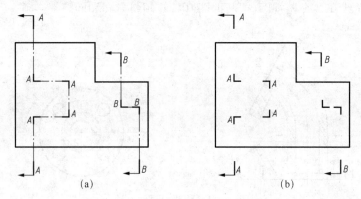

图6-14 剖切符号、剖切线和字母画法

④ 当剖视图按基本视图关系配置,中间没有其他图形隔开时,可省略投射方向(箭头)。当单一剖切面通过物体的对称面或基本对称面,且剖视图按基本视图关系配置时,可以不加标注。

6.2.2 剖切面的分类

剖视图的剖切面有三种:单一剖切面(平行基本投影面和斜剖切面)、几个平行的剖切平面和单一剖切柱面。

1) 单一剖切面

（1）用一个剖切平面(平行于基本投影面)剖切。图6-9和图6-10的剖视图均用平行于基本投影面(平行于某一基本投影面)剖开。

（2）单一斜剖切平面(投影面垂直面)剖切。机件的倾斜部分需要剖开表达结构形状时,可以使用不平行于基本投影面的垂直面作剖切平面剖开机件,这种剖切方法称为斜剖,如图6-15中$A-A$剖视图。

用这种平面剖得的图形是斜置的,但在图形上要标注的图名"×-×"必须水平书写,为了看图方便,应尽量按投射关系配置;为方便画图,在不至于引起误解时,允许将图形转置水平画出,但必须加注旋转符号,符号的箭头在字母一侧,如图6-16所示。

（3）单一剖切柱面(轴线垂直于基本投影面)剖切。必要时可以用单一柱面剖切机件,

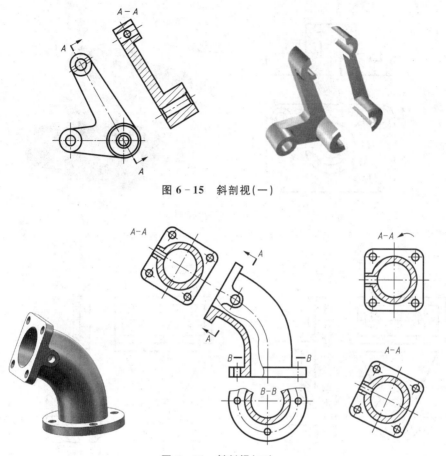

图 6 - 15　斜剖视(一)

图 6 - 16　斜剖视(二)

这时的剖视图一般应按展开绘制,在图名后加注"展开"二字,如图 6 - 17 所示。

　2) 几个平行的剖切面

　机件内部分布在不同层面上,用一个剖切平面无法将其都剖到时,可以采用几个相互平行的平面剖开机件的方法,称为阶梯剖,如图 6 - 18 所示。

　绘制阶梯剖的注意事项:

　(1) 不允许在剖切平面的转折处出现不完整的结构要素,如图 6 - 19a 所示,只有当所需表达的两要素具有公共轴线或对称

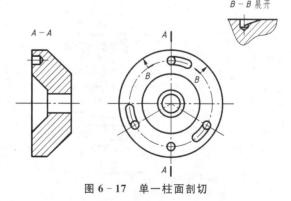

图 6 - 17　单一柱面剖切

中心线时,剖切转折处才允许通过轴线或对称中心线,以中心线为界,两个要素各画一半。属于同一类的要素只需剖出其中一个即可,如图 6 - 20 所示。

　(2) 因为剖视是一种假想的表达方法,所以剖切平面转折处在剖视图上的投影不画,如图 6 - 19b 所示。

　(3) 剖切平面的转折处不应与轮廓线重合,如图 6 - 19b 所示。

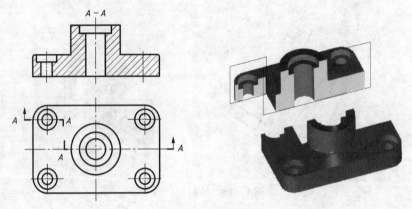

图 6 – 18   阶梯剖

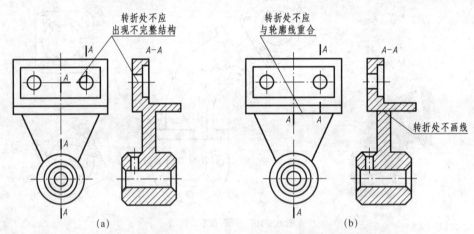

图 6 – 19   几个平行的剖切平面剖切应注意的问题

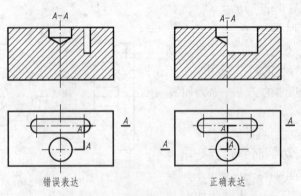

图 6 – 20   具有公共对称中心线的剖视图

3）几个相交的剖切平面

机件的倾斜部分相对于其他部分应具有较独立的形体,并有明显的旋转轴或旋转中心,如图 6 – 21 所示。假想将机件的倾斜部分旋转到与某一选定的基本投影面平行,再向该投影面投影所得的视图,称为旋转视图。

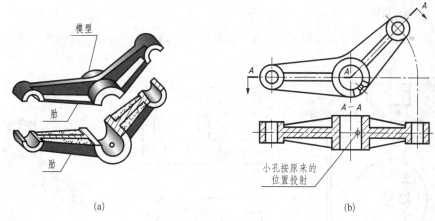

图 6-21　旋转剖

绘制旋转剖视图的注意事项：

(1) 在剖切平面后的其他结构形状一般仍按原来位置进行投影，如图 6-21 中的小孔。

(2) 当对称中心不在剖面上的部分剖切后产生不完整要素时，应将此部分按不剖绘制，如图 6-22 所示。

(3) 用几个相交的剖切平面获得的剖视图必须标注，在剖切平面的起、讫、转折处画上剖切符号，标上同一字母，并在起、讫画出箭头表示投影方向，在所画的剖视图的上方中间位置用同一字母写出其名称"×-×"，如图 6-22 所示。

4) 组合的剖切平面

除阶梯剖和旋转剖以外，用两个或两个以上的剖切平面剖切机件的方法称为复合剖视图。复合剖视图可以是多个剖切平面相交，也可以是几个剖切平面有相交的，也有平行的。如多个剖切平面相交，可采用展开画法，如图 6-23 所示；而几个剖切平面既有平行，又有相交时，则分别对其进行投影和旋转，如图 6-24 所示。

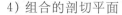

图 6-22　对称中心不在剖面上时的画法

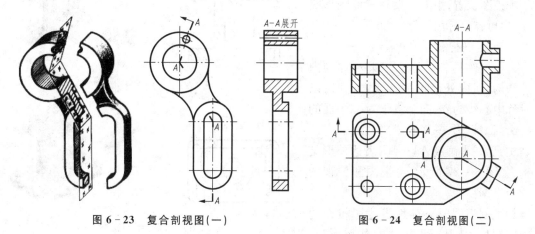

图 6-23　复合剖视图(一)　　　　图 6-24　复合剖视图(二)

5) 剖中剖

在剖视图的剖面中可再作一次局部剖(称为剖中剖),采用这种表达方法时,两个剖面的剖面线应方向相同、间隔相同,但要相互错开,并用引出线标注其名称,如图 6-25 所示。

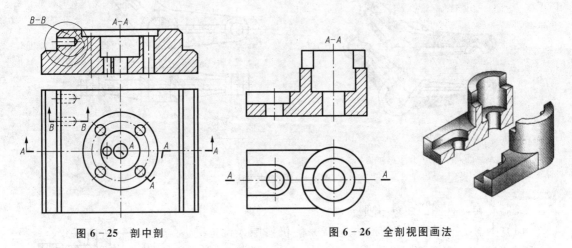

图 6-25　剖中剖　　　　　　　　　　图 6-26　全剖视图画法

6.2.3　剖视图的种类

根据剖切面剖开机件的范围不同,剖视图分为三类:全剖视图、半剖视图和局部剖视图。

1) 全剖视图

用剖切平面完全地剖开机件所得到的视图,称为全剖视图。全剖视图可以用单一剖切面剖开机件得到,也可以用其他形式的剖切面剖切机件获得。

(1) 适用范围。全剖视一般用于表达内部结构复杂、外形简单,或外形虽然复杂但已经用其他视图表达清楚的不对称机件。

(2) 全剖视图的标注内容。全剖视图的标注按前述剖视图的标注原则处理。当在基本视图中画剖视图且两视图之间又没有其他图形隔开时,可省略剖切符号中的箭头,如图 6-26 所示。当单一剖切面通过物体的对称或基本对称平面时,剖视图配置在基本视图位置,中间又没有其他图形隔开,也可省略标注。

2) 半剖视图

当机件具有对称或基本对称的内外结构,而内外形状都需要表达时,以对称中心线为界,向垂直于对称平面的投影面上投影,一半画成剖视表达内部结构,另一半画成外形视图表达外形结构,如图 6-27 所示,主视图和俯视图均为半剖视图。

半剖视图既充分地表达了机件的内部结构,又保留了机件的外部形状,

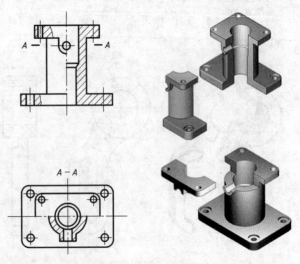

图 6-27　半剖视图

具有内外兼顾的特点。

画半剖视图的注意事项:

(1) 半剖视图中的半个剖视与半个视图之间的分界线必须画成点画线,切不可画成粗实线。但如轮廓线与图形对称线重合时,则应避免使用这种方法,宜采用局部剖视,如图 6 - 28 所示。

(2) 具有对称平面的机件,宜采用半剖视。若机件的形状接近于对称,而不对称部分已另有视图表达时,也可以采用半剖视。如图 6 - 29 所示,机件前后并不对称(前边有 $\phi12$ 孔),但从俯视图和左视图中已经表明,因此也可以采用半剖视。

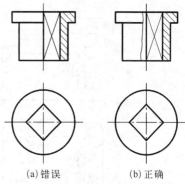

(a)错误　　　(b)正确

图 6 - 28　对称机件的局部剖视图

(3) 半剖视图内部形状已表达清楚的,一般已表达清楚的内部结构的虚线省略不画。

(4) 半剖视图中,由于对称机件的图形只画出一半,因此标注尺寸时,仅在尺寸线一端画箭头,尺寸线另一端略超过对称中心线,如图 6 - 29 所示 $\phi16$、$\phi22$ 两个尺寸。

(5) 半剖视图一般是剖右不剖左,剖前不剖后。

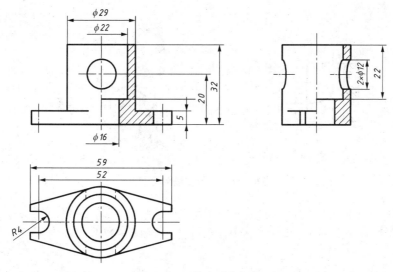

图 6 - 29　基本对称机件

3) 局部剖视图

用剖切面局部地剖开机件所得到的剖视图,称为局部剖视图。局部剖视图中,用波浪线表示局部剖开部分和不剖部分的分界线,以表示剖切的范围,如图 6 - 30 所示。

(1) 适用范围。局部剖视图主要用于机件的内外结构均需在同一视图表达,且机件结构不对称或对称机件不宜画成半剖视图。

(2) 绘制局部剖视图的注意事项。

① 局部剖视的剖切范围根据实际需要决定,剖切范围可大可小,非常灵活,如运用恰当,可使表达重点突出,简明清晰。但同一机件的同一视图上局部剖视图的剖切处数不宜过多,否则会使表达过于零碎,且会割断它们之间内部结构的联系。

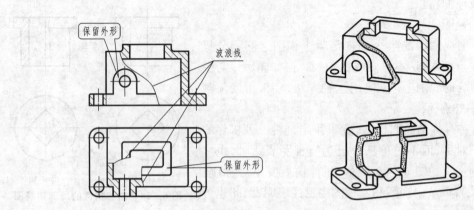

图 6 - 30　局部剖视图

　　② 区分视图与剖视范围的波浪线,可看作机件破裂痕迹的投影,只能画在机件的实体部分,而孔、槽等非实体部分是不应画有波浪线的,如图 6 - 29 所示。

　　③ 当被剖结构为回转体时,允许将该结构的中心线作为局部剖视和视图的分界线,如图 6 - 31 所示。

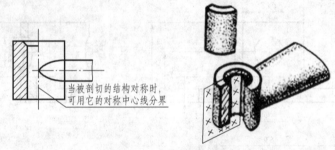

图 6 - 31　回转轴线为分界线

　　④ 单一剖切平面的剖切位置明显时,局部剖视图可省略标注;但当剖切位置不明显或局部剖视图未按投影关系配置时,则必须加以标注,如图 6 - 32 所示。

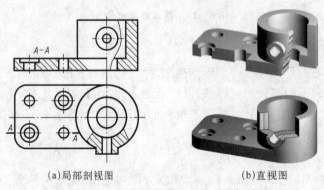

(a)局部剖视图　　　　　　　　　　(b)直视图

图 6 - 32　剖切位置不明显时要标注

6.3　断　面　图

假想用剖切平面将机件的某处切断,仅画出断面的图形称为断面图。断面图与剖视图的区别在于:断面图只画出断面的形状,而剖视图除画出断面形状外,还要画出剖切面后面机件的可见轮廓线,如图 6-33 所示。

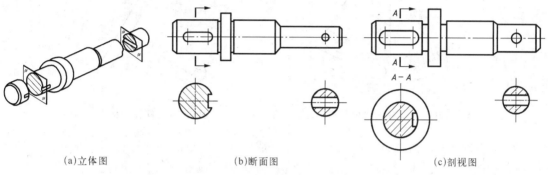

(a)立体图　　　　　　　　(b)断面图　　　　　　　　(c)剖视图

图 6-33　断面图与剖视图

由于断面图图形简洁,重点突出,因此常用于表达轴、杆类机件上某一部位的断面形状,以及机件上的肋、轮辐、键槽及型材的断面等。根据断面图在图样中配置的位置不同,可分为移出断面图和重合断面图。国家标准(GB/T 17452—1998、GB/T 4458.6—2002)给出了断面图的基本表示法。

6.3.1　移出断面图

画在视图轮廓之外的断面图,称为移出断面图。

1) 移出断面图的画法

(1) 剖切平面应垂直于被剖切处机件的主要轮廓线,断面图的轮廓线用粗实线绘制,通

A—A　　　　　　　　　　　　　　　　　　　　B—B

配置位置与　　　　配置在剖切　　　　配置位置与
剖切位置错开　　　线延长线上,　　　剖切位置错开
　　　　　　　　　不注字母

图 6-34　移出断面配置在剖切线延长线上

常配置在剖切线延长线上,如图 6-34 所示。

(2) 移出断面的图形对称时,也可画在视图的中断处,如图 6-35 所示。

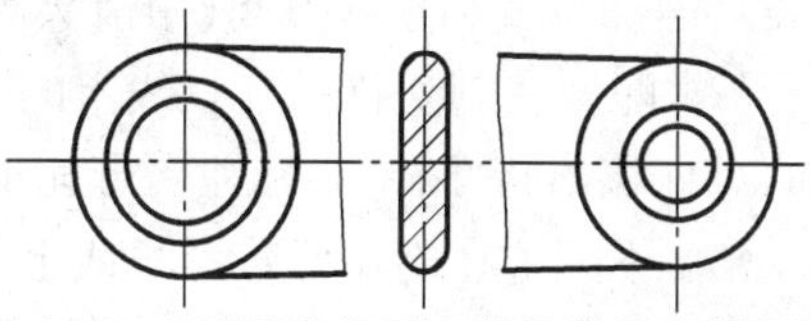

(3) 必要时可将移出断面配置在其他适当的位

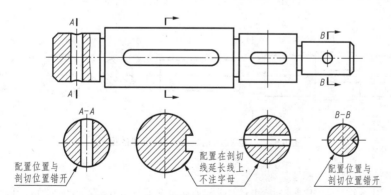

图 6-35　配置在视图中断处的移出断面图

置。在不引起误解时,允许将图形旋转,其标注形式如图 6-36 所示。

（4）多个相交的剖切平面剖切得出的移出断面图,中间一般应断开,如图 6-37 所示。

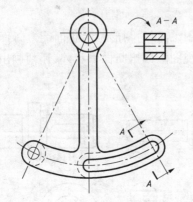

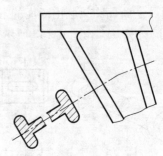

图 6-36　配置在适当位置的移出断面图　　　图 6-37　断开的移出断面图

（5）当剖切平面通过形体上由回转面而形成的孔或凹坑的轴线进行剖切时,则这些结构按剖视图绘制,如图 6-38a、b 所示;当剖切平面通过非圆孔,会导致出现完全分离的断面时,则这些结构应按剖视图要求绘制,如图 6-38c 所示。

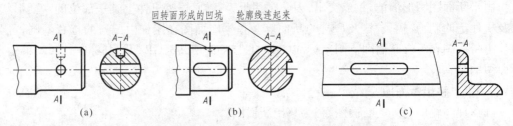

图 6-38　按剖视图要求绘制的移出断面图

（6）为便于读图,逐次剖切的多个断面图配置形式,如图 6-39 所示。

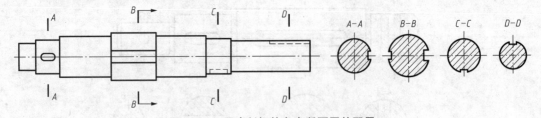

图 6-39　逐次剖切的多个断面图的配置

2）移出断面的标注

（1）一般用大写的拉丁字母标注移出断面图的名称"×-×",在相应的视图上用剖切符号表示剖切位置和投射方向(用箭头表示),并标注相同的字母,如图 6-34 所示。

（2）配置在剖切符号延长线上的不对称移出断面,不必标注字母;配置在剖切线延长线上的对称移出断面,不必标注字母和箭头,如图 6-34 所示。

（3）不配置在剖切符号延长线上的对称移出断面,以及按投影关系配置的移出断面,一般不必标注箭头,如图 6-38a、b 所示。

6.3.2 重合断面图

画在视图轮廓线之内的断面图,称为重合断面图。

1) 重合断面图的画法

由于重合断面图是重叠画在视图上,为了不影响图形的清晰程度,一般多用于断面形状较简单的情况。重合断面图的轮廓线用细实线绘制,当视图中的轮廓线与重合断面图的轮廓线重叠时,视图中的轮廓线仍需完整画出,不可间断,如图 6-40 所示。

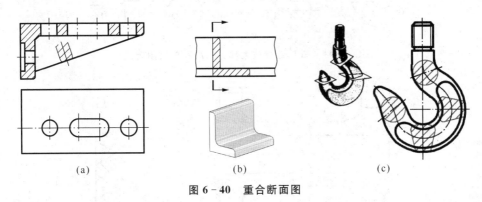

(a)　　　　　　　　(b)　　　　　　　　(c)

图 6-40　重合断面图

2) 重合断面图的标注

(1) 若重合断面图为对称图形,可省略全部标注,如图 6-40a 所示。

(2) 若重合断面的图形不对称,则应注出剖切位置和投射方向,但可以省略字母,如图 6-40b、c 所示。

6.4　其他规定画法和简化画法

6.4.1　其他规定画法

为了清楚地表示机件上某些细小结构,将机件的部分结构用大于原图所采用的比例画出的图形,称为局部放大图。

1) 局部放大图(GB/ T 4458.1—2002)

(1) 局部放大图可画成视图,也可画成剖视图、断面图,它与被放大部分的表示方法无关。

(2) 同一视图上有几处需要放大时,各个局部放大图的比例也不要求统一。局部放大图应尽量配置在被放大部位的附近,如图 6-41 所示。

(3) 同一机件上不同部位的局部放大图,当图形相同或对称时,只需画出一个,如图 6-42 所示。

(4) 必要时可用几个图形来表达同一个被放大部位的结构,如图 6-43 所示。

(5) 当机件上被放大的部分仅一处时,在局部放大图的上方只需注明所采用的比例,如图 6-44 所示。

2) 均布孔、肋板的画法

(1) 回转体上均匀分布的肋板和孔。当零件回转体上均匀分布的肋、轮辐、孔等结构不

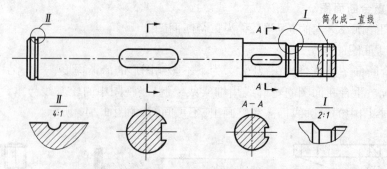

图 6 – 41　有几处被放大部分的局部放大图画法

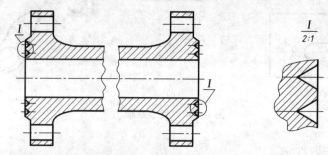

图 6 – 42　被放大部位图形相同的局部放大图

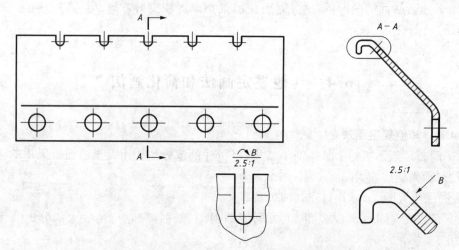

图 6 – 43　用几个图形表达同一个被放大部位的局部放大图

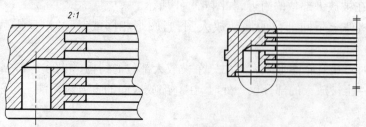

图 6 – 44　仅有一处被放大的局部放大图画法

处于剖切面上时,可将这些结构旋转到剖切平面上,按对称画出,且不加任何标注,如图 6 - 45 所示。

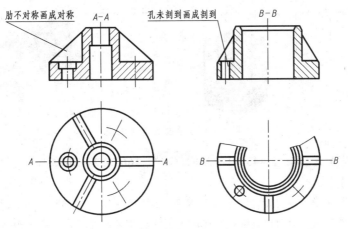

图 6 - 45　回转体机件上肋、孔的画法

(2) 肋板、辐板的简化画法。对于机件上的肋板、轮辐及薄壁等,如按纵向剖切,这些结构都不画剖切符号,而用粗实线将它与其邻接部分分开;但当剖切面垂直于肋和轮辐等的对称平面或轴线时,这些结构仍应画剖面符号,如图 6 - 46 所示。

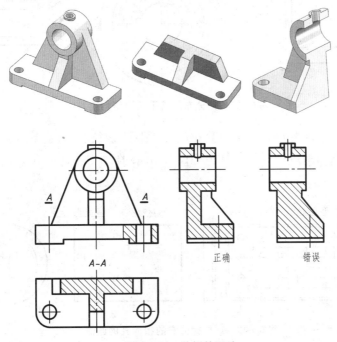

图 6 - 46　肋板的画法

3) 回转体机件上的平面画法

当回转体机件上的平面在图形中不能充分表达时,可用相交的两条细实线表示,如图 6 - 47 所示。

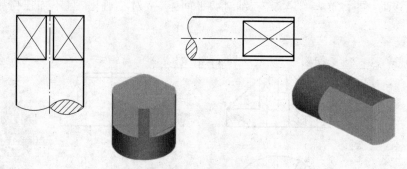

图 6-47   平面的简化画法

6.4.2   简化画法(GB/T 4458.1—2002、GB/T 16675.2—2012)

1) 重复结构要素的画法

(1) 当机件具有若干相同结构(如齿、槽等),并按一定规律分布,可以只画出一个或几个完整的结构,其余只需用细实线表示其中心位置,但在零件图中应注明该结构的总数,如图 6-48 所示。

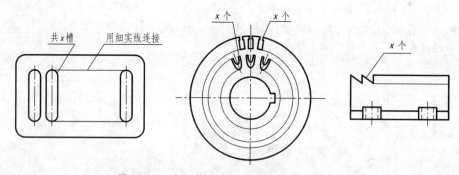

图 6-48   有规律分布的若干相同结构的画法

(2) 当机件具有若干相同且成规律分布的孔(圆孔、螺纹孔、沉孔等)时,可以只画出一个或几个,其余只需用细点画线表示其中心位置,在零件图中应注明孔的总数,如图 6-49 所示。

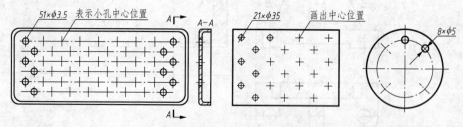

图 6-49   成规律分布的相同孔的画法

2) 断裂画法

对于较长的机件,若沿长度方向的形状一致或按一定规律变化时,可将其断开后缩短绘制,但要标注机件的实际尺寸。折断处的表示方法一般有两种,一种是用波浪线断开,如图 6-50a 所示;另一种是用双点画线断开,如图 6-50b 所示。

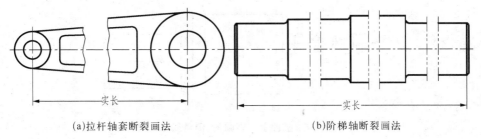

(a)拉杆轴套断裂画法　　　　　　　(b)阶梯轴断裂画法

图 6-50　各种断裂画法

3）机件上滚花部分或网状结构、编织物的画法

可在轮廓线附近用细实线局部示意画出,并在零件图的图形上或技术要求中注明这些结构的具体要求,如图 6-51 所示。

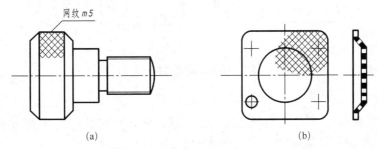

图 6-51　滚花画法和网状结构画法

4）较小结构、较小斜度的简化画法

(1) 机件上的较小结构,如在一个图形中已表示清楚时,其他图形可简化或省略不画,如图 6-52 所示。

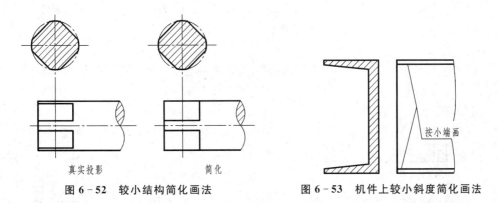

图 6-52　较小结构简化画法　　　　图 6-53　机件上较小斜度简化画法

(2) 机件上斜度不大的结构,如在一个图形中已经表示清楚时,其他图形可按小端画出,如图 6-53 所示。

(3) 在不致引起误解时,零件图中的小圆角、锐边的小圆角或 45°小倒角允许省略不画,但必须注尺寸或在技术要求中加以说明,如图 6-54 所示。

(4) 零件上对称结构的局部视图,如键槽、方孔等,可按图 6-55 所示的方法表示。

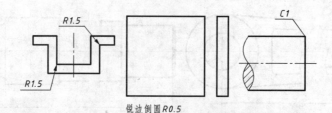

锐边倒圆R0.5

图 6-54　机件上较小圆角、倒角简化画法

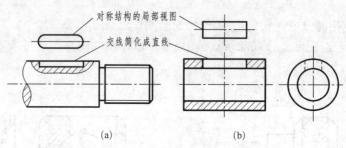

(a)　　　　　　　(b)

图 6-55　机件上键槽、方孔简化画法

5）对称画法

在不致引起误解时，对于对称机件的视图可以只画一半或四分之一，此时必须在对称中心线的两端画出两条与其垂直的平行细实线，如图 6-56 所示。

6）与投影面小角度倾斜面的画法

与投影面倾斜角度小于或等于 30°的圆或圆弧，其投影可以用圆或圆弧代替，如图 6-57 所示。

图 6-56　对称机件的简化画法

7）圆柱形法兰和类似零件上的孔的画法

圆柱形法兰和类似零件上的沿圆周均匀分布的孔画法，如图 6-58 所示。

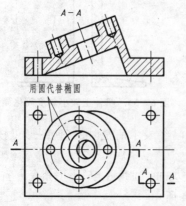

图 6-57　与投影面倾斜角度小于或等于
30°的圆或圆弧的简化画法

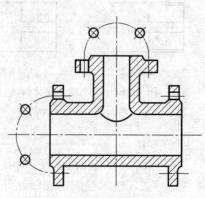

图 6-58　法兰盘上的孔

8）相贯线的画法

在不致引起误解的前提下，图形中的相贯线可以简化，用圆弧或直线代替非圆曲线，如图 6 - 59a 所示；也可用模糊画法表现，如图 6 - 59b 所示。

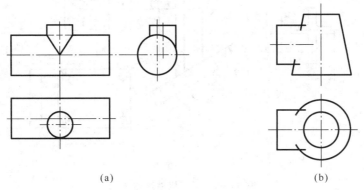

(a)　　　　　　　　　　　　　　(b)

图 6 - 59　相贯线的简化画法及模糊画法

6.5　综合举例

机件的形状是错综复杂的，要将一个机件表达清楚，应根据机件的具体结构形状和特点，综合分析，灵活运用。在选择表达机件的图样时，首先应考虑看图方便，并根据机件的结构特点，用较少的图形，把机件的结构形状正确、完整、清晰地表达出来。所选用的每个图形，既要有各图形自身明确的表达内容，又要注意它们之间的相互联系。下面举例说明表达方法的综合运用。

例 6 - 2　图 6 - 60a 所示叉架三视图，图中斜板的投影不能反映实形，俯视图粗、虚线图线叠加，不便于绘图和读图，故采用以下表达方法，如图 6 - 60b 所示。

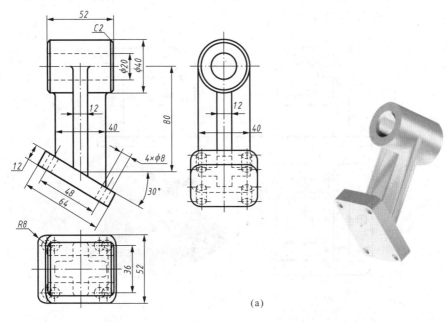

(a)

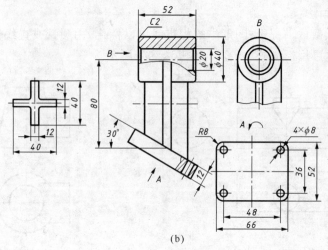

(b)

图 6 - 60　叉架机件表达方法

（1）叉架的主视图用两处局部剖视图,既反映出上部圆柱上的通孔以及下部斜板上的四个小通孔的内部结构孔的形状,又表达了肋、圆柱和斜板的外部结构形状。

（2）用局部视图 B 表达清楚上部圆柱与十字肋的相对位置关系。

（3）用了一个移出断面图表达十字肋板的形状。

（4）用了一个"A 向旋转"局部斜视图,表达斜板的实形。

例 6 - 3　图 6 - 61a 所示轴承座三视图,图中三个视图都只能反映机件的外形结构,不能反映内部结构,不便于读图和尺寸标注,为了能清晰、完整和准确地表达机件,故采用如图 6 - 61b 所示表达方法。

（1）主视图左右对称,因此可用半剖视图。左侧反映轴承座的外形,右侧反映轴承座内部空腔的结构。

（2）左视图用全剖视图,从另一个角度进一步表达轴承座上下两个空腔结构。同时,用重合断面图反映下部加强肋板的厚度。

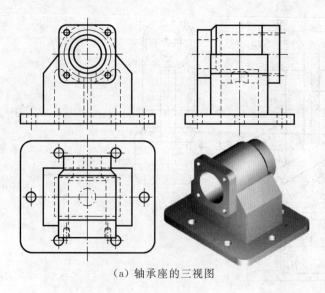

（a）轴承座的三视图

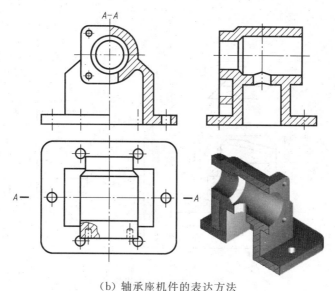

（b）轴承座机件的表达方法

图 6 - 61　轴承座的三视图和机件的表达方法

（3）俯视图反映轴承座外形，对小孔进行局部剖，表达出小孔的内部形状。

6.6　第三角投影简介

1）分角概念

相互垂直的三个投影面将空间分成了八份，每一份称为一个分角（简称角），即将空间分成了八个分角，如图 6 - 62 所示。世界各国都采用正投影法来绘制技术图样。国际标准规定，在国际技术交流中，第一角投影和第三角投影同等有效。

我国标准规定优先使用第一角投影，因此前面所介绍的各种图样均用的是第一角投影。而世界上一些国家采用第三角投影法（如美国、日本等）。

2）六个基本视图的形成、配置及投影关系

第三角投影是将机件放置在第三角内，使投影面处于观察者与机件之间，假想投影面是透明的，保持"人—投影面—机件"的位置关系，用正投影法获得视图，如图 6 - 63 所示。然后按图 6 - 64 所示的方法展开投影面，展

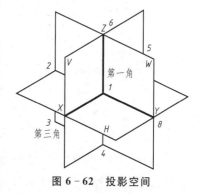

图 6 - 62　投影空间

开后的六个基本视图，即前视图、顶视图、底视图、左视图、右视图和后视图的配置如图 6 - 65 所示。

由于第三角投影是正投影法得到的，因此各个视图间保持"长对正、高平齐、宽相等"的投影规律，第一角投影视图的投影特性，如实形性、积聚性、类似性等也都是适用的。

3）第一角投影和第三角投影的比较

由于机件在投影体系中放置的位置不同，第一角投影和第三角投影有以下区别：

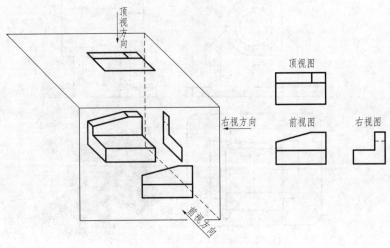

图 6-63 第三角投影

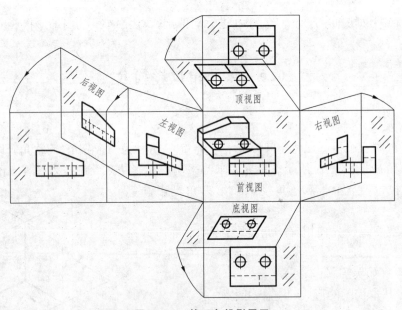

图 6-64 第三角投影展开

(1) 在第一角投影中,物体处于投影面和观察者之间,而在第三角投影中,投影面处于物体和观察者之间,如图 6-66 所示。

(2) 投影标志区别。国际标准中规定,第一角投影和第三角投影可以自由选择,但为了区别这两种投影,要求在标题栏中用专用的识别符号表示,如图 6-67 所示。由于我国优先采用第一角投影,因此采用第一角投影时,无须标注识别符号。

(3) 三个主要视图不同。两种投影方法的三个主要视图不同,如图 6-68 所示:第一角投影是主视图、俯视图和左视图;第三角投影是前视图、顶视图和右视图。

例 6-4 根据物体轴测图,画物体的第一角投影视图和第三角投影视图(图 6-69)。

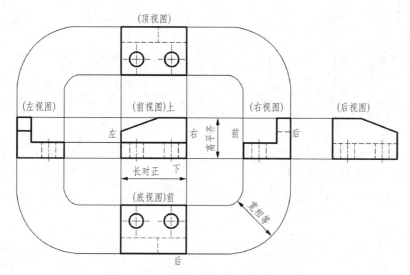

图 6-65　第三角投影的基本视图配置

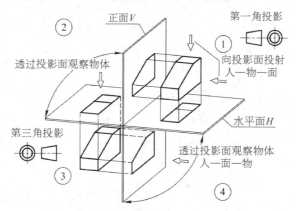

图 6-66　第一角投影和第三角投影的区别

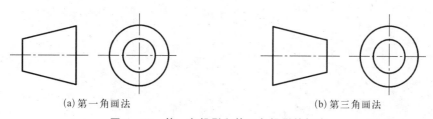

(a)第一角画法　　　　　　　　　　　　(b)第三角画法

图 6-67　第一角投影和第三角投影的标志

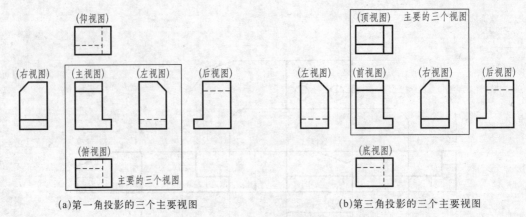

(a)第一角投影的三个主要视图   (b)第三角投影的三个主要视图

图 6-68   三个主要视图的区别

(1)

(2)

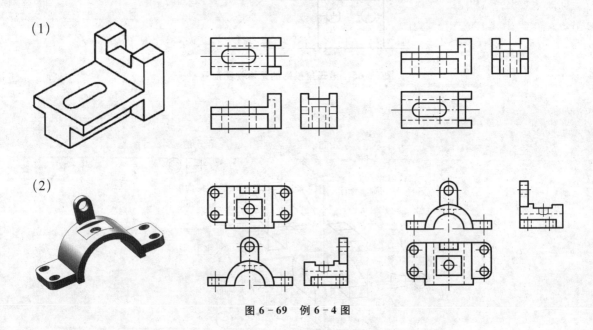

图 6-69   例 6-4 图

第7章 标准件和常用件

标准件和常用件是在各种机器或部件中广泛使用的零件。这些零件往往使用面广、用量大,所以需要批量生产。为了提高产品质量,降低生产成本,便于专业化大批量生产,国家标准颁布了各种标准件和常用件的标准参数。所谓的标准件是指零件的结构、尺寸等各方面参数都完全符合标准,如螺栓、螺柱、螺钉等连接件。常用件是指零件的结构、尺寸等重要结构符合国家标准,如齿轮、蜗轮、蜗杆等常用的传动件,它们的轮齿部分有相应的国家标准。如图7-1所示为齿轮减速器轴测图,泵体、泵盖是非标准零件,螺栓、螺母、垫片、键、销等是标准件,齿轮属于常用件。

本章将介绍常见的标准件和常用件的结构、规定画法、代号(参数)和规定标记。

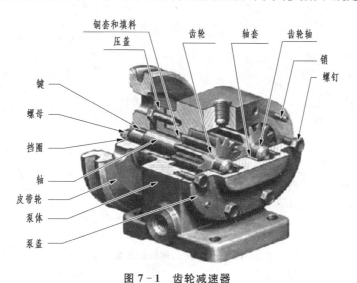

图7-1 齿轮减速器

7.1 螺纹的规定画法和标注

7.1.1 螺纹的形成

螺纹是在圆柱或圆锥表面上沿着螺旋线所形成的,具有相同的轴向剖面的连续凸起和沟槽。在圆柱(或圆锥)外表面上所形成的螺纹称为外螺纹;在圆柱(或圆锥)内表面上所形成的螺纹称为内螺纹。螺纹的加工方法如图7-2所示。常见的车床上加工螺纹,把工件安装在车床主轴的卡盘上,加工时车床主轴带动工件等速旋转,车刀沿径向进刀后沿轴线方向做等速直线运动,在工件外表面(或内表面)车削出螺纹,如图7-2a、b所示;套扣外螺纹和攻内螺纹方法,如图7-2c、d所示。

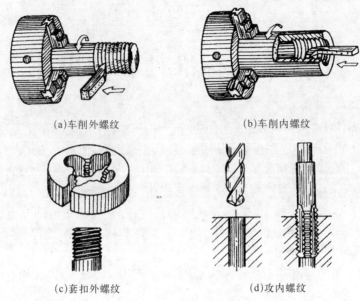

(a)车削外螺纹　　　　　　　　　　　(b)车削内螺纹

(c)套扣外螺纹　　　　　　　　　(d)攻内螺纹

图 7-2　螺纹的加工

7.1.2　螺纹的要素

1) 螺纹的牙型

通过螺纹轴线剖切时,螺纹断面的形状称为螺纹的牙型。常用螺纹的牙型有三角形、梯形、锯齿形和矩形,如图 7-3 所示。

(a)三角形螺纹　　　　(b)梯形螺纹　　　　(c)锯齿形螺纹　　　　(d)矩形螺纹

图 7-3　常用螺纹的牙型

2) 螺纹的直径

螺纹的直径包括大径(d、D),小径(d_1、D_1),中径(d_2、D_2)。大径是指外螺纹牙顶圆的直径 d,或内螺纹牙底圆的直径 D;螺纹小径是指外螺纹牙底圆的直径 d_1,或内螺纹牙顶圆的直径 D_1;在大径和小径之间,螺纹牙的轴向厚度与两牙之间槽处的轴向距离相等处的直径为螺纹中径,分别用 d_2 和 D_2 表示,如图 7-4 所示。

3) 螺纹的线数

螺纹有单线和多线之分,沿一条螺旋线生成的螺纹,称为单线螺纹,如图 7-5a 所示;沿轴向等距分布的两条或两条以上的螺旋线,形成的螺纹为多线螺纹,如图 7-5b 所示。

4) 螺纹的螺距和导程

在中径线上,相邻两螺纹对应两点间的轴向距离称为螺距,用字母 P 表示。在中径线上,同一条螺旋线上,相邻两牙对应两点间的轴向距离称为导程,用 S 表示。单线螺纹的导程 = 螺距($S=P$);多线螺纹的线数为 n,导程 = $n \times$ 螺距,即 $S=nP$,如图 7-5b 所示。

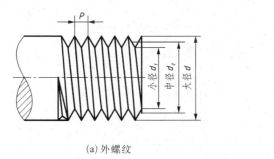
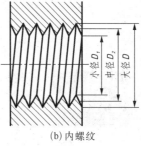

(a) 外螺纹　　　　　　　　　　　(b) 内螺纹

图 7 - 4　螺纹的直径

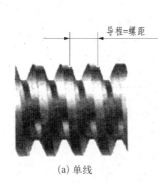
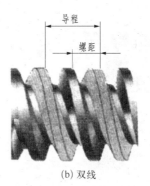

(a) 单线　　　　　　　　　　　(b) 双线

图 7 - 5　螺纹的线数、导程和螺距

5）螺纹的旋向

螺纹分右旋和左旋两种,工程上常用右旋螺纹。顺时针方向旋转时旋入的螺纹,称为右旋螺纹;逆时针方向旋转时旋入的螺纹,称为左旋螺纹。也可用右手或左手螺旋规则来判断螺纹的旋向,如图 7 - 6 所示。

内、外螺纹必须配合使用,当上述五项基本要素完全相同时,内、外螺纹才能进行旋合正常使用。国家标准对螺纹的牙型、大径和螺距做了统一规定,凡是这三项要素符合国家标准的螺纹,称为标准螺纹;只是牙型符合标准,而大径、螺距不符合标准的螺纹,称为特殊螺纹;牙型不符合标准的螺纹,称为非标准螺纹。

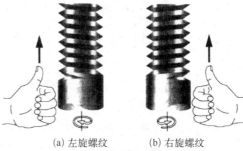

(a) 左旋螺纹　　　　(b) 右旋螺纹

图 7 - 6　螺纹的旋向

7.1.3　螺纹的规定画法

《机械制图　螺纹及螺纹紧固件表示法》(GB/ T 4459.1—1995)规定了在机械图样中螺纹和螺纹紧固件的画法。

1）外螺纹的规定画法

(1) 如图 7 - 7a 所示,平行于螺纹轴线的投影图中,螺纹大径画粗实线(即牙顶所在的轮廓线),小径画细实线(即牙底所在的轮廓线),并画入端部倒角处;螺纹终止线画粗实线。在投影为圆的视图上,大径画粗实线圆,小径画 3/4 圆的细实线,倒角圆省略不画。

(2) 当外螺纹加工在管子的外壁,需要剖切时,表示方法如图 7 - 7b 所示。

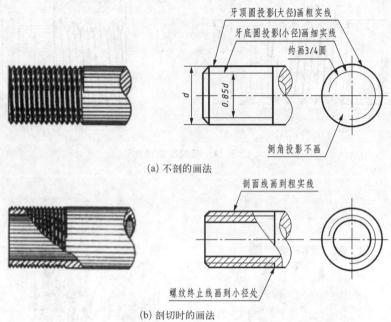

(a) 不剖的画法

(b) 剖切时的画法

图 7-7　外螺纹的画法

2) 内螺纹的规定画法

如图 7-8 所示,非圆的投影中,螺纹小径用粗实线表示。

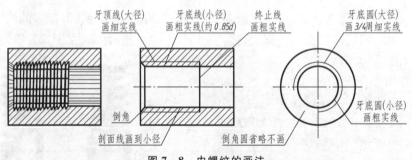

图 7-8　内螺纹的画法

螺纹小径和螺纹的终止线画粗实线,螺纹的大径画细实线,并画入端部倒角处,剖面线画至小径的粗实线处;在投影为圆的视图上,螺纹小径画粗实线,大径画细实线约 3/4 圆,倒角圆省略不画。

不通孔(盲孔)的内螺纹的表示方法,如图 7-9 所示,应将钻孔深度与螺纹深度分别画出,注意孔底按钻头的锥顶角画成 120°,钻孔深度比螺纹深度要长 0.5d,不需要标注。

3) 内、外螺纹收尾与不可见螺纹画法

无论是内螺纹还是外螺纹,螺纹尾部一般不必画出,当需要表示螺纹收尾时,尾部的牙底用与轴线呈 30°的细实线绘制,如图 7-10 所示;不可见螺纹的所有图线均按虚线绘制,如图 7-11 所示。

4) 内、外螺纹连接画法

当内、外螺纹连接时,其旋合部分按外螺纹的画法绘制,其余部分仍按各自画法绘制。

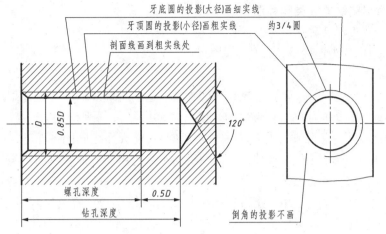

图 7 - 9　盲孔内螺纹的画法

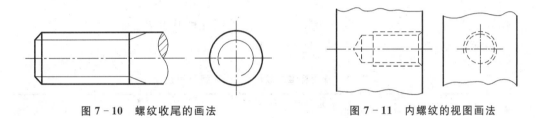

图 7 - 10　螺纹收尾的画法　　　　　**图 7 - 11　内螺纹的视图画法**

需特别注意的是：表示内、外螺纹牙顶、牙底的粗、细实线应分别对齐,剖开后剖面线应画到粗实线为止,如图 7 - 12 所示。

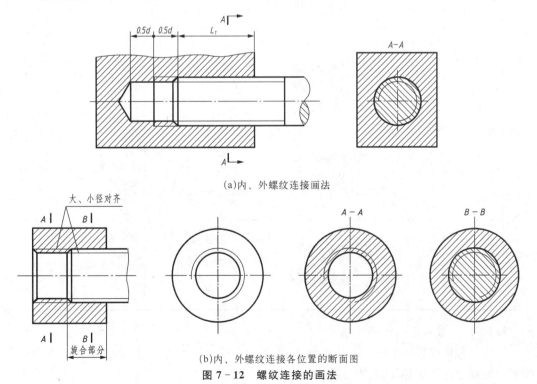

(a)内、外螺纹连接画法

(b)内、外螺纹连接各位置的断面图

图 7 - 12　螺纹连接的画法

7.1.4　常用螺纹的分类和标注

7.1.4.1　常用螺纹的分类

螺纹按用途可分为连接螺纹和传动螺纹。

1）连接螺纹

常用的连接螺纹有两种，即普通螺纹和管螺纹。这两种螺纹的特点是牙型均为三角形。其中，普通螺纹的牙型角为60°，管螺纹的牙型角为55°。

（1）普通螺纹分为粗牙普通螺纹和细牙普通螺纹，在大径相同的条件下，细牙普通螺纹的螺距比粗牙普通螺纹的螺距小，细牙普通螺纹的小径比粗牙普通螺纹的小径大，因此细牙普通螺纹多用于细小的精密零件或薄壁零件上。

（2）管螺纹常用于管道连接，分为非螺纹密封的管螺纹和用螺纹密封的管螺纹。管螺纹的尺寸代号是管子孔径，不是指管螺纹大径。螺纹大径、小径等参数可由尺寸代号从国家标准中查出。非螺纹密封的外管螺纹中径公差分 A、B 两个等级。

2）传动螺纹

用于传递动力和运动，其牙型有梯形螺纹、锯齿形螺纹和矩形螺纹等。

常用标准螺纹的种类、牙型及用途见表7-1。

表 7-1　常用标准螺纹的种类、牙型及用途

螺纹种类		特征代号	外 形 图	牙 型 图	用　　途
连接螺纹	普通螺纹 粗牙	M		60°	最常用的连接螺纹
	普通螺纹 细牙				用于细小的精密零件或薄壁零件
	非螺纹密封管螺纹	G		55°	用于水管、油管、气管等一般低压管路的连接
传动螺纹	梯形螺纹	Tr		30°	机床的丝杠采用这种螺纹进行传动
	锯齿形螺纹	B		3° 30°	只能传递单方向的力

7.1.4.2　常用螺纹的标注

因为各种螺纹采用了统一的规定画法，为了识别螺纹的种类和要素，国家标准规定对螺纹必须按规定的标记标注，标准螺纹的规定标注见表7-2。

表 7－2　标准螺纹的规定标注

螺纹分类		外　形　图	特征代号	标注示例	说　明
连接螺纹	粗牙普通螺纹	60°	M	M10-5g6g-s	M10-5g6g-s　旋合长度代号　顶径公差带　中径公差带　公称直径
	细牙普通螺纹			M10×1-6h-LH	M10×1-6h-LH　左旋　中径顶径公差带　螺距　公称直径
	非螺纹密封的管螺纹	55°	G	G1/2A　　　G1/2	G1/2A-LH　左旋　A级外螺纹　尺寸代号
	用螺纹密封的圆柱内管螺纹	55°	Rp	Rp1½	Rp1½　尺寸代号
	用螺纹密封的圆锥外管螺纹	55°	R	R1½-LH	R1½-LH　左旋　尺寸代号
	用螺纹密封的圆锥内管螺纹	55°	Rc	Rc1½	Rc1½　尺寸代号
传动螺纹	梯形螺纹	30°	Tr	Tr40×14(p7)LH	Tr40×14(p7)LH　左旋　螺距　导程　公称直径
	锯齿形螺纹	3°　30°	B	B40×14(p7)	B40×14(p7)　螺距　导程　公称直径

1）普通螺纹的标记

| 螺纹代号 |—| 螺纹公差带代号 |—| 螺纹旋合长度代号 |—| 旋向 |

（1）螺纹代号。

| 螺纹特征代号 | 公称直径 |×| 螺距 |

普通螺纹的螺纹特征代号为 M，公称直径为螺纹的大径。粗牙普通螺纹，一个公称直径对应一个确定的螺距，因此粗牙普通螺纹不标注螺距；细牙普通螺纹有几个不同的螺距供选择，所以细牙普通螺纹必须标注螺距。右旋螺纹不注旋向，左旋螺纹应注出旋向"LH"。

例如，公称直径为 24 mm、螺距为 1.5 mm 的左旋细牙普通螺纹，标记为 M24×1.5LH。

公称直径为 24 mm、螺距为 1.5 mm 的右旋粗牙普通螺纹，标记为 M24。

（2）螺纹公差带代号。由表示公差带大小的公差等级数字和表示公差带位置的字母所组成，用以表明螺纹的加工精度。普通螺纹的公差带代号包括其中径和顶径（即外螺纹大径或内螺纹小径）的公差带代号。如果中径和顶径的公差带代号相同时，则只注一个。

例如，当外螺纹中径和顶径的公差带代号分别为 5g 和 6g 时，则该外螺纹的公差带代号为 5g6g；当中径和顶径的公差带代号均为 6g 时，则该外螺纹的公差带代号应标记为 6g。

例如，当内螺纹中径和顶径的公差带代号分别为 6H 和 7H 时，则该内螺纹的公差带代号标记为 6H7H。

注意：外螺纹公差带代号为小写字母，而内螺纹公差带代号为大写字母。

（3）螺纹旋合长度代号。螺纹的旋合长度表示两个相互连接的内外螺纹沿轴线方向相互旋合部分的长度，是衡量螺纹质量的重要指标。普通螺纹的旋合长度分为短、中等和长旋合长度三种，其相应的代号分别为 S、N 和 L。其中，中等旋合长度最常用，代号 N 在标记中省略标注。

2）梯形螺纹的标记

梯形螺纹完整标记的内容与普通螺纹相同，即包括螺纹代号、螺纹公差带代号和螺纹旋合长度三部分。

（1）螺纹代号。梯形螺纹没有粗牙和细牙之分，但有单线梯形螺纹和多线梯形螺纹之分。

单线梯形螺纹的螺纹代号为：

| 螺纹特征代号 | 公称直径 |×| 螺距 | 旋向 |

多线梯形螺纹的螺纹代号为：

| 螺纹特征代号 | 公称直径 |×| 导程 |（P| 螺距 |）| 旋向 |

梯形螺纹的特征代号为 Tr，公称直径为外螺纹大径。左旋螺纹应标注"LH"，右旋螺纹不注旋向。

例如,公称直径为 24 mm、螺距为 3 mm 的单线左旋梯形螺纹的螺纹,标记为 Tr24×3LH。

公称直径为 24 mm、螺距为 3 mm 的双线左旋梯形螺纹的螺纹,标记为 Tr24×6(P3)LH。

(2) 螺纹公差带代号。梯形螺纹只标注螺纹中径的公差带代号。

(3) 螺纹旋合长度代号。梯形螺纹的旋合长度分为正常组和加长组,其代号分别用 N 和 L 表示。当梯形螺纹的旋合长度为正常组时不标注;当旋合长度为加长组时,应标注旋合长度代号 L。

3) 管螺纹的标注

管螺纹用于连接管接头、旋塞、阀门等。管螺纹有螺纹密封管螺纹和非螺纹密封管螺纹两种。非螺纹密封管螺纹不具有密封性,而螺纹密封管螺纹具有密封性,必要时允许添加密封物。管螺纹的完整标记为:

螺纹特征代号	尺寸代号	公差等级代号	—	旋向

(1) 非螺纹密封管螺纹。螺纹特征代号为 G。外螺纹中径的公差等级规定了 A 级和 B 级两种,A 级为精密级,B 级为粗糙级;规定内、外螺纹的顶径和内螺纹的中径只有一种公差等级,故对外螺纹分 A、B 两级进行标记,而对内螺纹不标记公差等级代号。

例如,非螺纹密封管螺纹为外螺纹,其尺寸代号为 1/2,公差等级为 B 级,右旋。标记:G1/2B。

(2) 螺纹密封管螺纹。外螺纹为圆锥外螺纹,特征代号为 R;内螺纹有圆锥内螺纹和圆柱内螺纹两种,它们的特征代号分别为 Rc 和 Rp。螺纹密封管螺纹只有一种公差等级,故标记中不标注。

例如,螺纹密封管螺纹为圆锥内螺纹,其尺寸代号为 11/2,左旋。标记:Rc11/2-LH。

注意:图样中管螺纹的标记应标注在由螺纹大径引出的指引线上,切记与普通螺纹或梯形螺纹的标注方法不同。同样,右旋螺纹不标注旋向,左旋螺纹标注“LH”。

7.2　常用螺纹紧固件的规定标记和画法

7.2.1　常用螺纹紧固件的规定标记

螺纹紧固件是标准件,其尺寸、结构形状、材料、技术要求均已标准化,一般由标准件厂家大量生产,使用单位可按要求根据有关标准选用。常用螺纹紧固件如图 7-13 所示。

螺纹紧固件的规定标记见表 7-3,标记内容包括:

名称	标准编号	螺纹规格	—	性能等级

开槽圆柱头螺钉　　　内六角圆柱头螺钉　　　十字槽沉头螺钉　　　锥端紧定螺钉　　　　六角头螺栓

双头螺柱　　　　　　　六角螺母　　　　　六角开槽螺母　　　　　平垫圈　　　　　　　弹簧垫圈

图 7-13　常用螺纹紧固件

表 7-3　常见的螺纹紧固件及规定标记

名称	简　　图	标记示例	说　　明
螺栓	M12 / 80	螺栓 GB/T 5782—2000M12×80	螺纹规格 d＝M12,公称长度 L＝80 mm 的六角头螺栓
双头螺柱	M10 / 50	螺柱 GB/T 898—1988M10×50	螺纹规格 d＝M10,公称长度 L＝50 mm 的双头螺柱
螺母	M12	螺母 GB/T 6170—2000M12	螺纹规格 D＝M12 的六角螺母
垫圈	$\phi16$	垫圈 GB/T 971—198516—140 HV	规格尺寸 d＝16 mm,性能等级为 140 HV 的平垫圈
螺钉	M10 / 40	螺钉 GB/T 65—2000M10×40	螺纹规格 d＝10 mm,公称长度 L＝40 mm 的螺钉

7.2.2　常用螺纹紧固件的画法

1) 查表法

由于常用的螺纹紧固件均属于标准件,其有关尺寸和图样可根据公称直径和标准编号,在国家标准中查到全部尺寸,依尺寸画图。

2) 比例画法

如需要画出螺纹紧固件的零件图时,可采用比例画法。即紧固件的各部分尺寸,按螺纹大径为基数乘一定比例,确定其他各部分尺寸,近似地画出螺纹紧固件的图形,见表 7 - 4。

表 7 - 4　螺纹紧固件的比例画法

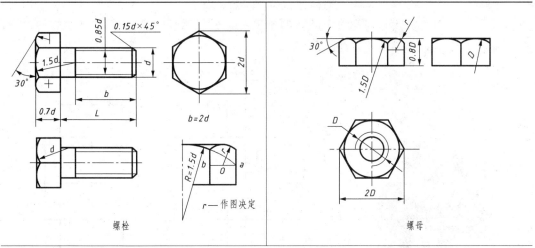

螺栓　　　　　　　　　　　　　螺母

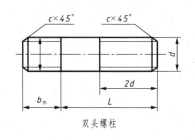
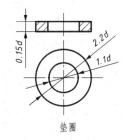
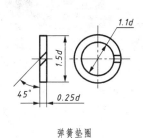

双头螺柱　　　　　　　　垫圈　　　　　　　　弹簧垫圈

7.2.3　常用螺纹紧固件的连接画法

常用螺纹紧固件的连接有三种类型:螺栓连接、螺柱连接及螺钉连接,采用哪种连接按需要选定。但无论采取哪种连接,其画法都应遵守下列规定(图 7 - 14):

(1) 两零件接触表面画一条粗实线,不接触表面画两条线。

(2) 在剖视图上,相邻两个零件的剖面线方向相反或方向相同但间隔不等;同一个零件在不同视图上的剖面线方向和间隔必须一致。

(3) 当剖切平面通过螺纹紧固件(螺杆、螺栓、螺柱、螺钉、螺母、垫圈等)的轴线时,均按不剖绘制。

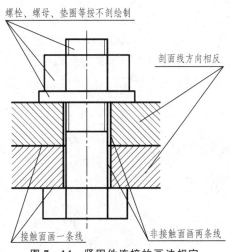

图 7 - 14　紧固件连接的画法规定

(4) 各个紧固件均可以采用简化画法。

7.2.3.1 螺栓连接

螺栓连接主要用于连接两个(或两个以上)不太厚,并可钻成通孔的零件。将螺栓穿过已钻好通孔的被连接零件,然后套上垫圈,再旋紧螺母。垫片垫在螺母和被连接件之间,其目的是增加螺母与被连接零件之间的接触面,保护被连接件的表面不致因拧螺母而被刮伤。

画螺栓连接图,应根据紧固件的标记,按其相应标准的各部分尺寸绘制。但为了方便作图,通常可按其各部分尺寸与螺栓大径 d 的比例关系近似地画出,国家标准规定螺栓、螺母均可采用简化画法(省略倒角),如图 7-15 所示。

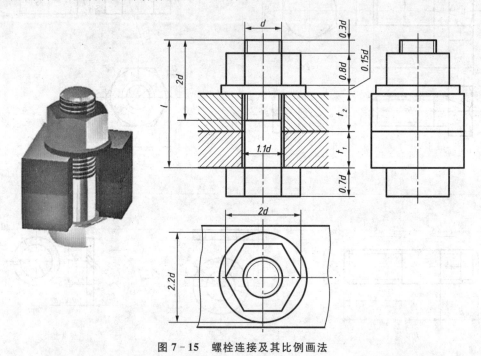

图 7-15 螺栓连接及其比例画法

画图时注意事项:

(1) 被连接件上的通孔孔径大于螺纹直径(孔径约为螺纹大径的 1.1 倍),安装时孔内壁与螺栓杆部不接触,应分别画出各自的轮廓线,即两条粗实线。

(2) 螺栓上的螺纹终止线应低于被连接件顶面,以便拧紧螺母时有足够的螺纹长度。

(3) 螺栓杆部的有效长度 l 应先按下式估算:

$$l \geqslant t_1 + t_2 + h + m + a$$

式中,t_1 和 t_2 分别为两个被连接件的厚度;h 为垫圈厚度;m 为螺母厚度允许值的最大值;a 是螺栓末端伸出螺母的高度。根据估算的结果(l 值),从相应螺栓标准中查螺栓有效长度 l 的系列值,最终选取一个最接近的长度值。

7.2.3.2 螺柱连接

螺柱连接主要用于一个被连接件较厚,不适于钻成通孔或不能钻成通孔的场合。较厚的零件上加工有螺纹孔,另一个零件上加工成光孔。螺柱连接时,将螺柱的旋入端拧入较厚被连接件的螺纹孔中,套入较薄被连接件,加入垫圈后,另一端用螺母拧紧,如图 7-16a 所示。

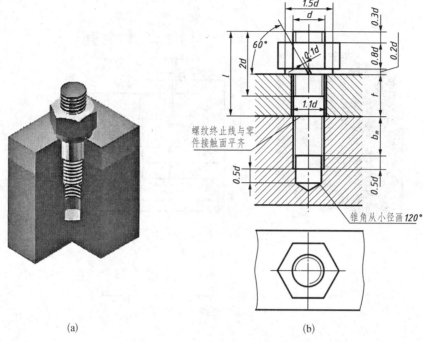

图 7 - 16 的 (a)、(b)

图 7 - 16 螺柱连接及其比例画法

如图 7 - 16b 所示,用比例画法绘制双头螺柱连接的注意事项如下

(1) 螺柱的旋入端长度 b_m 与被连接件材料有关,b_m 与螺柱大径 d 的关系为:

① 钢和青铜, $b_m = d$ (GB/ T 897—1988)。

② 铸铁, $b_m = 1.25d$ (GB/ T 898—1988)或 $b_m = 1.5d$ (GB/ T 899—1988)。

③ 铝, $b_m = 2d$ (GB/ T 900—1988)。

螺孔深度约为 $b_m + 0.5d$,钻孔深度比螺孔深度大 $0.5d$ 。在装配图中可不画出钻孔深度。

(2) 保证连接紧固,螺柱旋入端应完全拧入被连接零件的螺纹孔中,即旋入端的螺纹终止线与螺纹孔的孔口轮廓线平齐。

(3) 伸出端螺纹终止线应低于较薄零件顶面,以便拧紧螺母时有足够的螺纹长度。

(4) 螺柱的有效长度 l(不包括旋入端的长度)应先按下式估算:

$$l = t + h + m + a$$

式中,字母含义与螺栓连接相同。t 为较薄被连接件的厚度;h 为垫圈厚度;m 为螺母厚度允许值的最大值;a 为螺柱末端伸出螺母的高度。根据估算的高度,从相应国家标准中查螺柱有效长度 l 系列值,从中选取一个最接近估算值的标准长度值。

7.2.3.3 螺钉连接

1) 连接螺钉

连接螺钉常用于受力不大、又不经常拆卸的地方,如图 7 - 17 所示。

螺钉的有效长度 l 估算公式:

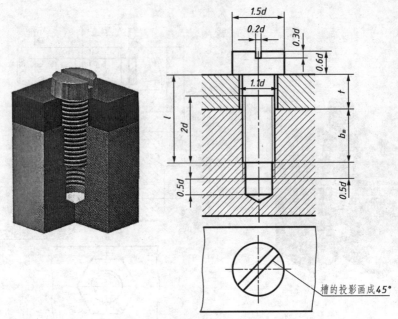

图 7 - 17　螺钉连接及其比例画法

$$l = b_\mathrm{m} + t$$

式中,t 为较薄零件的厚度;b_m 为螺钉旋入较厚零件螺纹孔的深度,b_m 值与双头螺柱相同。根据估算的结果,从国家标准螺钉有效长度 l 系列值中查找,选取一个最接近估算值的标准长度值。

　　用比例画法绘制螺钉连接图时,应注意下列几点:

　　(1) 为了使螺钉连接牢固,螺钉的螺纹终止线应高于零件螺纹孔的端面轮廓线,螺钉下端面与螺纹孔的螺纹终止线之间应留有 $0.5d$ 的间隙。

　　(2) 在俯视图上,螺钉头部的一字槽或十字槽的投影应画成与水平线呈 45°的斜线,螺钉头部槽宽小于 2 mm 时可以涂黑表示。

　　几种常用螺钉连接的比例画法如图 7 - 18 所示。

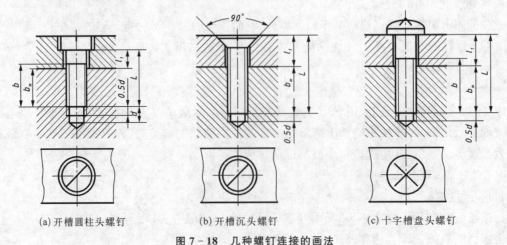

(a) 开槽圆柱头螺钉　　　　(b) 开槽沉头螺钉　　　　(c) 十字槽盘头螺钉

图 7 - 18　几种螺钉连接的画法

2) 紧定螺钉

　　紧定螺钉用来固定两个零件的相对位置,使它们不产生相对运动。如图 7 - 19 中轴和齿轮(图中齿轮仅画出轮毂部分),用一个开槽锥端紧定螺钉旋入轮毂的螺孔,使螺钉端部的 90°锥顶与轴上的 90°锥坑压紧,从而固定了轴和齿轮的相对位置。

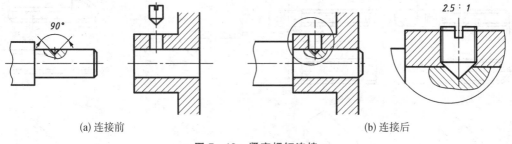

(a) 连接前　　　　　　　　　　　　　　　(b) 连接后

图 7 - 19　紧定螺钉连接

7.3　键连接和销连接

　　键和销都是标准件,键连接与销连接是工程上常用的可拆连接。

7.3.1　键连接

　　在机器中,键通常用来连接轴和装在轴上的转动零件(如齿轮、带轮等),传递运动和扭矩。即在轴和轴上转动零件的孔内,分别加工出键槽,再嵌入键,使轴和转动零件连接在一起,实现同时转动,如图 7 - 20 所示。

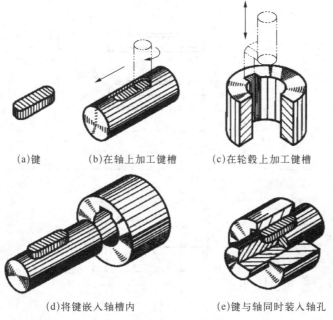

(a)键　　　(b)在轴上加工键槽　　　(c)在轮毂上加工键槽

(d)将键嵌入轴槽内　　　　　(e)键与轴同时装入轴孔

图 7 - 20　普通平键连接

1) 常用键的标记

常用键的种类很多,包括普通平键、半圆键和钩头楔键等,普通平键又有 A、B、C 三种形式,如图 7 - 21 所示。

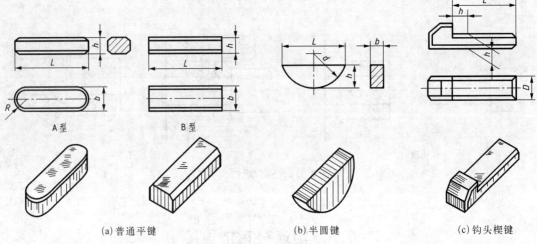

A 型　　　　　　　B 型

(a)普通平键　　　　　　(b)半圆键　　　　　(c)钩头楔键

图 7 - 21　常用键的形式和尺寸

键的规定标记格式为：　名称　　规格　　国标号　。其中,A 型普通平键省略字母 A。

常用键的结构形式及标记示例见表 7 - 5。

表 7 - 5　常用键的结构形式及标记示例

序号	名　　称	图　　例	标 记 示 例
1	普通平键(A)	(A 型)　　$C×45°$　　h　　b　　$R=b/2$　　L	$b = 18$, $h = 11$ $L = 100$ 普通平键(A 型) 标记： 键 $18×100$ GB/T 1096—2003
2	半圆键	L　　r　　d　　h　　b　　$r = 0.1b$	$b = 6$, $h = 10$ $L = 24.5$ 半圆键 标记： 键 $6×25$ GB/T 1099.1—2003

（续表）

序号	名　称	图　例	标 记 示 例
3	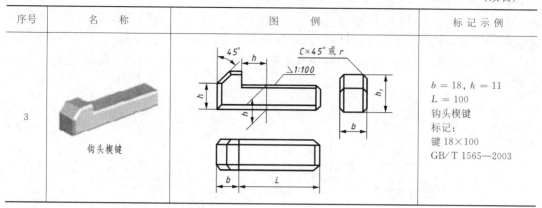 钩头楔键		$b = 18$, $h = 11$ $L = 100$ 钩头楔键 标记： 键 18×100 GB/T 1565—2003

2）键与键槽尺寸的确定、键槽的画法及尺寸标注

键的尺寸可从国标（见本书附录 B-14）中查出。键的高度 h 和宽度 b 是根据被连接轴段的直径选取，而长度 L 则是根据传递动力的大小、轮毂的长度设计计算后，参照标准长度系列确定。与键相配合的键槽是标准结构要素，其结构尺寸可从国标中查出。键槽的画法及尺寸标注如图 7-22 所示。

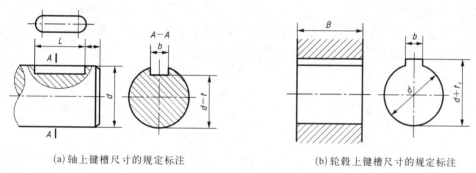

(a)轴上键槽尺寸的规定标注　　　　　　(b)轮毂上键槽尺寸的规定标注

图 7-22　键槽的画法及尺寸标注

3）键连接的画法

画键连接装配图时，首先要知道轴的直径和键的形式，清楚键的工作状态。

如图 7-23 所示，普通平键和半圆键的两侧面为工作表面。装配时，键的两侧面与键槽的侧面接触；工作时，靠键的侧面传递扭矩。绘制装配图时，键与键槽侧面之间无间隙，画一

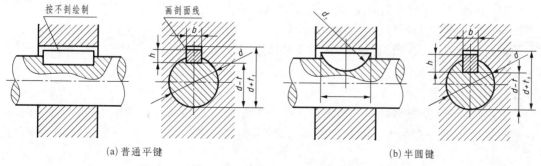

(a)普通平键　　　　　　　　　　　(b)半圆键

图 7-23　普通平键和半圆键的连接画法及尺寸标注

条线;键的顶面是非工作表面,与轮毂键槽的顶面不接触有间隙,应画两条线。

如图 7-24 所示,钩头楔键的顶面有 1:100 的斜度,安装时将键打入键槽,靠键与键槽顶面的压紧力使轴上零件固定。因此,顶面是钩头楔键的工作表面。绘制装配图时,键与键槽顶面之间无间隙,画一条线;键的两侧面是非工作表面,与键槽的侧面不接触而有间隙,应画两条线。

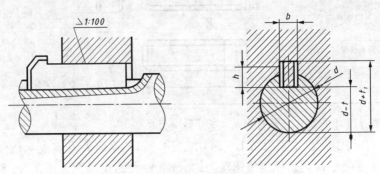

图 7-24　钩头楔键的连接画法及尺寸标注

平键和键槽的剖面尺寸及普通平键的形式、尺寸见本书附录 B-14。

7.3.2　销连接

销是标准件,类型亦很多,主要用于零件间的连接、定位及防松等场合,能传递不大的扭矩,常用的有普通圆柱销、圆锥销和开口销,如图 7-25 所示。

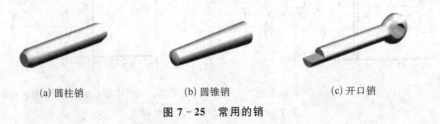

(a) 圆柱销　　　　　　(b) 圆锥销　　　　　　(c) 开口销

图 7-25　常用的销

1) 常用销的标记

常用销的标记格式：　名称　　国标号　　规格　　$d \times L$

(1) 普通圆柱销主要用于定位,也可用于连接。有 A、B、C、D 四种型号,用于不经常拆卸的地方。

(2) 圆锥销有 1:50 的斜度,定位精度比圆柱销高,多用于经常拆卸的地方。锥销孔的直径指锥销的小端直径,标注时应采用旁注法。

销的结构形式、尺寸和标记都可以在相应的国家标准中查得,常用销的形式和规定标记见表 7-6。

2) 销连接的画法

圆柱销和圆锥销的画法与一般零件相同。如图 7-26 所示,在剖视图中,当剖切平面通过销的轴线时,按不剖处理。画轴上的销连接时,通常对轴采用局部剖,表示销和轴之间的配合关系。

表 7 - 6　常用销的结构形式及标记示例

名称及标准编号	简　图	标 记 及 其 说 明
圆柱销 GB/T 119.1—2000	$\phi 10h8$　60	销 GB/T 119.1—2000 B10×60 表示 B 型圆柱销,其公称直径 $d=10$ mm 长度 $l=60$ mm
圆锥销 GB/T 117—2000	◁1:50　Ra0.8　$\phi 10$　60	销 GB/T 117—2000 A10×60 表示 A 型圆锥销,其公称直径 $d=10$ mm 长度 $l=60$ mm
开口销 GB/T 91—2000	45　$\phi 8$	销 GB/T 91—2000 8×45 表示开口销,其公称直径 $d=8$ mm 长度 $l=45$ mm

　　由于圆柱销经多次拆装后,与销孔的配合精度会受到影响,而圆锥销有锥度,可弥补拆装后产生的间隙,因此对于需多次拆装的,宜使用圆锥销。开口销连接如图 7 - 26c 所示,常与六角开槽螺母配合使用,起到锁紧防松的作用。

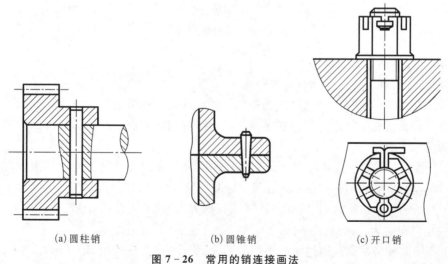

(a) 圆柱销　　　　　　(b) 圆锥销　　　　　　(c) 开口销

图 7 - 26　常用的销连接画法

　　用圆柱销和圆锥销连接零件时,为了保证精度,被连接或需定位的两零件上的销孔应该同时钻孔,钻孔后再铰孔,并应在零件图上注明"装配时作"或"与××件配作"等字样,如图 7 - 27 所示。

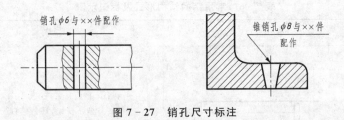

图 7-27　销孔尺寸标注

以上三种销在装配图上,不标注销的尺寸,但需将销的标记写入装配图的明细栏中或在引出线端部编号位置上标出。

7.4　齿　　轮

齿轮是机械传动中广泛应用的传动零件,用于传递功率,或者改变回转方向和转动速度。常见的齿轮传动形式有三种,如图 7-28 所示。圆柱齿轮用于两平行轴之间的传动;圆锥齿轮用于两相交(通常是垂直相交)轴之间的运动传递;蜗轮、蜗杆传动用于两交叉轴之间的运动传递。下面主要介绍圆柱齿轮和圆锥齿轮的结构参数及其画法。

(a) 圆柱齿轮　　　　　　　(b) 圆锥齿轮　　　　　　　(c) 蜗轮蜗杆

图 7-28　齿轮传动形式

7.4.1　标准直齿圆柱齿轮

7.4.1.1　圆柱齿轮各部分的名称和代号

齿轮是常用件,即部分结构、尺寸和参数已经标准化。本节主要介绍齿廓曲线为渐开线的标准直齿圆柱齿轮的基本知识和规定画法。两啮合的标准直齿圆柱齿轮各部分的名称和代号如图 7-29 所示。

(1) 分度圆。通过轮齿齿厚等于齿槽宽处的圆是分度圆。分度圆是设计齿轮时计算各部分尺寸的基准圆,直径用 d 表示。当两个标准齿轮啮合时,其分度圆与节圆重合。

(2) 齿顶圆和齿顶高。通过轮齿顶部的圆,称为齿顶圆,直径用 d_a 表示;齿顶圆与分度圆之间的径向距离为齿顶高,用 h_a 表示。

(3) 齿根圆和齿根高。通过轮齿根部的圆,称为齿根圆,直径用 d_f 表示;齿根圆与分度圆之间的径向距离,称为齿根高,用 h_f 表示。

(4) 齿距。分度圆上相邻两齿间对应点的弧长(槽宽 e+齿厚 s),用 p 表示。对于标准齿轮来说,分度圆上的齿厚 s 与槽宽 e 相等。显然,齿距 $p=s+e$。

(5) 模数。模数是设计和制造齿轮的一个重要参数,用 m 表示;以 z 表示齿轮的齿

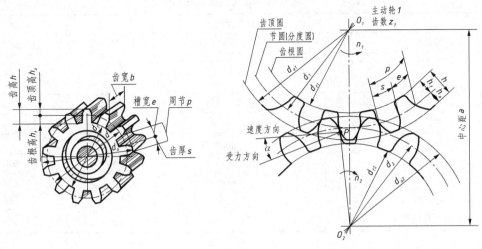

图 7 - 29　齿轮各部分名称

数,则分度圆周长 $= \pi d = zp$,即分度圆直径 $d = zp/\pi$,设 $m = p/\pi$(m 齿轮模数),即有 $d = mz$。由于模数与齿距 p 成正比,因此齿轮的模数增大,齿厚也增大,齿轮的承载能力也随之越强。为了便于设计和加工,国家标准对模数制定了统一的标准值。模数的标准值见表 7 - 7。

表 7 - 7　标准模数(摘自 GB/T 1357—2008)　　　　　(mm)

第一系列	0.1	0.12	0.15	0.2	0.25	0.3	0.4	0.5	0.6	0.8	1
	1.25	1.5	2	2.5	3	4	5	6	8	10	12
	16	20	25	32	40	50					
第二系列	0.35	0.7	0.9	1.75	2.25	2.75	(3.25)	3.5	(3.75)	4.5	5.5
	(6.5)	7	9	(11)	14	18	22	28	(30)	36	45

(6) 压力角。一对啮合齿轮的轮齿齿廓在接触点(即节点)处的公法线与两分度圆的公切线之间的夹角,称为压力角,用 α 表示。我国标准齿轮的压力角为 20°。

(7) 中心距。一对啮合的圆柱齿轮轴线之间的最短距离,用 a 表示:

$$a = \frac{d_1 + d_2}{2} = \frac{m(z_1 + z_2)}{2}$$

只有模数和压力角都相同的一对齿轮,才能正确啮合。

7.4.1.2　圆柱齿轮各几何要素的尺寸关系

标准直齿圆柱齿轮各几何要素如图 7 - 29 所示,其计算公式见表 7 - 8。

7.4.1.3　圆柱齿轮的规定画法

1) 单个圆柱齿轮的规定画法

圆柱齿轮上的轮齿是多次重复出现的要素,为简化绘图,《机械制图　齿轮表示法》(GB/T 4459.2—2003)中规定了齿轮的简化表示法,单个圆柱齿轮的规定画法如图 7 - 30 所示。

表 7 - 8 外啮合标准直齿圆柱齿轮几何计算式

各部分名称	代 号	计 算 公 式
基本参数：模数 m、齿数 z、压力角 20°		
分度圆直径	d	$d = mz$
齿顶高	h_a	$h_a = m$
齿根高	h_f	$h_f = 1.25m$
齿顶圆直径	d_a	$d_a = m(z+2)$
齿根圆直径	d_f	$d_f = m(z-2.5)$
齿距	p	$p = \pi m$
分度圆齿厚	s	$s = \dfrac{1}{2}\pi m$
中心距	a	$a = \dfrac{1}{2}(d_1 + d_2) = \dfrac{1}{2}m(z_1 + z_2)$

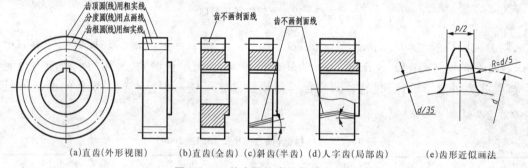

图 7 - 30 单个圆柱齿轮的规定画法

(1) 齿轮的轮齿部分按规定画法绘制,其余部分按投影规律绘制。

(2) 在投影为圆的视图中,轮齿部分的齿顶圆用粗实线表示;分度圆用点画线表示;齿根圆用细实线表示,或省略不画,如图 7 - 30a 所示。

(3) 在非圆的外形视图中,轮齿部分的齿顶线用粗实线表示;分度线用点画线表示;齿根线用细实线表示,或省略不画,如图 7 - 30a 所示。

(4) 在剖视图中,当剖切平面通过齿轮的轴线时,轮齿部分按不剖处理,齿顶线和齿根线画成粗实线;分度线(节线)用点画线,如图 7 - 30b 所示。

(5) 当需要表示斜齿轮和人字齿轮时,可在非圆投影图上画成半剖或局部剖,用三条与轮齿方向一致的细实线表示齿线的方向,如图 7 - 30c、d 所示。

(6) 通常齿轮工作图主视图采用剖视图表达。图中需要表达齿形的,可以采用近似画法,如图 7 - 30e 所示。

2) 啮合圆柱齿轮的规定画法

(1) 在投影为圆的投影上,两个齿轮的分度圆(节圆)必须相切,并用点画线绘制;齿根圆可以省略不画或画细实线;啮合区内的齿顶圆用粗实线绘制,如图 7 - 31a 所示;也可省略,如图 7 - 31b 所示。

(2) 在非圆投影的剖视图中,啮合区的两齿轮的分度线(节线)重合,用细点画线表示;齿根线画粗实线;将一个齿轮的齿顶线画成粗实线,另一齿轮轮齿被遮挡部分画成虚线,齿顶线和齿根线的间隙(即顶隙)为 $0.25m$(m 为模数)。或省略不画,如图 7 - 31e 所示。

(3) 在非圆投影的外形视图中,啮合区的齿顶线和齿根线不必画出,分度线(节线)画成粗实线,如图 7 – 31c 所示。

(4) 需要表明齿形,可在反映圆的视图中,用粗实线画出一个或两个齿形,或用局部放大图表示。

(5) 两斜齿轮(或人字齿轮)啮合时,如需表示轮齿的方向,用三条轮齿方向一致的细实线表示,画法与单个齿轮相同,如图 7 – 31d 所示。

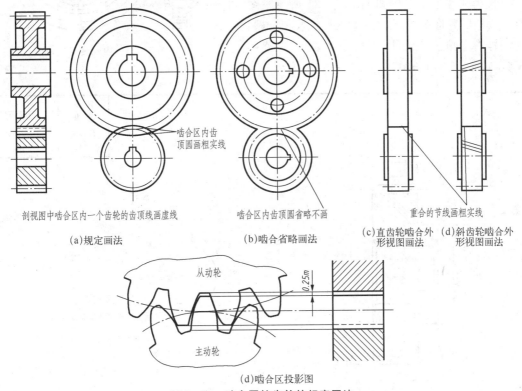

剖视图中啮合区内一个齿轮的齿顶线画虚线

(a)规定画法

啮合区内齿顶圆省略不画

(b)啮合省略画法

重合的节线画粗实线

(c)直齿轮啮合外形视图画法　(d)斜齿轮啮合外形视图画法

(d)啮合区投影图

图 7 – 31　啮合圆柱齿轮的规定画法

3) 齿轮齿条的啮合画法

当齿轮直径无限大时,其齿顶圆、齿根圆、分度圆和齿廓曲线都变成直线,此时齿轮变为齿条。齿轮与齿条啮合时,齿轮旋转,齿条作直线运动。齿轮与齿条啮合的画法基本与两圆柱齿轮啮合的画法相同,只是注意齿轮的分度圆(节圆)应与齿条的分度线(节线)相切,如图 7 – 32 所示。

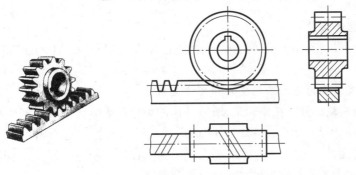

图 7 – 32　齿轮齿条啮合的规定画法

4）内啮合齿轮的画法

（1）非圆的投影图采用全剖,啮合区域朝看图者画出,同外啮合画法。

（2）在圆投影的视图中,内、外齿轮分度圆的点画线相切,其他同外啮合齿轮画法相同,如图 7-33 所示。

直齿圆柱齿轮工作图如图 7-34 所示。图中除具有一般零件图的视图、尺寸、技术要求和标题栏外,在图样右上角还必须列出齿轮参数表,并在表中注写模数、齿数、压力角等基本参数。

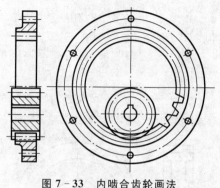

图 7-33　内啮合齿轮画法

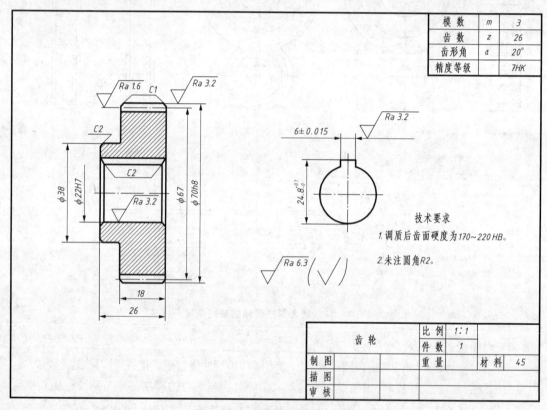

模　数	m	3
齿　数	z	26
齿形角	α	20°
精度等级		7HK

齿　轮		比　例	1:1		
		件　数	1		
制　图		重　量		材　料	45
描　图					
审　核					

图 7-34　直齿圆柱齿轮工作图

7.4.2　直齿锥齿轮

锥齿轮俗称伞齿轮,用于传递两相交轴间的回转运动,以两轴相交成直角的锥齿轮传动应用最广泛。

7.4.2.1　直齿锥齿轮的结构要素和尺寸关系

由于锥齿轮的轮齿分布在锥面上,所以轮齿的齿厚从大端到小端逐渐变小,轮齿全长上的模数、齿高、齿厚等都不相同,各处的齿顶圆、齿根圆和分度圆也不相等,而是分别处于共顶的齿顶圆锥面、齿根圆锥面和分度圆锥面上。为了设计和制造的方便,规定以大端的模数为准,计算大端轮齿各个部分的尺寸。标准模数见表 7-9。

表 7 - 9　锥齿轮模数(GB 12368—1990)

1.5	1.75	2	2.25	2.5	2.75	3	3.25	3.5	3.75	4
4.5	5	5.5	6	6.5	7	8	9	10	11	12

1) 直齿锥齿轮的结构要素(图 7 - 35)

直齿锥齿轮一般有五个锥面,即齿顶圆锥面、齿根圆锥面、分度圆锥面、背锥面和前锥面;三个锥角,即分度圆锥角、顶锥角、根锥角。分度圆锥面的素线与齿轮轴线间的夹角称为分锥角,用 δ 表示。从顶点沿分度圆锥面的素线至背锥面的距离称为外锥距,用 R_e 表示。锥齿轮的齿顶圆直径 d_a、齿根圆直径 d_f 和分度圆直径 d 是在背锥面上度量的,齿顶高 h_a、齿根高 h_f 和齿高 h 是沿素线度量的。锥齿轮的齿形角一般为 20°。

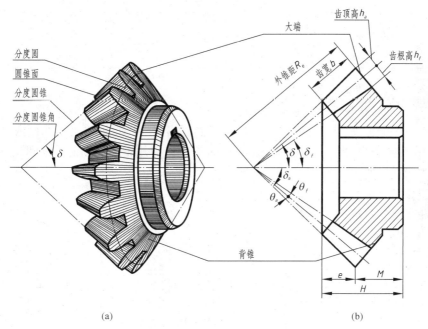

(a)　　　　　　　　　　　　　　　(b)

图 7 - 35　直齿锥齿轮的结构要素

2) 锥齿轮各部分的尺寸

锥齿轮各部分的尺寸也都与模数 m、齿数 z 及分度圆锥角 δ 有关。其计算公式见表 7 - 10。

表 7 - 10　标准直齿锥齿轮尺寸计算公式

基本参数:模数 m;齿数 z

名　称	代　号	计　算　公　式
分度圆直径	d	$d = mz$
分度圆锥角	δ	$\delta_1 = \arctan(z_1/z_2)$, $\delta_2 = 90° - \delta_1$
齿顶高	h_a	$h_a = m$
齿根高	h_f	$h_f = 1.2m$

（续表）

基本参数：模数 m；齿数 z

名　　称	代　　号	计　算　公　式
齿高	h	$h = h_a + h_f$
齿顶圆直径	d_a	$d_a = m(z + 2\cos\delta)$
齿根圆直径	d_f	$d_f = m(z - 2.4\cos\delta)$
齿顶角	θ_a	$\theta_a = \arctan(h_a / R)$（不等顶隙）；$\theta_a = \theta_f$（等顶隙）
齿根角	θ_f	$\theta_f = \arctan(h_f / R)$
顶锥角	δ_a	$\delta_a = \delta + \theta_a$
根锥角（背锥角）	δ_f	$\delta_f = \delta - \theta_f$
外锥距	R	$R = \dfrac{1}{2}\sqrt{d_1^2 + d_2^2} = \dfrac{m}{2}\sqrt{z_1^2 + z_2^2}$
齿宽	b	$b \leqslant R / 3$

7.4.2.2　直齿锥齿轮的规定画法

1）单个直齿锥齿轮的规定画法

单个锥齿轮画法如图 7 - 36 所示。一般用主、左两个视图表示，主视图画成全剖视图，左视图中用粗实线表示齿轮大端和小端的齿顶圆，用点画线表示大端的分度圆，齿根圆及小端分度圆均省略不画。

作图步骤：

（1）根据大端分度圆直径和分度圆锥角 δ，画出分度圆锥和背锥，如图 7 - 37a 所示。

（2）由齿顶高、齿根高画出齿顶锥、齿根锥，根据齿宽画轮齿，如图 7 - 37b 所示。

（3）画出轮毂和轮辐，并按投影规律作出圆的投影视图，如图 7 - 37c 所示。

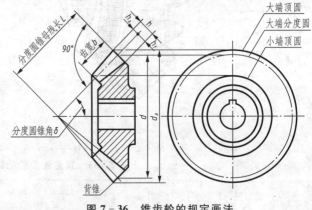

图 7 - 36　锥齿轮的规定画法

（4）最后加深，画剖面线，擦去作图线，如图 7 - 37d 所示。

2）直齿锥齿轮的啮合画法

一对锥齿轮啮合，必须节锥相切，有相同的模数和压力角。一般节锥顶点交于一点，轴线垂直相交。如图 7 - 38 所示，主视图采用全剖视，啮合区域的画法与直齿圆柱齿轮的画法类同。

（1）根据轴交角画出两个视图的轴线、节锥，如图 7 - 38a 所示。

（2）画出两个锥齿轮的顶锥、根锥、背锥和齿宽，如图 7 - 38b 所示。

（3）画出两个锥齿轮其他部分的投影，如图 7 - 38c 所示。

（4）画剖面线，最后加深，擦去作图线，如图 7 - 38d 所示。

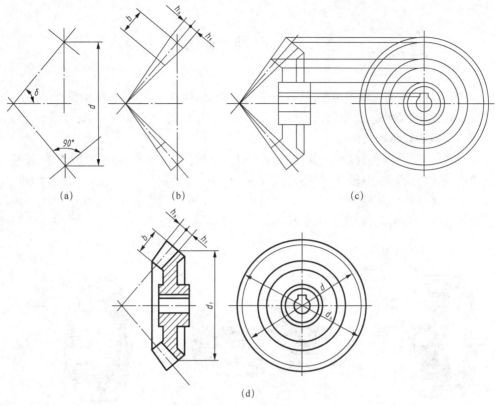

图 7 - 37　单个锥齿轮规定画法

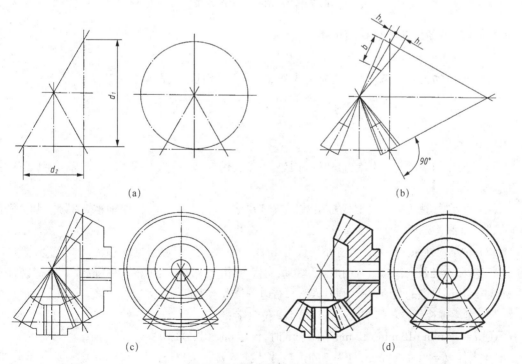

图 7 - 38　锥齿轮的啮合画法

7.5　滚　动　轴　承

　　滚动轴承是一种支撑轴的组件,具有摩擦阻力小、结构紧凑的优点,在机械产品中广泛应用。滚动轴承是标准部件,由专门的工厂生产,需用时可根据要求确定型号,直接选购即可。

7.5.1　滚动轴承的类型

　　滚动轴承的类型很多,按承受载荷的方式和大小的不同,可分为向心轴承(如深沟球轴承,主要承受径向力)、推力轴承(如推力球轴承,主要承受轴向力)、向心推力轴承(如圆锥滚子轴承,主要承受径向和轴向力)三大类。但是无论哪种类型,它们的结构一般都由内圈、外圈、滚动体和保持架组成,如图 7-39 所示。

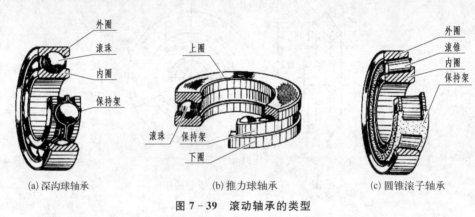

(a) 深沟球轴承　　　　　　　　(b) 推力球轴承　　　　　　　　(c) 圆锥滚子轴承

图 7-39　滚动轴承的类型

7.5.2　滚动轴承的代号和画法

7.5.2.1　滚动轴承的代号

滚动轴承的代号由基本代号、前置代号、后置代号组成,从左至右依次为:

前置代号　　基本代号　　后置代号

1) 基本代号

基本代号是滚动轴承代号的基础,由轴承类型代号、轴承尺寸系列代号、轴承内径代号构成。

　　(1) 轴承类型代号。类型代号由数字或字母表示,如"1"是调心球轴承、"2"是调心滚子轴承、"6"是深沟球轴承。

　　(2) 轴承尺寸系列代号。尺寸系列代号由轴承宽(高)度系列代号(向心轴承是宽度,推力轴承是高度)和直径系列代号组合而成。尺寸系列代号用两位数字表示,左边一位数字为宽(高)度系列代号(凡括号中的数值,在注写时省略),右边一位数字为直径系列代号。

　　(3) 轴承内径代号。基本代号右起第1、2位数字:

　　① $d=10$ mm、12 mm、15 mm、17 mm 时,代号 00、01、02、03。

　　② 内径 $d=20\sim480$ mm,且为 5 的倍数时,代号$=d/5$ 或 $d=$代号$\times5$(mm)。

　　③ $d<10$ mm,或 $d>500$ mm,及 $d=22$ mm、28 mm、32 mm 时,代号直接用内径尺寸(mm)。

2) 前置、后置代号

前置、后置代号是轴承在结构形状、尺寸、公差、技术要求等有改变时,在其基本代号前后添加的补充代号。其含义可查阅《滚动轴承　代号方法》(GB/T 272—93)。

7.5.2.2　滚动轴承的画法

滚动轴承是标准件,一般无须画零件图。在画装配图时,可根据国家标准规定的简化画法或规定画法表示。一般在画装配图前,应先根据轴承代号,由国家标准中查出轴承的外径 D、内径 d、宽度 B、T 等几个主要尺寸后,按比例绘制。

常用滚动轴承的简化画法(含通用画法和特征画法)和规定画法见表 7 - 11。

表 7 - 11　滚动轴承的画法

画法基本规定如下：

（1）三种画法中各种符号、矩形线框和轮廓线均用粗实线绘制。绘制滚动轴承时，外框轮廓的大小应与滚动轴承的外形尺寸一致。

（2）在剖视图中，用通用画法和特征画法绘制滚动轴承时，一律不画剖面符号。采用规定画法绘制时，其各套圈可画成方向和间隔相同的剖面线。

（3）在装配图中用规定画法绘制滚动轴承时，轴承的保持架及倒角等均省略不画。一般只在轴的一侧用规定画法表达轴承，在轴的另一侧应按通用画法绘制。

（4）在装配图的剖视图中采用规定画法绘制滚动轴承时，轴承的滚动体不画剖面线，各套圈的剖面线方向可画成方向一致、间隔相同。在不致引起误解时，还允许省略剖面线。

（5）在装配图的明细表中，必须按规定注出滚动轴承的代号。

7.6 弹　　簧

弹簧是一种用来减震、夹紧、测力和储存能量的常用零件，其种类多、用途广。常见的有螺旋弹簧和涡旋弹簧，根据其受力情况不同，螺旋弹簧又可分为压缩弹簧、拉伸弹簧和扭转弹簧，如图 7－40 所示。国家标准对弹簧的结构形式、材料、尺寸系列、技术要求等做了统一规定。本节介绍最常用的圆柱螺旋压缩弹簧的画法。

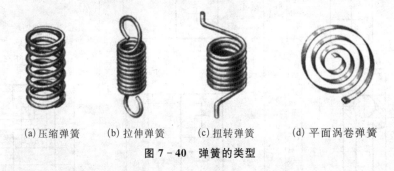

(a)压缩弹簧　　　(b)拉伸弹簧　　　(c)扭转弹簧　　　(d)平面涡卷弹簧

图 7－40　弹簧的类型

7.6.1　螺旋压缩弹簧的各部分名称

圆柱螺旋压缩弹簧各部分名称、参数及画法，如图 7－41 所示。

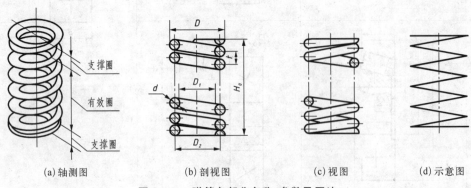

(a)轴测图　　　(b)剖视图　　　(c)视图　　　(d)示意图

图 7－41　弹簧各部分名称、参数及画法

（1）簧丝直径 d。指弹簧钢丝直径。

（2）弹簧外径 D。指弹簧的最大直径。

（3）弹簧内径 D_1。指弹簧的最小直径。

（4）弹簧中径 D_2。指弹簧的平均直径，$D_2 = D_1 + d = D - d$。

（5）节距 t。除支撑圈外，相邻两有效圈上对应点之间的轴向距离。

（6）有效圈数 n、支撑圈数 n_2、总圈数 n_1。在给弹簧加压或减压时，有效圈始终保持各节距相等的变化，它是计算弹簧受力的主要依据；为了使螺旋压缩弹簧工作时受力均匀，增加弹簧的平稳性，将弹簧的两端并紧、磨平。并紧、磨平的圈数主要起支撑作用，称为支撑圈；有效圈数 n 与支撑圈数 n_2 之和，称为总圈数 n_1，即 $n_1 = n + n_2$。

（7）自由高度 H_0。弹簧在不受外力作用时的高度，称为自由高度，$H_0 = nt + (n_2 - 0.5)d$。

（8）弹簧的展开长度 L。指制造弹簧时所用的长度，$L = n_1 \sqrt{(\pi D_2)^2 + t^2}$。

7.6.2　螺旋弹簧的规定画法

1）圆柱螺旋压缩弹簧的规定画法

（1）圆柱压缩弹簧可以画成视图、剖视图或示意图。在与弹簧中心轴线平行的视图上，弹簧的螺旋线可画成直线，如图 7-41b 或 c 所示。

（2）螺旋弹簧不论左旋弹簧还是右旋弹簧，均可画成右旋，但左旋弹簧要注出旋向 LH。

（3）有效圈数在 4 圈以上的螺旋弹簧，允许每端只画 1～2 圈（不包括支撑圈），中间各圈可省略不画，用通过簧丝断面中心的细点画线连起来。中间部分省略，允许适当缩短图形的长度，但应注明弹簧设计要求的自由高度，如图 7-41b、c 所示。

（4）螺旋弹簧要求两端并紧磨平时，不论支撑圈多少和末端贴近程度，均按支撑圈 2.5 圈的形式绘制。必要时也可以按支撑圈的实际结构绘制。

（5）在装配图中，位于弹簧后的结构按不可见处理，如图 7-42a 所示。在装配图中，螺旋弹簧被剖切时，簧丝直径小于 2 mm 的剖面可以涂黑表示，如图 7-42b 所示；也可以采用示意画法，如图 7-42c 所示。

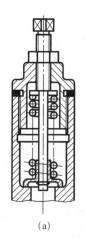
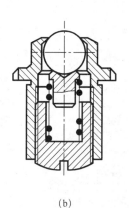
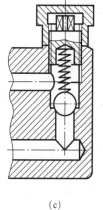

(a)　　　　　　　　(b)　　　　　　　　(c)

图 7-42　装配图中弹簧的画法

2）圆柱螺旋压缩弹簧的作图步骤

若已知弹簧丝直径 d，弹簧中径 D，节距 t，有效圈数 n，支撑圈数 n_2，其作图步骤如图 7-43 所示。

（1）根据自由高度 H_0 和中径 D 画出长方形 $ABCD$，如图 7-43a 所示。

（2）根据弹簧丝的直径 d，画出支撑圈部分的圆和半圆，如图 7-43b 所示。

（3）根据节距 t 画出有效圈部分的圆，如图 7-43c 所示。

（4）按右旋方向作相应圆的公切线及剖面线，加深，即完成作图，如图 7-43d 所示。

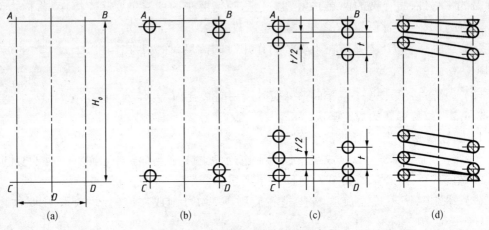

图 7-43　螺旋压缩弹簧的作图步骤

第8章 零件图

表达零件的图样是零件图,是制造和检验零件的依据,又称零件工作图。零件图不仅涉及机器(部件)对零件的要求,同时还涉及结构和制造的可能性与合理性,因此它既要反映设计者的意图,还必须包含制作和检验零件时所需要的全部信息,是设计部门提交给生产部门的重要技术文件。

任何机器或部件都是由一定数量的零件,按一定的装配关系装配而成的。设计中并非所有的零件都需要画出零件图。根据零件在机器或部件中的功能及零件的加工工艺,将零件分为三类:

(1)标准件。零件的结构、尺寸和画法等参数都已标准化、系列化,并有规定画法,如螺栓、螺母等。标准件通常不画零件图,只需要按规定的标记标注出来即可。

(2)常用件。零件的部分结构及重要参数标准化、系列化,并有规定画法,但有些要素尚未完全标准化,如齿轮、花键等,实际设计中需要画出零件图。

(3)非标准零件。零件的结构形状取决于其在机器或部件中的作用和加工工艺。实际生产中这类零件需要画出零件图。

8.1 零件图的内容

零件图能够表达单个机器零件的详细的结构形状、尺寸大小和技术要求等,是用于指导加工、检验该零件的依据,如图 8-1 所示为轴承座的零件图和它的立体图。一张完整的零件图应包含以下几项内容:

(1)一组视图。用一组图形正确、完整、清晰和简便地将零件的内外结构形状表达清楚(如图 8-1b 中的主视图采用的局部剖,其他采用局部视图、断面图和局部放大图)。

(2)一组尺寸。用一组尺寸正确、完整、清晰、合理地标注出零件的结构形状及其相互位置的大小,还要在能够满足设计要求的前提下有利于加工制造,且便于零件的检验和测量。

(3)技术要求。用一些规定的符号、数字和文字注解零件在制造和检验时应达到的各种技术要求。包括尺寸精度、形状及位置精度、零件上各表面的表面粗糙度、材料的热处理、检验方法及特殊加工要求等。

(4)标题栏。为了便于图样管理及查阅,每张图右下角都配置标题栏,标题栏内必须明确地填写零件的名称、材料、比例、图样编号、责任签署(制图设计)人姓名等。

(a) 轴承座立体图

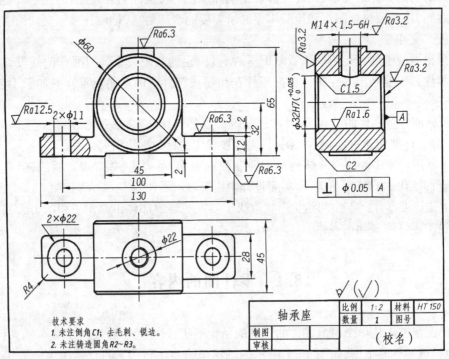

(b) 轴承座零件图

图 8-1　轴承座

8.2　零件的结构

　　机械零件的结构既要满足其功能和使用要求,又要有良好的结构工艺性,而良好的工艺性又对降低零件成本带来很大的影响。因此在设计和阅读零件图时,首先应了解零件在部件中所发挥的功能,与相邻零件的关系等。想象出该零件是由哪些几何形体构成的,分析其构成原因,在主要分析几何形状的过程中,同时分析尺寸、工艺结构、材料等,最终确定零件的整体结构。

8.2.1　零件的结构特点

1) 零件结构设计的基本要求

　　根据机器部件对零件所提出的功能要求和连接环境,设计的零件必须有合理的形状、尺寸和工艺结构等。对零件结构设计的基本要求:

（1）零件的形状、大小必须满足功能、强度和刚度的要求，即保证零件能在机器正常运转中准确实现其功能要求。

（2）优先选用简单形体构型零件，结构要紧凑，便于制造。一般采用常见的回转体和各种平面立体构型，尽量不采用不规则曲面构型。

（3）构成零件的各基本形体间应互相协调，造型美观。

2）零件的构型方式

尽管机械零件的形状各异，但是构型设计要遵循准确、简单、安全的基本原则。大部分零件的结构构成都是由三大部分组成，即工作部分、安装部分和连接部分。工作部分可以保证零件满足一定的功能要求；安装部分使零件可靠地与其他零件连接、装配；连接部分是将"工作部分"和"安装部分"连成一体的结构，如图 8 - 2a 所示。也有一些零件三个构成部分有重叠或只有两部分，但是总会有工作部分。有的零件甚至有几处工作部分，如图 8 - 2b 所示。

（a）　　　　　　　　　　　　　　　　　（b）

图 8 - 2　零件的构型方式

（1）工作部分的构型。任何零件都有工作部分，而且是实现零件功能的主要部分，通常有轮齿、键槽等结构，如图 8 - 2 所示。

（2）连接部分的构型。连接部分是为实现该零件上各处结构连成一体而设计的结构。其构型取决于连接方式、连接部分的数目及配置情况等。

（3）安装部分的构型。安装部分是为实现零件与其他零件间的连接而设计的结构，通常有安装板、底座、凸台等，其构型应考虑与安装条件相适应。

8.2.2　机械加工工艺结构

零件的主体结构形状主要是根据它在机器或部件中的功能和作用决定的，但是从制造零件的毛坯到机械加工该零件，再最后将该零件安装到机器中，对零件上的结构也是有一定要求的。因此，在设计零件结构时，既要考虑功能要求，还要便于加工制造和安装。下面介绍一些常见的工艺结构及其尺寸标注方法。

1）倒角和倒圆

为了去除零件上的毛刺和锐边，便于装配和保护装配面，要在轴和孔的端部加工出倒角。常用倒角为 45°（用 C 表示），也有 30°或 60°的倒角，应分别注出宽度和角度；为了避免应力集中而产生裂纹，在轴肩处往往加工成过渡圆角，也称为倒圆。倒角和倒圆画法与标注法如图 8 - 3 所示。

2）退刀槽和越程槽

退刀槽和越程槽是在工件表面预先加工出的环形沟槽。加工完整螺纹，便于退出刀具，

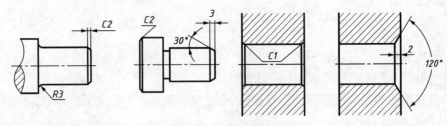

图 8-3 倒角与倒圆

常在待加工面的末端先车削出退刀槽,其尺寸标注一般按"槽宽×直径"的形式标注,如图 8-4a 所示。在磨削加工中,为便于砂轮可稍微越过被加工面,一般在零件上要加工出越程槽,其尺寸标注可按"槽宽×槽深"或"槽宽×直径"的形式标注,如图 8-4b 所示。

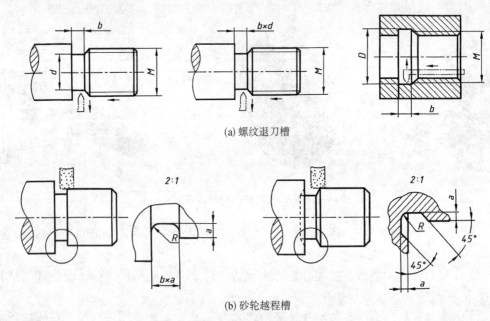

(a) 螺纹退刀槽

(b) 砂轮越程槽

图 8-4 退刀槽与砂轮越程槽

3) 凸台和凹坑

为了保证装配零件的表面之间接触良好,零件上凡是与其他零件接触的表面一般都要进行加工。为了减少加工面,降低成本,常在铸件上设计出凸台、凹坑、凹槽和凹腔,如图 8-5 所示。

4) 钻孔和锪平

钻孔时,为了保证钻孔准确定位,避免钻头单边受力导致折断,应使钻头轴线尽量垂直于被加工的表面。尤其沿曲面或斜面钻孔时,应增设凸台或凹坑,如图 8-6a 所示。

用钻头加工盲孔时,在底部有一个 120°的锥角,钻孔深度指的是圆柱部分的深度,不包括锥坑;在阶梯孔的过渡处,也存在锥角为 120°的圆台,如图 8-6b 所示。

8.2.3 铸造零件常见的工艺结构

1) 拔模斜度和铸造圆角

图 8-7a 为铸造工艺示意图,用铸造工艺制造零件毛坯时,为了便于在砂型中取出木

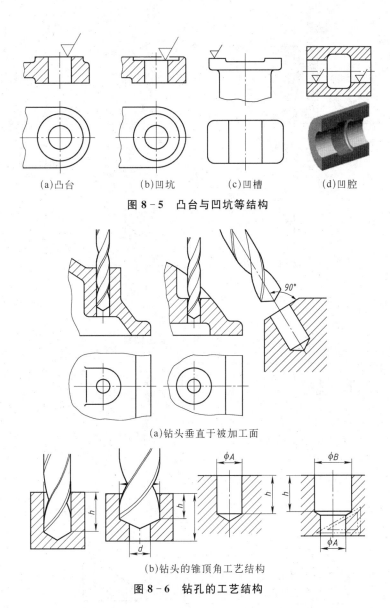

(a)凸台　　　(b)凹坑　　　(c)凹槽　　　(d)凹腔

图 8 - 5　凸台与凹坑等结构

(a)钻头垂直于被加工面

(b)钻头的锥顶角工艺结构

图 8 - 6　钻孔的工艺结构

模,一般沿木模拔模方向做成约 1∶20 的斜度,叫作拔模斜度。当拔模斜度较小时,图中可省略不画及不标注,必要时可以在技术要求中用文字说明,如图 8 - 7b 所示。

为便于铸件造型,避免从砂型中起模时砂型转角处落砂,或浇注时铁水将砂型转角处冲毁,防止铸件转角处产生裂纹,故铸件上相邻表面的相交处应做成圆角,称为铸造圆角,如图 8 - 7c 所示。铸造圆角在图上一般不标注,常集中注写在技术要求中。

2) 铸造件壁厚

铸造件壁厚不均匀或壁厚突变,零件浇铸后冷却的速度就不一样,容易形成缩孔或产生裂缝,因此铸造件的壁厚应尽量保持均匀或逐渐过渡,如图 8 - 8 所示。

3) 过渡线

由于拔模斜度和铸造圆角的存在,使铸件上的形体表面的交线变得不明显,这种线称为过渡线。在铸件的零件图中,规定过渡线与其他轮廓线不接触,按没有圆角的情况求出交线

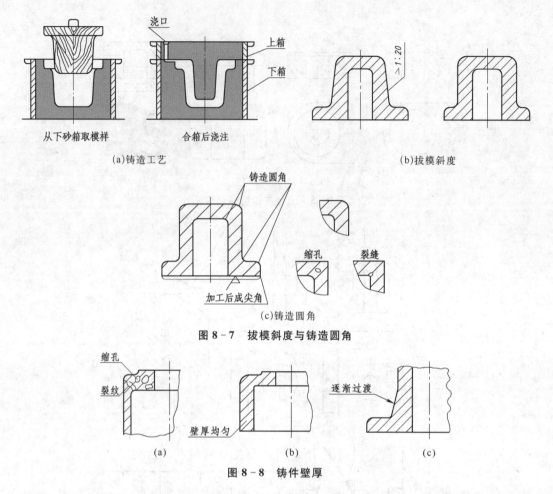

(a)铸造工艺 (b)拔模斜度

(c)铸造圆角

图 8-7 拔模斜度与铸造圆角

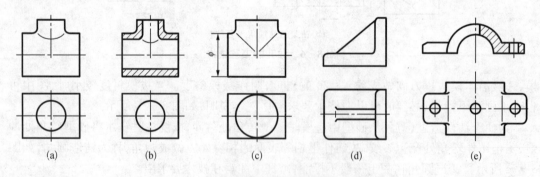

(a) (b) (c)

图 8-8 铸件壁厚

的投影。可见的过渡线用细实线绘制,不可见的过渡线用细虚线绘制,各种常见过渡线的画法如图 8-9 所示。

(a) (b) (c) (d) (e)

图 8-9 常见过渡线画法

8.3 零件图的技术要求

零件图上除了图形和尺寸外,还须注明制造和检验时应达到的技术要求。如极限与配合、几何公差、表面粗糙度、热处理和表面处理等。技术要求一般用国家标准中规定的代号、符号或标记标注在视图上，或者用文字注写在标题栏附近。

本节主要介绍极限与配合、几何公差、表面粗糙度的基本知识及其标注方法。

8.3.1 极限与配合概念及注法

8.3.1.1 互换性、极限与配合的概念

日常生活中有许多现象涉及互换性。例如，更换灯泡和自行车、汽车中的零配件，都可以购买并且更换后就能很好地满足使用要求，是因为这些零配件有互换性。

在机械工业生产中，零件的互换性是指从规格相同的零件中任取一件，不经修配就能装配(或更换)到机器上，并能达到设计的使用性能要求。零件具有互换性，给机器装配和维修带来了极大的方便，为大批量生产和提高生产效率提供了可能性。

零件的使用性能要求是安装后的松紧配合要求，需要通过限定两相配零件的对应尺寸来保证。因此，零件的重要尺寸必须按不同精度要求给定允许的极限值。《产品几何技术规范(GPS)极限与配合》(GB/T 1800—2009)根据互换性的原则制定了极限与配合的标准。

8.3.1.2 公差的有关术语

实际零件的加工生产中，由于受到机床精度、刀具磨损和操作技能等因素的影响，零件实际要素尺寸会存在一定的误差。为了保证零件的互换性，必须将零件的实际要素尺寸控制在允许变动的范围内。这个允许的尺寸变动范围就称为尺寸公差，简称公差。以图 8-10 为例，介绍极限与公差的基本术语。

1) 公称尺寸

指设计给定的尺寸。相配合的孔、轴公称尺寸相同。图 8-10 中的公称尺寸为 $\phi50$。

2) 极限尺寸

指允许尺寸变动的两个极限值。尺寸的最大允许值称为上极限尺寸，最小允许值称为下极限尺寸。实际要素尺寸在两个极限尺寸之间即为合格。图 8-10 中的上极限尺寸为 $\phi50.007$，下极限尺寸为 $\phi49.982$。

3) 极限偏差

上极限尺寸与公称尺寸的代数差称为上极限

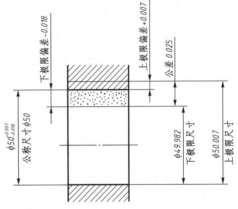

图 8-10 极限与公差的基本术语

偏差；下极限尺寸与公称尺寸的代数差称为下极限偏差。偏差值可以为正值、负值或零。图 8-10 中的上极限偏差为 +0.007，下极限偏差为 -0.018。

4) 尺寸公差

尺寸公差是允许尺寸的变动量：

$$尺寸公差 = 上极限尺寸 - 下极限尺寸 = 上极限偏差 - 下极限偏差$$

因为上极限尺寸总是大于下极限尺寸，所以尺寸公差一定为正数。图 8-10 中的公差值为 0.025。

5) 公差带与公差带图

如图 8-11 所示，孔的上极限偏差用 ES 表示，下极限偏差用 EI 表示；轴的上极限偏差用

es 表示,下极限偏差用 ei 表示。图中与公称尺寸偏差为零的直线称为零线,零线上需加注"0、+、－"号和单边箭头的公称尺寸,零线上方为正偏差,下方为负偏差。

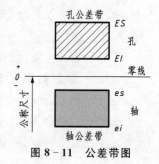

图 8-11　公差带图

公差带是表示公差大小和相对于零线位置的一个区域,即上、下极限偏差的两条直线所限定的区域。为了便于计算和分析极限尺寸与配合的松紧程度,一般用公差带图表示公称尺寸、上极限偏差、下极限偏差和公差之间关系。

由公差带图也可以看出,只要确定公差值和某一个极限偏差,就可以确定公差带的宽度和位置,确定了孔和轴的公差带。

6) 公差等级和标准公差

公差等级是确定尺寸精确程度的等级。国家标准规定了 20 个标准公差等级,分别用 IT01、IT0、IT1～IT18 表示,见附录。IT01 级精度最高,IT18 级精度最低。标准公差的大小根据公称尺寸和公差等级查表决定。公称尺寸相同时,精度越高,公差值越小;公差等级相同时,公称尺寸越大,公差值越大。

7) 基本偏差

在上、下极限偏差中,离零线较近的那一个称为基本偏差。为了减少设计的随机性,缩短设计及制造周期,降低制造成本,国家标准规定了孔和轴的基本偏差系列。孔的基本偏差用大写字母表示,轴的基本偏差用小写字母表示,如图 8-12 所示。孔或轴基本偏差的大小根据公称尺寸和基本偏差代号查表决定,见附录。

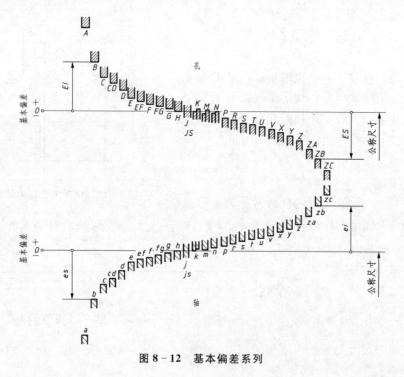

图 8-12　基本偏差系列

基本偏差系列中的公差带不封口,是因为基本偏差代号对应的只是离零线较近的极限偏差值,另一个极限偏差值可根据下式进行换算:

标准公差＝上极限偏差－下极限偏差

8) 尺寸公差带代号的含义

一个公差带代号由基本偏差代号和公差等级组成,如图8-13所示。

图8-13 尺寸公差带代号的含义

8.3.1.3 配合

配合是公称尺寸相同,互相结合的孔、轴公差带之间的关系,反映了孔、轴之间的松紧程度。在极限与配合国家标准中,孔泛指包容面(如圆柱孔内表面或键槽宽内表面),轴泛指被包容面(如圆柱外表面或键宽侧面)。

1) 孔轴配合的种类

(1) 间隙配合。孔与轴装配后有间隙(包括最小间隙为零)。这时孔与轴的尺寸之差≥0,配合较松,孔轴之间能产生相对运动,拆装方便,如图8-14a所示。如活塞与气缸内壁的配合。

(2) 过盈配合。孔与轴装配后有过盈(包括最小过盈为零)。这时孔与轴的尺寸之差≤0,配合较紧,孔轴之间无相对运动,如图8-14b所示。如滚动轴承内圈与轴的配合。

(3) 过渡配合。孔与轴装配后可能有较小间隙或有较小过盈。配合后松紧程度介于间隙配合与过盈配合之间,孔轴之间对中性较好,如图8-14c所示。如定位销与销孔的配合。

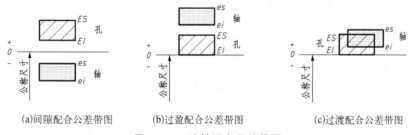

(a)间隙配合公差带图　　(b)过盈配合公差带图　　(c)过渡配合公差带图

图8-14 孔轴配合公差带图

由图可见,孔、轴配合公差带图可以明显地反映出配合种类。孔的公差带完全在轴的公差带之上,为间隙配合;孔的公差带完全在轴的公差带之下,为过盈配合;孔、轴公差带有重叠,为过渡配合。

2) 配合制

当基本偏差一定的基准件与其他零件相配时,只需改变相配件的公差带,便可获得不同松紧程度的配合,从而减少加工零件所需的定值刀具和量具的规格数量。因此,国家标准规定了两种配合制度,即基孔制和基轴制。

(1) 基孔制。指孔的基本偏差保持不变,通过改变轴的基本偏差来得到不同的配合,如图8-15a所示。基孔制中的孔称为基准孔,基本偏差代号为H。此时,其与基本偏差在a~h之间的轴为间隙配合,与基本偏差在j~n之间的轴为过渡配合,与基本偏差在p~zc之间的轴为过盈配合。

(2) 基轴制。指轴的基本偏差保持不变,通过改变孔的基本偏差来得到不同的配合,如

图 8-15b 所示。基轴制中的轴称为基准轴,基本偏差代号为 h。此时,其与基本偏差在 A～H 之间的孔为间隙配合,与基本偏差在 J～N 之间的孔为过渡配合,与基本偏差在 P～ZC 之间的孔为过盈配合。

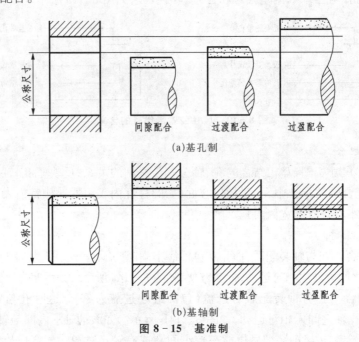

(a)基孔制

(b)基轴制

图 8-15　基准制

(3) 优先和常用配合。《产品几何技术规范(GPS)极限与配合　公差带和配合的选择》(GB/T 1801—2009)规定了基孔制常用配合 59 种,其中优先选用的配合 13 种,见表 8-1;基轴制常用配合 47 种,其中优先选用的配合 13 种,见表 8-2。

表 8-1　基孔制优先和常用配合

基准孔	轴																				
	a	b	c	d	e	f	g	h	js	k	m	n	p	r	s	t	u	v	x	y	z
	间　隙　配　合								过渡配合				过　盈　配　合								
H6						$\frac{H6}{f5}$	$\frac{H6}{g5}$	$\frac{H6}{h5}$	$\frac{H6}{js5}$	$\frac{H6}{k5}$	$\frac{H6}{m5}$	$\frac{H6}{n5}$	$\frac{H6}{p5}$	$\frac{H6}{r5}$	$\frac{H6}{s5}$	$\frac{H6}{t5}$					
H7						$\frac{H7}{f6}$	$\frac{H7}{g6}$	$\frac{H7}{h6}$	$\frac{H7}{js6}$	$\frac{H7}{k6}$	$\frac{H7}{m6}$	$\frac{H7}{n6}$	$\frac{H7}{p6}$	$\frac{H7}{r6}$	$\frac{H7}{s6}$	$\frac{H7}{t6}$	$\frac{H7}{u6}$	$\frac{H7}{v6}$	$\frac{H7}{x6}$	$\frac{H7}{y6}$	$\frac{H7}{z6}$
H8					$\frac{H8}{e7}$	$\frac{H8}{f7}$	$\frac{H8}{g7}$	$\frac{H8}{h7}$	$\frac{H8}{js7}$	$\frac{H8}{k7}$	$\frac{H8}{m7}$	$\frac{H8}{n7}$	$\frac{H8}{p7}$	$\frac{H8}{r7}$	$\frac{H8}{s7}$	$\frac{H8}{t7}$	$\frac{H8}{u7}$				
				$\frac{H8}{d8}$	$\frac{H8}{e8}$	$\frac{H8}{f8}$		$\frac{H8}{h8}$													
H9			$\frac{H9}{c9}$	$\frac{H9}{d9}$	$\frac{H9}{e9}$	$\frac{H9}{f9}$		$\frac{H9}{h9}$													
H10			$\frac{H10}{c10}$	$\frac{H10}{d10}$				$\frac{H10}{h10}$													
H11	$\frac{H11}{a11}$	$\frac{H11}{b11}$	$\frac{H11}{c11}$	$\frac{H11}{d11}$				$\frac{H11}{h11}$													
H12		$\frac{H12}{b12}$						$\frac{H12}{h12}$													

注:1. $\frac{H6}{n5}$、$\frac{H7}{p6}$ 在公称尺寸小于或等于 3 mm 和 $\frac{H8}{r7}$ 在小于或等于 100 mm 时,为过渡配合。

　　2. 标注▰的配合为优先配合。

表 8 - 2 基轴制优先和常用配合

基准轴	孔																				
	A	B	C	D	E	F	G	H	JS	K	M	N	P	R	S	T	U	V	X	Y	Z
	间 隙 配 合								过 渡 配 合				过 盈 配 合								
h5						$\frac{F6}{h5}$	$\frac{G6}{h5}$	$\frac{H6}{h5}$	$\frac{JS6}{h5}$	$\frac{K6}{h5}$	$\frac{M6}{h5}$	$\frac{N6}{h5}$	$\frac{P6}{h5}$	$\frac{R6}{h5}$	$\frac{S6}{h5}$	$\frac{T6}{h5}$					
h6						$\frac{F7}{h6}$	$\frac{G7}{h6}$	$\frac{H7}{h6}$	$\frac{JS7}{h6}$	$\frac{K7}{h6}$	$\frac{M7}{h6}$	$\frac{N7}{h6}$	$\frac{P7}{h6}$	$\frac{R7}{h6}$	$\frac{S7}{h6}$	$\frac{T7}{h6}$	$\frac{U7}{h6}$				
h7					$\frac{E8}{h7}$	$\frac{F8}{h7}$		$\frac{H8}{h7}$	$\frac{JS8}{h7}$	$\frac{K8}{h7}$	$\frac{M8}{h7}$	$\frac{N8}{h7}$									
h8				$\frac{D8}{h8}$	$\frac{E8}{h8}$	$\frac{F8}{h8}$		$\frac{H8}{h8}$													
h9				$\frac{D9}{h9}$	$\frac{E9}{h9}$	$\frac{F9}{h9}$		$\frac{H9}{h9}$													
h10				$\frac{D10}{h10}$				$\frac{H10}{h10}$													
h11	$\frac{A11}{h11}$	$\frac{B11}{h11}$	$\frac{C11}{h11}$	$\frac{D11}{h11}$				$\frac{H11}{h11}$													
h12		$\frac{B12}{h12}$						$\frac{H12}{h12}$													

注：标注▪的配合为优先配合。

8.3.1.4 极限与配合的标注

1) 零件图中的标注

在零件图中，线性尺寸的尺寸公差有三种标注形式，如图 8 - 16 所示。

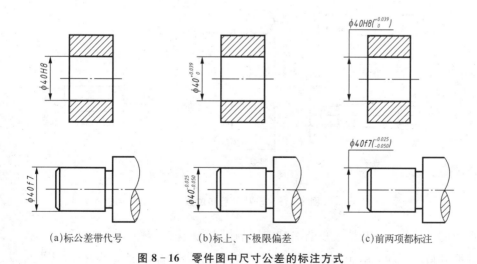

(a)标公差带代号　　　　(b)标上、下极限偏差　　　　(c)前两项都标注

图 8 - 16 零件图中尺寸公差的标注方式

2) 装配图中的标注

在装配图中,通常标注配合代号,标注方式如图 8 - 17a~d 所示。当标注标准件、外购件与零件的配合关系时,仅标注相配零件的公差带代号,如图 8 - 17e 所示。

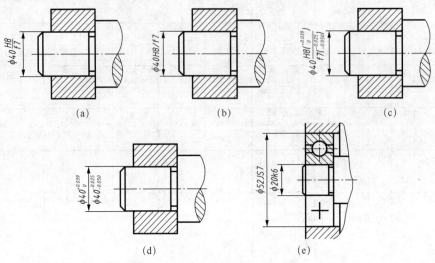

图 8 - 17　装配图中配合的标注方式

8.3.2　几何公差

零件在加工过程中,不仅会产生尺寸误差,而且会产生几何形状及各个组成部分的相对位置的误差。如图 8 - 18a 所示的圆柱体,可能会出现一头粗一头细或中间粗两头细等情况,其截面也可能不圆,这是形状误差;如图 8 - 18b 所示的阶梯轴,加工后可能出现各段轴线不在同一条直线上的现象,这是位置误差。可见形状误差是指实际形状对理想形状的变动量;位置误差是指实际位置对理想位置的变动量。

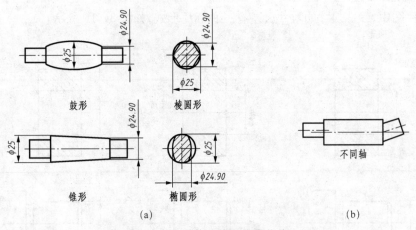

图 8 - 18　形状公差和位置公差

严重的几何误差对机器或仪器的功能影响很大,为保证零件装配和使用的互换性,必须对零件的几何误差加以限制,即规定相应的几何公差。《产品几何技术规范(GPS)　几何公差形状、方向、位置和跳动公差标注》(GB/ T 1182—2008)规定了 14 种几何公差,见表 8 - 3。

表 8 - 3 几何公差的分类及其项目与符号

公差类型	几何特征	符 号	有无基准要求	公差类型	几何特征	符 号	有无基准要求
形状公差	直线度	━	无	方向公差	平行度	//	有
	平面度	▱	无		垂直度	⊥	有
	圆 度	○	无		倾斜度	∠	有
	圆柱度	⌀	无	位置公差	位置度	⊕	有或无
					同轴度	◎	有
形状或位置公差	线轮廓度	⌒	有或无		对称度	═	有
	面轮廓度	⌓	有或无	跳动公差	圆跳动	↗	有
					全跳动	↗↗	有

8.3.2.1 几何公差的标注

图样中的几何公差一般用规定代号来标注,无法用代号标注时可以用文字形式在技术要求中说明。

1) 几何公差代号

几何公差代号包括项目特征符号、框格和指引线、几何公差数值、基准符号和其他有关符号等内容。几何公差框格如图 8-19a 所示,图中 h 为文字高度;基准符号和它的画法如图 8-19b 所示,注意其中的基准字母要水平书写。

2) 被测要素的标注

(1) 当被测要素为轮廓线或表面等组成要素时,指引线箭头应指向轮廓线上(图 8-20a),或延长线上(图 8-20b),要与尺寸线明显错开(图 8-20c),也可以用带点的引线从被测表面引出标注(图 8-20d)。

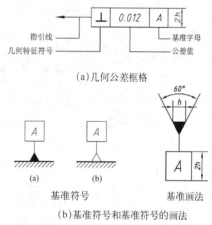

(a)几何公差框格

基准符号   基准画法

(b)基准符号和基准符号的画法

图 8-19 几何公差标注

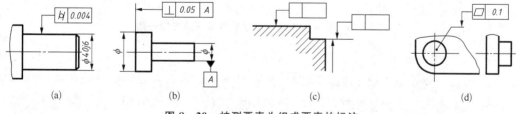

(a)   (b)   (c)   (d)

图 8-20 被测要素为组成要素的标注

(2) 当被测要素为轴线或对称中心平面等导出要素时,指引线及箭头应与该要素的尺寸线对齐,如图 8-21 所示。

(3) 同一个被测要素有多项几何公差要求

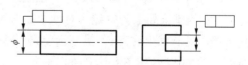

图 8-21 被测要素为导出要素的标注

时,可以用一根指引线引出多个公差框格,如图 8‑22 所示。

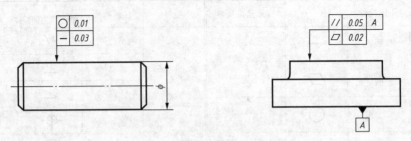

图 8‑22　同一被测要素多项几何公差的标注

(4) 当多个被测要素有相同的几何公差要求时,可共用一个公差框格,指示箭头分别与被测要素相连,如图 8‑23a 所示;当共用公差框格的被测要素还需要有共同的公差带时,应在框格内的公差值后面加注符号"CZ",如图 8‑23b 所示。

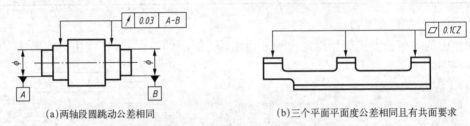

(a)两轴段圆跳动公差相同　　　　　　　(b)三个平面平面度公差相同且有共面要求

图 8‑23　多被测要素有相同要求的标注

(5) 被测要素指引线箭头方向应与公差带宽度方向一致, 如图 8‑24 所示;圆度公差的指引线应与轴线垂直,如图 8‑24a 所示;圆锥素线直线度公差的指引线应与素线垂直,如图 8‑24b 所示。

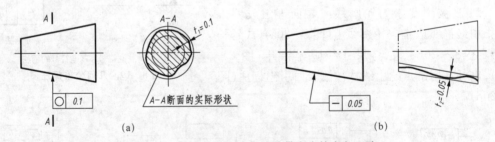

(a)　　　　　　　　　　　　　　　　(b)

图 8‑24　箭头的方向应与公差带宽度的方向一致

3) 基准要素的标注

(1) 当基准要素为轮廓线或轮廓面时,基准三角形应放置在要素的轮廓线或其延长线上,并与尺寸线明显错开,如图 8‑25a 所示;也可以从该轮廓面引出带点的引线,如图 8‑25b 所示,将基准三角形放置在引出的水平线上。

(2) 当基准要素为轴线或对称中心平面等导出要素时,基准三角形应放置在该要素的尺寸线的延长线上对齐;如果基准要素尺寸的箭头画在尺寸界限外面,则其中一个箭头可用基准三角形代替,如图 8‑26 所示。

(3) 当以两个同类要素建立公共基准时,基准名称为两大写字母中间加连字符,写在同

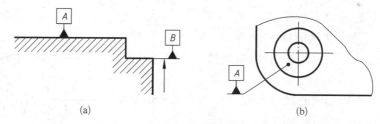

图 8 - 25 基准要素的常用标注方法(一)

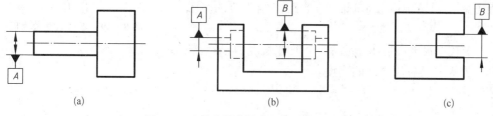

图 8 - 26 基准要素的常用标注方法(二)

一框格内,如图 8 - 27 所示。

8.3.2.2 几何公差的标注示例

几何公差的标注示例如图 8 - 28 所示。

8.3.3 表面粗糙度

表面粗糙度、表面波纹度、表面缺陷、表面纹理和几何形状统称为表面结构。表面结构的各项要求在图样上的表示法在《产品几何技术规范(GPS) 技术产品文件中表面结构的表示法》(GB/T 131—2006)中均有规定。本节主要介绍常用的表面粗糙度的表示法。

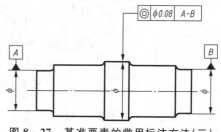

图 8 - 27 基准要素的常用标注方法(三)

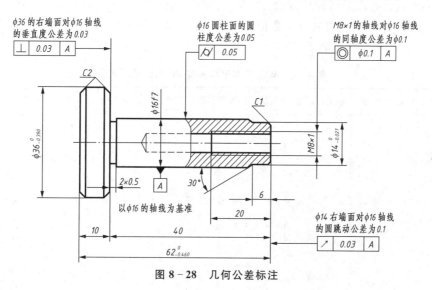

图 8 - 28 几何公差标注

8.3.3.1 表面粗糙度的概念及其参数

零件经过机械加工后,表面因刀痕及切削时表面金属的塑性变形等影响,在显微镜下就会观察到较小间距或微小峰谷,把这种微观几何形状特征称为表面粗糙度,如图 8-29 所示。表面粗糙度是零件表面质量的重要指标之一,它对表面间摩擦与磨损、配合性质、密封性、抗腐蚀性、疲劳强度等都有影响。

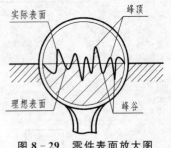

常用评定表面粗糙度的高度参数有轮廓算术平均偏差 Ra 和轮廓最大高度 Rz 等,如图 8-30 所示。

(1) 轮廓算术平均偏差 Ra。在一个取样长度内,零件表面上各点到轮廓中线(基准线)的距离绝对值的算数平均值。

(2) 轮廓最大高度 Rz。在一个取样长度内,最大轮廓峰高与最大轮廓谷深之和的高度。

图 8-29　零件表面放大图

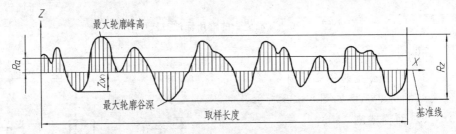

图 8-30　轮廓算术平均偏差

8.3.3.2　表面结构参数的选用

表面结构参数数值的选择,既要考虑表面功能的需要,也要考虑产品的加工成本。因此,应该在满足使用要求的前提下,根据零件的工作情况和要求,经济合理地确定表面粗糙度,尽量选用较大的表面结构参数数值。

国家标准推荐优先选用的 Ra 数值系列,见表 8-4;不同的加工方法下获得的表面状况及其粗糙度参数 Ra 值,见表 8-5。

表 8-4　轮廓算术平均偏差 Ra 的数值系列

第1系列	第2系列	第1系列	第2系列	第1系列	第2系列	第1系列	第2系列
	0.008						
	0.010						
0.012			0.125		1.25	12.5	
	0.016		0.160	1.60			16.0
	0.020	0.20			2.0		20
0.025			0.25	2.5		25	
	0.032 5		0.32	3.2			32
	0.040	0.40			4.0		40
0.050			0.50	5.0		50	
	0.063		0.63	6.3			63
	0.08	0.8			8.0		80
0.100			1.00	10.0		100	

表 8-5 各种 Ra 值下的表面状况、加工方法和应用

$Ra/\mu m$	表面状况	加工方法	应用
50	明显可见刀纹	粗车、粗铣、钻孔、粗刨等	不接触表面。如倒角、退刀槽表面等
25	可见刀纹		
12.5	微见刀纹		
6.3	可见加工痕迹	精车、精铣、粗磨、粗铰等	支架、箱体和盖等的非配合表面,一般螺栓支撑面
3.2	微见加工痕迹	精车、精铣、粗磨、粗铰等	箱、盖、套筒要求紧贴的表面,键和键槽的表面等
1.6	不可见加工痕迹		要求有不精确定心及配合特性的表面,如支架孔、衬套、胶带轮工作面
0.8	可辨加工痕迹方向	精磨、精铰、精拉等	要求保证定心及配合特性的表面,如轴承配合表面、锥孔等
0.4	微辨加工痕迹方向		要求能长期保持规定的配合特性的公差等级为 7 级的孔和 6 级的轴
0.2	不可辨加工痕迹方向		主轴的定位锥孔,$d<20$ mm 淬火的精确轴的配合表面

8.3.3.3 表面粗糙度的图形符号

1) 表面粗糙度图形符号

表面粗糙度的图形符号及其含义见表 8-6。

表 8-6 表面粗糙度的图形符号及含义

序号	分类	图形符号	含义说明
1	基本图形符号		表示表面可用任何方法获得;当通过一个注释解释时可单独使用,没有补充说明时不能单独使用
2	扩展图形符号		表示表面是用去除材料方法获得,如车、铣、刨、磨、钻等;仅当其含义是"被加工表面"时,可单独使用
			表示表面是用不去除材料的方法获得,如铸、锻、冲压、热轧、冷轧等,或者是用于保持原供应状况的表面
3	完整图形符号		在三个符号的长边上加一横线,用于标注粗糙度的各种要求
4	工件轮廓表面图形符号		视图上封闭轮廓的各表面有相同的表面结构要求

2) 表面粗糙度要求在图形符号上的注写

为了明确表面粗糙度要求,除了标注表面粗糙度的参数和数值外,必要时应标注补充要

求,包括传输带、取样长度、加工工艺、表面纹理及方向、加工余量等。这些要求在图形符号中的注写位置如图8-31所示。

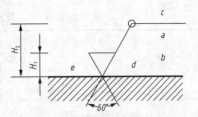

图 8-31　表面粗糙度要求在图形符号上的注写

(1) 图形符号中各个字母所在位置的标注内容。

位置 a:注写表面粗糙度的单一要求或注写第一个表面粗糙度要求。

位置 b:注写第二个或多个表面粗糙度要求。

位置 c:注写加工方法、表面处理或涂层或其他加工工艺要求,如车、磨、镀等。

位置 d:注写表面纹理方向符号,如"="、"×"、"M"等。

位置 e:注写加工余量。

(2) 图形符号和附加标注内容的尺寸见表 8-7。

表 8-7　图形符号和附加标注内容的尺寸　　　　　　　　单位:mm

数字和字母高度 h	2.5	3.5	5	7	10	14	20
符号线宽 d'	0.25	0.35	0.5	0.7	1	1.4	2
字母线宽 d							
高度 H_1	3.5	5	7	10	14	20	28
高度 H_2(最小值)	7.5	10.5	15	21	30	42	60

8.3.3.4　表面粗糙度代号

表面粗糙度的图形符号中注写了具体参数或其他要求内容后,称为表面粗糙度代号。表面粗糙度代号及其含义示例见表 8-8。

表 8-8　表面粗糙度代号及其含义示例

代　　号	含　　义
Ra 0.8	表示不允许去除材料,单向上限值,默认传输带,R 轮廓,算术平均偏差为 0.8 μm,评定长度为 5 个取样长度(默认),16% 规则(默认)
Rzmax 0.2	表示去除材料,单向上限值,默认传输带,R 轮廓,轮廓最大高度的最大值为 0.2 μm,评定长度为 5 个取样长度(默认),最大规则
0.008~0.8/Ra 3.2	表示去除材料,单向上限值,传输带 0.008~0.8 mm,R 轮廓,算术平均偏差为 3.2 μm,评定长度为 5 个取样长度(默认),16% 规则(默认)
-0.8/Ra 3.2	表示去除材料,单向上限值,传输带 0.025~0.8 mm,R 轮廓,算术平均偏差为 3.2 μm,评定长度包含 3 个取样长度,16% 规则(默认)
U Ramax3.2 L Ra 0.8	表示不允许去除材料,双向极限值,两极限值均使用默认传输带,R 轮廓。上限值:算术平均偏差为 3.2 μm,评定长度为 5 个取样长度(默认),最大规则;下限值:算术平均偏差为 0.8 μm,评定长度为 5 个取样长度(默认),16% 规则(默认)。关于取样长度、评定长度和 16% 规则、最大规则等见国家标准规定

8.3.3.5 表面粗糙度符号与代号在图样中的标注方法

1) 表面粗糙度符号与代号在图样中标注的总体要求

表面粗糙度要求对每一表面都要给定,同一表面一般只注一次,并尽可能注在相应的尺寸及其公差的同一视图上。除非另有说明,所标注的表面粗糙度要求是对完工零件表面的最终要求。表面粗糙度符号与代号在图样中的标注方法,总体要求有三点:

(1) 符号与代号的注写和读取方向与尺寸的注写和读取方向一致,否则应注在指引线。

(2) 符号与代号的尖角应从材料外指向实体表面。

(3) 符号与代号通常应接触轮廓线、延长线、尺寸线或指引线。

2) 表面粗糙度符号与代号在图样中的标注方法示例

(1) 标注在可见轮廓线上,如图 8 - 32 所示;必要时也可用带箭头或黑点的指引线引出标注,如图 8 - 33 所示。

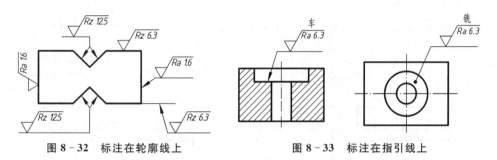

图 8 - 32 标注在轮廓线上   图 8 - 33 标注在指引线上

(2) 不致引起误解时,表面粗糙度要求可以标注在尺寸线上,如图 8 - 34 和图 8 - 35a 所示。

(3) 表面粗糙度要求可以标注在几何公差框格的上方,如图 8 - 35 所示。

(4) 圆柱和棱柱各表面的表面粗糙度要求只标注一次,如图 8 - 36 所示。如果每个棱柱表面有不同的表面粗糙度要求,则应分别单独标注,如图 8 - 37 所示。

(5) 当工件全部表面有相同的表面粗糙度要求时,应统一标注在标题栏附近,如图 8 - 38 所示。

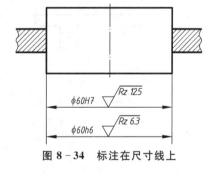

图 8 - 34 标注在尺寸线上

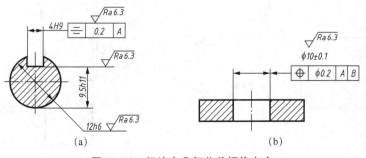

图 8 - 35 标注在几何公差框格上方

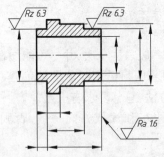

图 8-36　标注在圆柱特征的延长线上

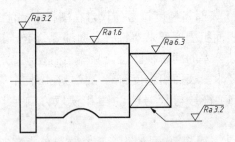

图 8-37　圆柱和棱柱表面粗糙度的注法

（6）如果工件的多数表面有相同的表面粗糙度要求时，可统一标注在标题栏附近，符号后面的括号内给出基本符号，如图 8-39a 所示；或给出不同的表面粗糙度要求，如图 8-39b 所示。

（7）当图纸空间有限时，可在图形或标题栏附近，用如图 8-40 所示形式标注；也可用基本符号或扩展符号以等式的形式给出多个表面共同的表面粗糙度要求，如图 8-41 所示。

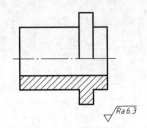

图 8-38　全部表面有相同的表面粗糙度要求

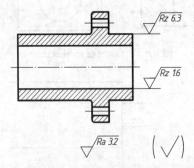

(a) 在圆括号内给出无任何其他标注的基本符号

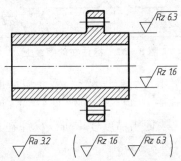

(b) 在圆括号内给出不同的表面粗糙度要求

图 8-39　多数表面有相同的表面粗糙度要求

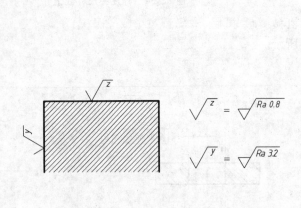

图 8-40　图纸空间有限时的注法（一）

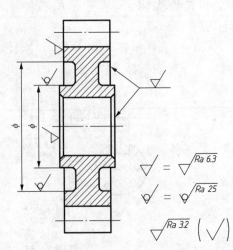

图 8-41　图纸空间有限时的注法（二）

8.4 零件图的视图表达

零件图的视图表达,既要正确、完整、清晰地表达零件结构形状,又要便于读图和绘图,力求简洁。选择标的方案时,首先确定主视图及其表达方法,然后合理地确定其他视图和表达方法。

8.4.1 主视图的选择

主视图是零件图的核心,看图和画图一般先从主视图入手,在零件图中主视图选择得是否合理,直接关系到其他视图的位置、数量,以及看图和画图是否方便。主视图的选择要考虑两个方面:

1) 摆放位置的选择

(1) 加工位置。对于加工方法比较集中的零件,主视图应按零件加工时在机床上的装夹位置摆放。方便制造者看图,便于加工和测量。

(2) 工作位置。对于加工工序较多的零件,主视图应按零件在机器或部件中的工作位置摆放。便于读图时理解该零件在机器或部件中的位置及作用。

2) 投影方向及表达方法的选择

主视图的投影方向及表达方法,应能反映零件的主要形状特征,即在主视图上能够清楚和较多地表达出零件的内外结构形状,以及各结构之间的相对位置关系。

8.4.2 其他视图的选择

其他视图的选择原则如下:

(1) 每个视图都要有明确的表达重点,各视图相互配合、相互补充,表达内容尽量不重复。

(2) 优先考虑采用基本视图,根据内部结构选择恰当的剖视图和断面图,应尽量在基本视图上作剖视。

(3) 对尚未表达清楚的局部结构、倾斜结构和细小结构,可选择恰当的局部(剖)视图、斜(剖)视图和局部放大图,并尽可能按投影关系配置在视图附近。

(4) 视图数量取决于零件结构的复杂程度。在完整、清晰地表达出零件的形状结构前提下,应尽可能减少视图的数量。

8.5 零件图的尺寸标注

零件的加工和检验是按零件图中所标注的尺寸进行的。零件图中标注的尺寸不仅要正确、完整、清晰,还应做到合理,即所标注的尺寸一方面要满足零件的设计要求,另一方面又要符合制造工艺要求,便于加工、测量和检验。

8.5.1 尺寸基准

标注尺寸的起点,称为尺寸基准(简称基准)。零件上的面、线、点,均可作为尺寸基准。

1）尺寸基准的分类

从设计和工艺的不同角度,把基准分成设计基准和工艺基准两类。

(1) 设计基准(主要基准)。从设计角度考虑,为满足零件在机器或部件与其他零件的接触定位及配合性能要求而选定的一些面、线、点,其中之一作为尺寸标注的主要基准。

(2) 工艺基准(辅助基准)。根据零件加工制造、测量和检测等要求所选定的一些面、线、点。通常作为尺寸标注的辅助基准。

因为基准是每个方向上(长、宽、高三个方向的尺寸)尺寸的起点,所以在三个方向上至少要有一个主要基准,除主要基准外的基准都称为辅助基准。主要基准与辅助基准之间应该有直接或间接的尺寸联系。

2）尺寸基准的选择

正确地选择尺寸基准是合理标注尺寸的关键。从设计基准出发标注尺寸,便于保证所设计的零件在机器或部件中的结构和工作性能;从工艺基准出发标注尺寸,使零件便于制造、加工和测量。

在选择零件的尺寸基准时,应尽量使设计基准和工艺基准重合,以减少功能尺寸的尺寸误差,使标注的尺寸既能满足设计要求,又能满足工艺要求,从而保证产品质量。

如图 8-42 所示轴系装配体中的轴,轴线为其径向的设计基准(径向唯一基准);滚动轴承装配在轴上时的定位轴肩为其轴向的设计基准(主要基准)。而轴的两个端面为检测度量所需的工艺基准(辅助基准)。

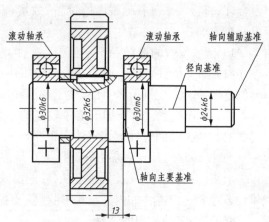

图 8-42　设计基准(主要基准)与工艺基准(辅助基准)

8.5.2　标注尺寸应注意的问题

1）功能尺寸必须直接标注

影响产品性能、工作精度、装配精度及互换性的尺寸称为功能尺寸,即主要尺寸。如反映零件规格的尺寸,与其他零件配合的尺寸,有装配定位要求的尺寸等。功能尺寸必须直接注出,以避免换算误差,保证设计精度要求。

如图 8-43 所示为支座孔中心高的标注方法。为避免换算应直接注出 A 尺寸;同理,为保证底板和机座上的两个安装孔对准,孔心距 L 尺寸要直接注出。

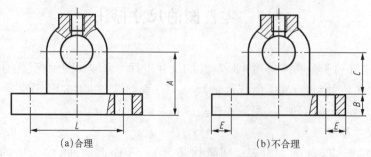

(a)合理　　　　　　　　(b)不合理

图 8-43　支座中心高和底板孔的标注

2) 尺寸标注的工艺要求

(1) 符合加工顺序。尺寸按加工顺序标注,可方便按图加工及测量。如图 8-44a～e 所示,这样标注的尺寸既能保证设计要求,又符合加工顺序。

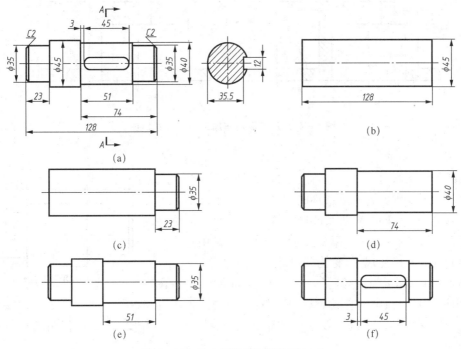

图 8-44　尺寸标注的工艺要求(一)

(2) 符合加工方法。如图 8-44a、f 所示的键槽是在铣床上加工的,键槽尺寸集中标注,如尺寸 3、45 和 12、35.5,这样方便制造者看图。

如图 8-45 所示,轴承盖的半圆孔是将其和轴承座装配后再一起加工而成,所以要标注直径。

如图 8-46 所示半圆键的键槽是用盘形铣刀加工,为方便选择铣刀,键槽直径也要标注直径。

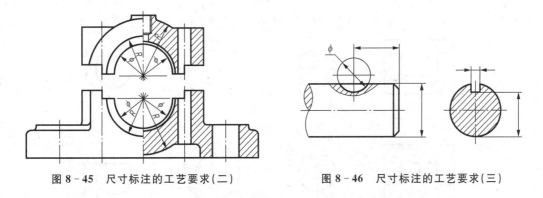

图 8-45　尺寸标注的工艺要求(二)　　　图 8-46　尺寸标注的工艺要求(三)

(3) 注意同一方向加工面与毛坯面间的尺寸标注。在铸造或锻造零件上标注尺寸时,若同一方向有多个毛面,一般只能有一个毛面与加工面有联系尺寸。如图 8-47a 所示,沿铸件的高度方向有三个非加工面 B、C、D,其中只有 B 面与加工面 A 有尺寸 8 联系,这是合理的。而图 8-47b 中,B、C、D 都与加工面 A 有尺寸联系,加工 A 面时很难同时保证三个联系尺寸的精度。

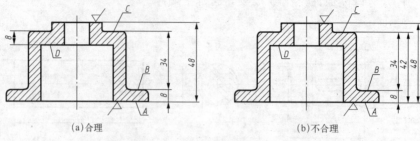

图 8-47　加工面与非加工面间尺寸标注

(4) 避免注成封闭尺寸链。标注的尺寸链首尾相接,形成封闭圈的一组尺寸,称为封闭尺寸链,如图 8-48 所示。这样标注尺寸,尺寸链中任意环的尺寸误差等于其他各环尺寸误差之和,加工时难以保证设计要求。因此实际标注尺寸时,常采用图 8-49 所示标注形式,在尺寸链中选一个不重要的地方不标注尺寸,称为开口环。

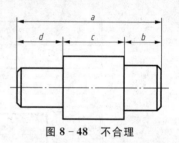

图 8-48　不合理

(5) 标注尺寸应便于测量。如图 8-50a 所示一些图例,是由设计基准注出圆心或对称面至某面的尺寸,但不易测量。如果这些尺寸对设计要求影响不大时,应考虑测量方便,并尽量使用通用量具,如图 8-50b 所示。

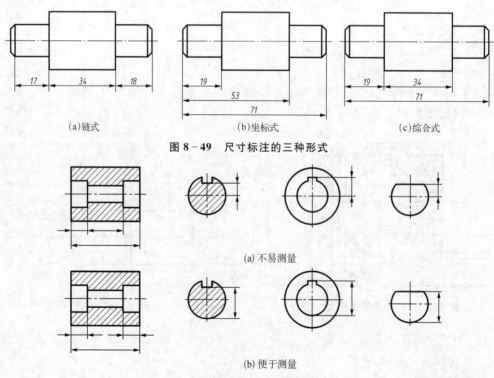

(a)链式　　　　　　(b)坐标式　　　　　　(c)综合式

图 8-49　尺寸标注的三种形式

(a) 不易测量

(b) 便于测量

图 8-50　标注尺寸应便于测量

8.5.3 零件上常见结构的尺寸标注

零件上常见工艺结构的尺寸注法已经格式化,各种孔及倒角和退刀槽的尺寸注法见表 8-9 和表 8-10。

表 8-9 常见孔的尺寸标注示例

类型		标注方法		说明
		旁注法及简化注法	普通注法	
螺孔	通孔	3×M6-7H	3×M6-7H	3×M6 为均匀分布直径是 6 mm 的 3 个螺孔。3 种标法可任选一种
	不通孔	3×M6↓10	3×M6 10	只注螺孔深度时,可以与螺孔直径连注
		3×M6↓10 孔↓12	3×M6 10 12	需要注出光孔深度时,应明确标注深度尺寸
沉孔	柱形沉孔	4×φ6 ⊔φ12↓5	5 4×φ6	4×φ6 为小直径的柱孔尺寸,沉孔 φ12 深 5 mm 为大直径的柱孔尺寸
	锥形沉孔	6×φ8 ⌵φ13×90°	90° φ13 6×φ8	6×φ8 为均匀分布直径 8 mm 的 6 个孔,沉孔尺寸为锥形部分的尺寸
	锪平孔	4×φ6 ⊔φ12	φ12 锪平 4×φ6	4×φ6 为小直径的柱孔尺寸。锪平部分的深度不注,一般锪平到不出现毛面为止
光孔	锥销孔	锥销孔φ4 配作	φ4 配作	锥销孔小端直径为 φ4,并与其相连接的另一零件一起配铰
	精加工孔	4×φ6H7↓10 孔↓12	4×φ6H7 10 12	4×φ6 为均匀分布直径 6 mm 的 4 个孔,精加工深度为 10 mm,光孔深 12 mm

注:中心孔的表示法见附录 D-4。

表 8 - 10 倒角和退刀槽的标注

结构名称	尺 寸 标 注 方 法			说 明
倒 角				一般 45°倒角按"C"倒角宽度注出，30°或 60°倒角应分别注出宽度和角度
退刀槽				一般按"槽宽×槽深"或"槽宽×直径"注出

8.6 读 零 件 图

在生产中，看零件图是一项经常而且非常重要的工作。通过看零件图，能全面地了解该零件的结构形状及尺寸大小，分析该零件制造、检验的技术要求，从而了解该零件的加工制造过程及使用性能。

8.6.1 看零件图的方法和步骤

1）看标题栏和技术资料

首先看零件图的标题栏，了解零件的名称、材料、重量等信息，对零件的功用和形状有一个大体了解；从制造该零件所用材料，可想到零件制造时的工艺要求；从图的比例和图形的大小，可以估计出零件实际大小。对于不熟悉的零件，需要进一步参考有关技术资料，如装配图和技术说明书等文件，了解零件在机器或部件中的功用以及与相关零件的配合、装配关系。

2）看视图，构思零件的结构形状

进行视图分析，看懂零件的内外结构形状是读图的重点。首先从主视图入手，确定与其他视图的投影关系，分析剖视、断面的表达目的和作用。采用形体分析法和线面分析法，逐个弄清零件各部分的结构形状。一般读图顺序是：先看主要部分，后看次要部分；先看整体，后看细节；先看易懂部分，后看难懂部分。要兼顾零件的尺寸及其功用，以便帮助想象形状。

3）看尺寸，弄清零件的大小

图上的尺寸是加工制造零件的重要依据。因此，必须对零件的全部尺寸进行仔细的分析。分析长、宽、高三个方向的主要尺寸基准，分析主要尺寸，了解各部分的定位尺寸和定形尺寸。结合尺寸公差和表面粗糙度,分析出主要尺寸及确定待加工表面的加工方法和要求。

4) 看技术要求,进一步明确制造、检验的要求

分析零件的尺寸公差、形位公差、表面粗糙度以及其他技术要求等项目,要逐项仔细分析,然后根据现有加工条件,确定合理的加工方法,制定正确的制造工艺,以保证提高产品质量。

5) 归纳总结,看懂全图

综合上述各项分析的内容,最后把图形、尺寸和技术要求等各种信息综合起来,并参阅相关资料,得出零件的整体结构、尺寸大小、技术要求及零件的作用等完整的概念。

8.6.2 典型零件的零件图

零件的种类很多,结构形状也千差万别。根据零件结构和用途相似的特点和加工制造特点,一般将零件大致分为轴套类、盘盖类、叉架类、箱体类等典型零件。掌握这些零件的特点及表达方法,对提高读图和画图能力是很有帮助的,下面分析几种常见的典型零件的零件图。

8.6.2.1 轴套类零件

1) 结构特点

轴类零件是机器中最常见的一种零件,它在机器中通常起着支撑和传递动力的作用;套类零件一般安装在轴上或孔内,起耐磨、轴向定位、联接或传动作用。这类零件的主要结构由直径大小各异的圆柱、圆锥体共轴线组成,局部结构有倒角、倒圆、键槽、退刀槽、越程槽、中心孔和螺纹孔等。

2) 视图表达

由于轴套类零件一般是在车床、磨床上加工内外圆、端面等结构,所以选择零件的表达方案时,应考虑机加工者在车床、磨床上加工时看图方便,如图 8-51 所示。

图 8-51 轴套类零件立体图与其加工车床

(1) 主视图按加工位置将轴线水平放置,以垂直于轴线的方向作主视图的投影方向。画图时一般将直径较小的一段朝右,平键键槽朝前,半圆键槽朝上,以利于形状特征的表达,如图 8-52 所示。

(2) 其他视图的选择。轴的一些局部结构,如键槽、凹坑、凹槽等,常采用局部剖视图、断面图、局部视图和局部放大图等表达方法。图 8-52 中选用了两个移出断面图和一个局部放大图。

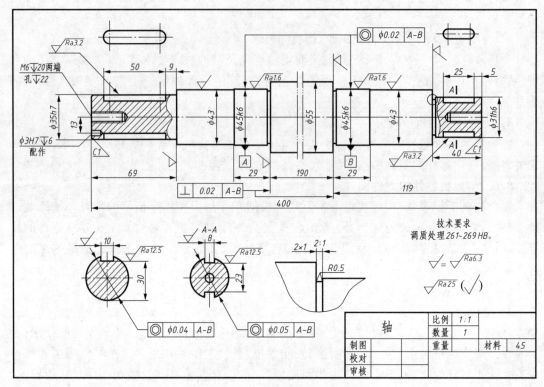

图 8-52　轴类零件的零件图

　　(3) 套类零件主视图一般采用轴线水平放置的全剖视图,或以轴线上下分界的半剖视表示,其他同轴类零件。调速套筒的零件图如图 8-53 所示。因为结构需要,该零件图选择 A-A 剖视图为左视图。

　　3) 尺寸标注

　　轴套类零件的径向设计基准通常选用轴线,如图 8-52 所示,以轴线为基准标注 φ55、φ43、φ31h6 和 φ35h7 等尺寸。

　　轴向设计基准通常选用重要的端面、接触面(如轴肩等)或重要的加工面等。图 8-52的轴向主要基准为滚动轴承的定位轴肩(φ55 轴段的左、右端面)。从设计基准出发直接标注轴向主要尺寸 29,其余尺寸按加工顺序标注。

　　零件上的标准结构(倒角、越程槽、键槽),应在查阅国家标准的相应表格后,按该结构的标准尺寸标注。

　　4) 技术要求

　　根据零件在机器或部件中的使用情况及整体精度等级,轴套类零件与其他零件有定位或配合要求的表面,通常在图样上注有尺寸公差、几何公差及表面粗糙度。文字类的技术要求一般有热处理要求、未注倒角或圆角、去毛刺锐边等。

　　如图 8-52 所示,两个 φ45k6 的轴承位注有尺寸公差和同轴度要求;φ55 左、右端面为滚动轴承的定位轴肩,注有垂直度要求;φ31h6 和 φ35h7 处与轮配合,注有尺寸公差和同轴度要求。重要表面的表面粗糙度要求较高,粗糙度值较小。

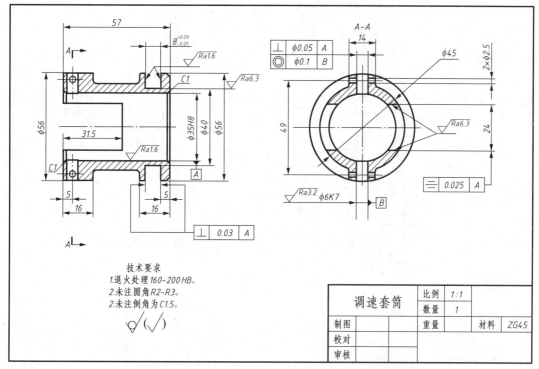

图 8-53 套类零件的零件图

8.6.2.2 盖盖类零件

盘盖类零件又称轮盘类零件,一般通过键、销与主轴连接,起传递扭矩作用。盖类零件一般通过螺纹连接件与箱体连接,主要起支撑、轴向定位及密封作用。常见的有手轮、端盖、齿轮等。阀盖零件和手轮零件的立体图如图 8-54 所示,其相应零件图如图 8-55 和图8-56 所示。

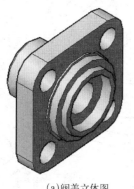

(a)阀盖立体图

(b)手轮立体图

图 8-54 盘盖类零件立体图

1) 结构特点

盘盖类零件的主要部分常由回转体组成,通常它的轴向尺寸比径向尺寸小,为扁平的盘状,盖类零件一般有止口结构,其中一个端面和一个圆柱面是与其他零件装配的重要接触面,盖的边缘轮廓形状可为方形、圆形、三角形或菱形等;轮类零件中心一般有轴孔及键槽,

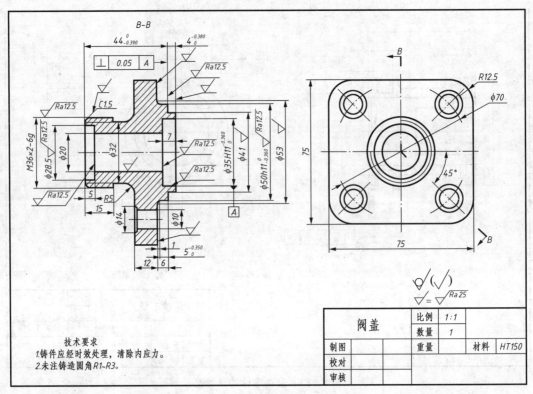

图 8-55 阀盖零件图

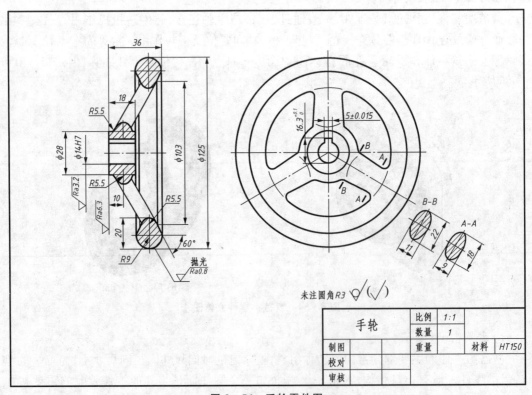

图 8-56 手轮零件图

此外盘盖类零件还常有轮辐、肋板、螺孔和销孔等结构。

2）表达方法

（1）主视图的选择。对于主体为回转体的盘盖类零件，为了加工时看图方便，按加工位置将轴线水平放置，主视图通常用全剖视图表达内部结构，以非圆方向为投影方向，如图8-55所示 $B-B$ 主视图为旋转剖视图。

（2）其他视图的选择。左（或右）视图用于表示零件的边缘形状和零件上孔、槽、筋等的分布情况，通常用视图表达外形，如图8-55、图8-56的左视图所示。

（3）当零件上的局部结构需要进一步表达时，可采用局部（剖）视图、局部放大图等方法表达。如图8-56所示，截面渐变的轮辐选用了两个移出断面图表达。

3）尺寸标注

轮盘类零件的径向尺寸主要基准通常选用轴孔的轴线，如图8-55所示 $\phi20$ 孔轴线为径向（宽度和高度方向）的尺寸基准。图中的尺寸 $\phi50$ 为阀盖与阀体的径向配合尺寸，因而尺寸精度要求较高。孔 $\phi35$ 处因为要安装密封圈，因而尺寸精度要求较高。

轴向尺寸的主要基准通常选用重要的端面（加工精度最高的面或与其他零件的接触面）。如图8-55所示的轴向尺寸基准为 $\phi50$ 处的右端面，因为此处是阀盖与阀体的轴向接触面，属于重要的端面，以此为尺寸基准，标注尺寸44、4、6和5。

左视图重点标注盖的外形尺寸及安装孔的定位（或定形）尺寸。如图8-55中方形凸缘的外形尺寸75、75以及四个安装孔的定位尺寸 $\phi70$、45°，必须直接标注。

4）技术要求

根据零件在机器或部件中的使用情况及整体精度等级，盘盖类零件与其他零件有定位或配合要求的表面，通常图样上注有尺寸公差、几何公差及表面粗糙度。文字类的技术要求一般有对铸件的要求、未注倒角或圆角等。

如图8-55中与其他零件有定位安装要求的尺寸注有尺寸公差；阀盖与阀体的轴向定位面注有垂直度要求等。

8.6.2.3 叉架类零件

叉架类零件包括各种用途的拨叉、连杆和支架等。零件的毛坯多为铸造或锻造件，需经过多个工序加工才能得到最终成品。拨叉主要用在机床、内燃机等机器的操纵或调速机构上；支架主要起支撑和连接作用。支架和拨叉零件的立体图如图8-57所示，其相应零件图如图8-58和图8-59所示。

(a)支架立体图　　(b)拨叉立体图

图 8-57　叉架类零件立体图

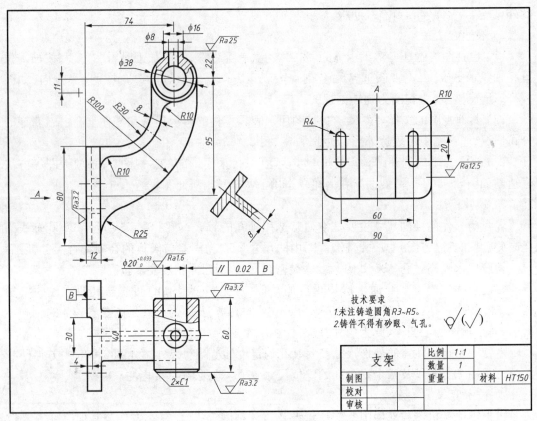

图 8‑58　支架零件图

1) 结构特点

叉架类零件按其功能通常可分为三个部分：工作部分、安装部分和连接部分。连接部分通常是倾斜或弯曲的肋板结构，肋板常见的断面形状有 I 字形、T 字形、十字形和工字形等，安装部分和连接部分上常有孔、凸台、油孔螺孔、沉孔、凹槽等结构。

2) 表达方法

(1) 主视图的选择。叉架类零件的主视图通常按工作位置或自然位置摆放，投影方向应使三个部分的形状和位置特征最明显，如图 8‑58 和图 8‑59 所示。工作和安装部分的内部结构通常采用多个局部剖视图表达。

(2) 其他视图的选择。通常需要两个或两个以上基本视图，基本视图未表达清楚的结构用局部视图或斜视图补充表达，如两图中的 A 向视图补充表达板的形状以及安装孔的形状和位置；连接部分的肋板通常用移出断面图表达。

3) 尺寸标注

叉架类零件结构较复杂。一般选择安装基面、工作部分孔轴线及零件的对称面等作为尺寸基准。主要尺寸直接注出，其他定形、定位尺寸按形体分析法注齐全。

图 8‑58 中支架长度方向的主要基准为安装板的左端面，由此标注主要尺寸 74、12；高度方向的主要基准为安装板的上下对称面，由此标注主要尺寸 95、80、20；宽度方向的主要基准为前后对称面，由此标注主要尺寸 30、60、90；此外，φ20、φ38 也是重要尺寸，应直接注出。

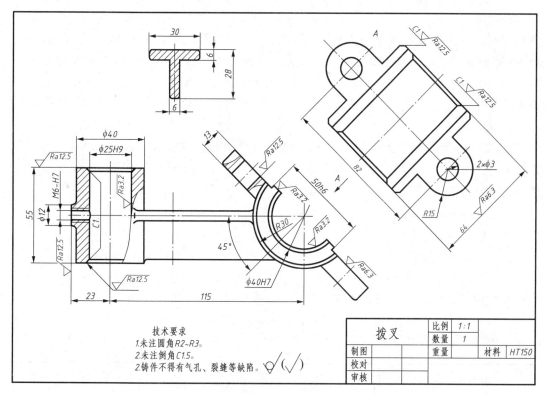

图 8-59　拨叉零件图

4）技术要求

根据零件在机器或部件中的使用情况及整体精度等级,叉架类零件与其他零件有定位或配合要求的表面,通常图样上注有尺寸公差、几何公差及表面粗糙度。文字类的技术要求一般有对铸件的要求、未注倒角或圆角等。

如图 8-58 中的 $\phi20$ 轴孔注有极限偏差,且表面粗糙度数值较小;轴孔的轴线对安装板左端面(基准 B)注有平行度要求。

8.6.2.4　箱体类零件

箱体类零件多为铸造毛坯经机加工而成,起支撑、定位、容纳、密封、保护运动零件或其他零件的作用,如泵体、阀体和变速箱箱体等零件。壳体零件立体图如图 8-60 所示。

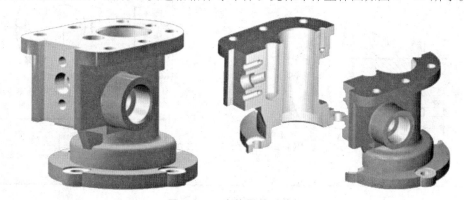

图 8-60　壳体零件立体图

1) 结构特点

这类零件通常有安装用的底板;壁厚均匀的薄壁空腔,容纳其他零件;使内外相通的孔、增加支撑强度的肋,以及固定用的法兰凸缘等结构。由于大多是先铸造成毛坯再进行机械加工,因而还具有铸造圆角、拔模斜度及为减少加工面积设计的凸台、凹坑等结构。

2) 表达方法

(1) 主视图的选择。由于加工工序较多,主视图常按工作位置摆放。选择能最多地反映形体特征的方向为投影方向,同时应能看清主要的内腔。因此,主视图常用沿对称面或主要轴线剖开的剖视图表达。

如图 8-61 壳体零件图所示,全剖的主视图表达了大部分的内部形状特征及各组成部分的相对位置等。

(2) 其他视图的选择。箱体类零件常用多个视图表达,其中有一个视图主要表达外部形状,如图 8-61 的左视图。此外,常采用适当的剖视图、断面图及局部视图等方法表达各种内孔结构、肋板及凸台形状。各视图之间尽量按投影关系配置。

如图 8-61 壳体的 $B-B$ 阶梯剖的俯视图,既表达了壳体左前孔的内形和相对位置,又表达了底板形状及其安装孔形状和位置,但未能表达顶部安装板的结构特征,因此增加了 C

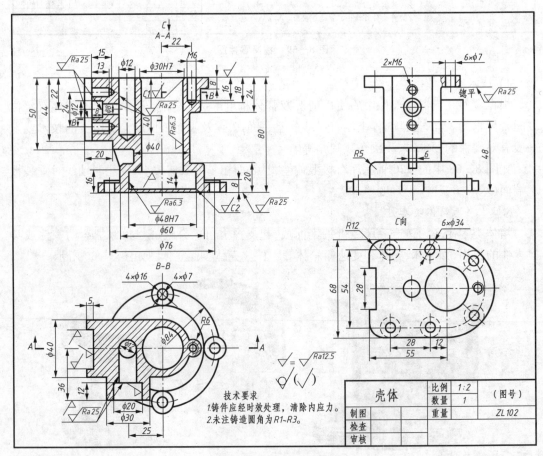

图 8-61　壳体零件图

向局部视图表达顶板的形状及其安装孔的分布。

3）尺寸标注

箱体类零件常用重要安装基面、接触面、对称面及重要孔轴线作为尺寸基准。主要尺寸直接注出,其他定形、定位尺寸按形体分析法标注齐全。

如图 8-61 壳体零件图中,长度、宽度方向的主要尺寸基准,分别是通过壳体轴线的侧平面和正平面,用以确定左侧凸块、顶部各孔及凸块前方凸缘等结构的位置;高度方向基准是底板的下底面。主要尺寸是本体内部的阶梯孔 $\phi30H7$ 和 $\phi48H7$,顶部各孔的定位尺寸 12、28、22、54,底板上四个孔的定位尺寸 $\phi76$,前方凸缘的定位尺寸 25、36、48 及左方凸块的定位尺寸 55、22、24 等。

4）技术要求

根据零件在机器或部件中的使用情况及整体精度等级,箱体类零件与其他零件有定位或配合要求的表面,通常图样上注有尺寸公差、几何公差及表面粗糙度。文字类的技术要求一般有对铸件的要求、未注倒角或圆角等。

图 8-61 壳体零件图中,尺寸公差代号大都是 H7;表面粗糙度除主要的圆柱孔 $\phi30H7$、$\phi48H7$ 为 $Ra6.3$ 外,加工面大部分为 $Ra12.5$,少数是 $Ra25$;其余仍为铸造表面。由此可见,该零件对表面粗糙度要求不高。

8.7 画零件图

画如图 8-62 所示滑动轴承座零件图。

8.7.1 画图前准备

（1）了解零件的名称、用途、结构特点、材料及相应的加工方法。

（2）分析零件的结构形状,弄清各部分的功用和要求。

（3）进行加工工艺分析,确定尺寸基准、视图形式及表达方案。

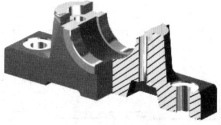

图 8-62 轴承座立体图

8.7.2 作图步骤

（1）定图幅。根据视图数量和大小,选择适当的绘图比例(优选 1:1),确定图幅大小。

（2）选择投影方法。根据零件的结构特点,选择表达方案。主视图采用半剖视图,左视图采用了阶梯的半剖视图,俯视图表达外部形状。

（3）布置视图。根据各视图的轮廓尺寸,画出确定各视图位置的基线,并在视图之间留出标注尺寸的位置,如图 8-63 所示。

（4）画底稿。先用细实线逐个画出各视图,画图基本过程可以概括为:先定位置,后定形状;先画主要形体,后画次要形体,先画主要轮廓,后画细节。

（5）校核检查无误后,描深并画剖面线,如图 8-64 所示。

（6）按形体分析法将尺寸标注齐全,主要尺寸直接注出,如图 8-65 所示。

（7）注写几何公差、表面粗糙度,填写技术要求和标题栏,完成零件图,如图 8-66 所示。

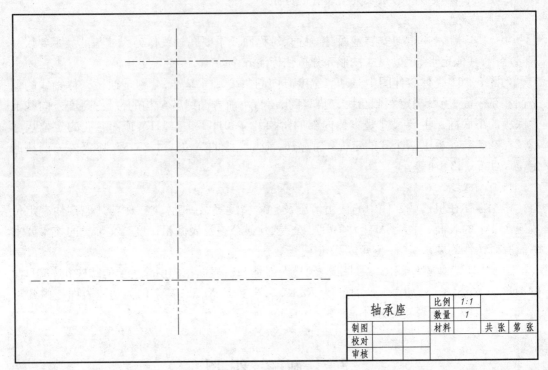

轴承座	比例	1:1		
	数量	1		
制图		材料		共张 第张
校对				
审核				

图 8－63　画定位线

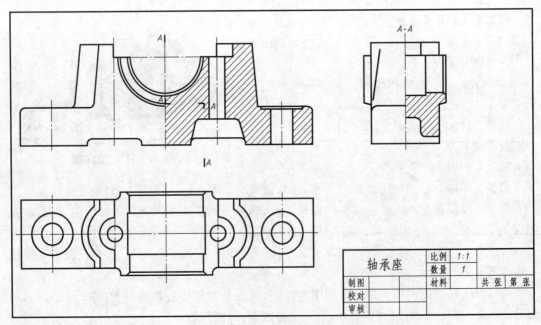

轴承座	比例	1:1		
	数量	1		
制图		材料		共张 第张
校对				
审核				

图 8－64　画出底稿

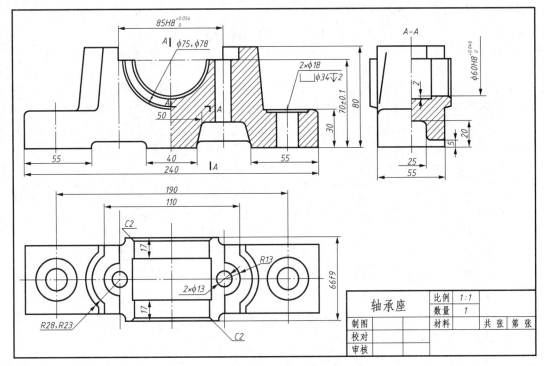

图 8-65 标注尺寸

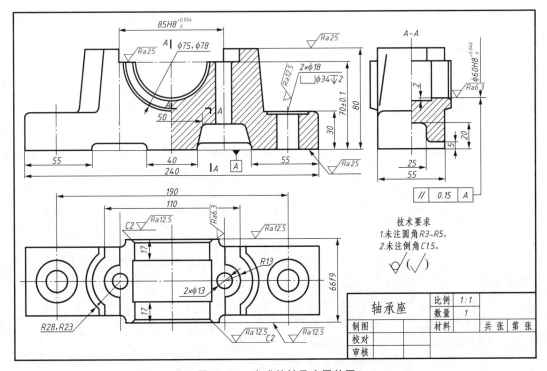

图 8-66 完成的轴承座零件图

8.8　零 件 测 绘

随着科学技术的飞速发展,零件测绘的手段和测绘仪器变得更加先进,利用先进的仪器,可将整个零件扫描,经计算机处理后,可以直接得到零件的三维实体模型和视图。但这需要先进的设备及一定的经济成本作为支撑。因此,在实际工程中对于简单的或少批量的零件仍采用传统的手动测绘。测绘也是工程技术人员必须掌握的基本技能之一。

8.8.1　零件测绘的种类

测绘是对零件进行测量,先画出零件草图,记录测量数据经整理后再绘制零件图的过程。由于零件测绘的目的不同,测绘的程序和方法也有所不同,在实际测绘中一般有以下几种测绘形式:

(1) 设计测绘。测绘为了设计。根据需要对原有设备的零件进行更新改造,这些测绘多是从设计新产品或更新原有产品的角度进行的。

(2) 机修测绘。测绘为了修配。零件损坏,又无图样和资料可查,需要对该零件进行测绘。

(3) 仿制测绘。测绘为了仿制。为了学习先进,取长补短,常需要对先进的产品进行测绘,制造出更好的产品。

8.8.2　测绘工具及尺寸测量方法

在零件测绘中,常用的测量工具和量具有直尺、内外卡钳、游标卡尺、千分尺、高度尺、螺纹规、圆弧规、量角器、曲线尺等。下面介绍常用的测量方法。

1) 测量直线尺寸

测量直线尺寸一般用直尺或游标卡尺,也可以用直尺和三角板配合进行,如图 8 - 67所示。

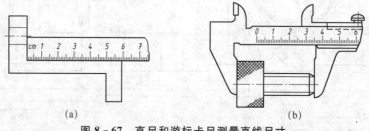

　　　　　　(a)　　　　　　　　　　　　　　　　　　(b)

图 8 - 67　直尺和游标卡尺测量直线尺寸

2) 直径的测量

一般常用内或外卡钳、游标卡尺直接测量,测量时要适当摆动或转动量具,使两个测量点的连接线与回转面轴线相互垂直相交,如图 8 - 68 所示。

3) 测量壁厚和深度

可以用钢板尺或游标卡尺直接测量,也可以用内、外卡钳测量,如图 8 - 69 所示。

4) 测量孔间距

可以用内、外卡钳和钢板尺组合测量,如图 8 - 70 所示。

5) 测量中心高

中心高度尺寸可以用钢板尺直接测量,也可以用钢板尺和内卡钳(或游标卡尺)结合测

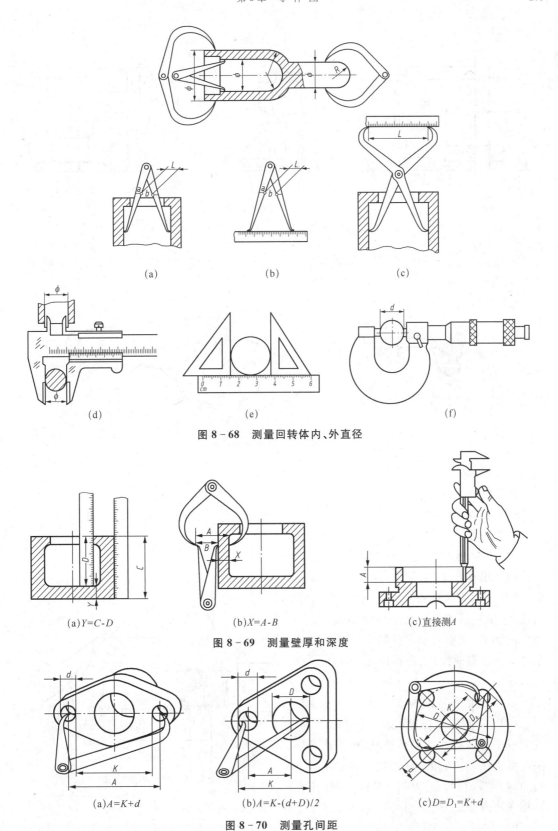

(a)   (b)   (c)

(d)   (e)   (f)

图 8-68　测量回转体内、外直径

(a)$Y=C-D$ (b)$X=A-B$ (c)直接测A

图 8-69　测量壁厚和深度

(a)$A=K+d$ (b)$A=K-(d+D)/2$ (c)$D=D_1=K+d$

图 8-70　测量孔间距

量,如图 8－71 所示。

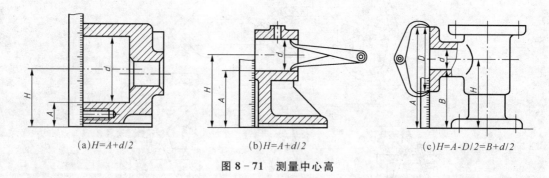

(a)H=A+d/2　　　　　(b)H=A+d/2　　　　(c)H=A-D/2=B+d/2

图 8－71　测量中心高

6）测量圆角

可以用内、外圆角规测量圆角,测量时找出与被测圆角完全吻合的一片,片上的数据就是被测圆角半径的大小,如图 8－72 所示。

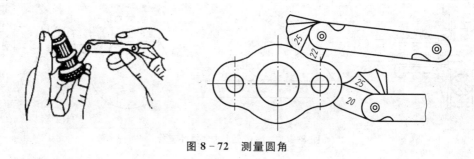

图 8－72　测量圆角

7）测量螺纹

螺纹的主要测量参数是直径、旋向、线数、螺距和牙形。

(1) 用游标卡尺直接测量螺纹直径的大小,测量后的尺寸查有关标准手册取标准值。

(2) 通过目测看出螺纹的旋向和线数。

(3) 根据螺纹使用类型确定标准螺纹的牙形。

(4) 用螺纹规测量螺纹的螺距,如图 8-73 所示。螺纹规由一组不同螺距的钢片组成,测量时从中找出某一与被测螺纹完全吻合的钢片,则钢片上的读数即为螺距的大小。如果没有螺纹规,也可以用简单的压印法测量螺距。

8）测量曲线或曲面

(1) 拓印法。对精度要求不高的零件,或测量平面曲线和曲率半径时,可以用拓印法在纸上拓印出它的轮廓形状,得到实体平面曲线,然后判断该圆弧的连接情况,用几

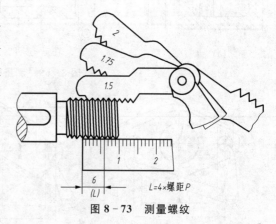

图 8－73　测量螺纹

何作图的方法——三点定心法确定其半径,如图 8－74 所示。

(2) 铅丝法。测量回转体零件时,可以用铅丝沿着母曲线弯曲成实形,得到回转体母线

的实样,如图 8 - 75 所示。

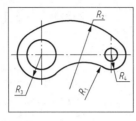

图 8 - 74 　拓印法

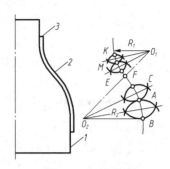

图 8 - 75 　铅丝法

(3) 坐标法。对于一般的曲线和曲面,可以用直尺和三角板确定曲面上一些点的坐标,通过坐标值确定其曲线或曲面,如图 8 - 76 所示。

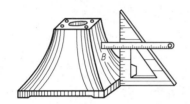
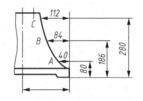

图 8 - 76 　坐标法

9) 角度的测量

角度通常用万能角度尺(万能游标量角器)进行测量,如图 8 - 77 所示。

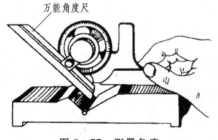
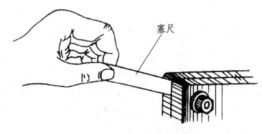

图 8 - 77 　测量角度　　　　　　　　　　　　图 8 - 78 　测量间隙

10) 间隙的测量

两平面之间的间隙通常用塞尺(厚薄规)进行测量,如图 8 - 78 所示。

8.8.3　测量尺寸时的注意事项

(1) 测量尺寸要准确、合理,就必须正确地使用工具和量具。测量非加工面或精度要求不高的尺寸,选用卡钳和钢尺测量即可;测量加工表面或精确度要求较高的尺寸时,一般选用游标卡尺、千分尺等精确度较高的测量工具。对于特殊结构,一般要用特殊工具如螺纹规、圆弧规、曲线尺来测量。这样既能获得准确的测量尺寸,又能保护量具,延长其使用寿命。

(2) 对于某些用现有量具不能直接测量的尺寸,要善于根据零件的结构特点,考虑采用比较准确而又简单的测量方法。

（3）零件上的重要尺寸应该精确测量，并进行必要的计算、校核，不能随意圆整。

（4）有配合关系的尺寸，一般要测出公称尺寸，再依据其配合性质，从极限偏差表查出极限偏差值。

（5）零件上的螺纹、倒角、键槽、退刀槽、螺栓孔、锥度、中心孔等，应该将测量尺寸按照有关标准圆整。

8.8.4　零件测绘的步骤

1）测前准备

根据机械零部件特点，从各个方面做好充分的准备，即人员准备、测绘工具和技术准备。对测绘任务和被测对象进行全面了解，收集有关被测绘零部件或相似零部件的相关技术资料，并充分研究，制定拆卸、分解计划。

2）拆卸被测零件

对被测零件进行测绘。测绘过程中，要考虑把拆卸的机械零件组装恢复原样；对不可拆卸的联接或拆卸后不易调整复位的零件，尽量不要拆卸。

拆卸后要确认被测绘零件的名称、材料及在机器或部件中的装配关系和运转关系，对零件进行结构分析，确定零件的表达方案。

3）分析被测零件工艺性

对零件进行工艺性分析，研究其制造方法和要求。

4）确定零件视图

确定零件的表达方案，根据零件的类型和结构确定主视图。根据主视图确定所需视图的数量，并定出各视图的表示方法，在充分表达零件形状为原则的前提下，确定视图的数量，越少越好。

5）绘制草图

按前面分析，选取适当比例，绘制零件草图。

6）尺寸测量

在草图上标注具体测量尺寸和有关的参数，有时需进行必要的计算，校核某些数据参数。零件尺寸测量的准确与否，将直接影响制造产品的质量，所以在测量工作中要特别注意仔细、认真，做到测得准，记得细，写得清楚，准确无误。

7）绘制零件工作图

根据草图及有关测量数据等多方面的资料，绘制零件工作图。

8.8.5　机械零件测绘练习

例 8 - 1　测绘如图 8 - 79a 所示泵盖。

1）分析零件，确定表达方案

首先对泵盖结构进行分析，了解它在机器中的作用，确定视图表达方案，视图表达方案并非是唯一的，可多方案比较，选择最佳方案。泵盖是盘盖类零件，铸造件，有 2 个放置轴的孔和 6 个安装孔，外形较简单而内部复杂，故选取沿对称面剖切的剖视图为主视图，再配合左视图来表达形体。

2）画零件草图

（1）根据泵盖的大小确定适当的绘图比例，粗略确定各视图应占的图纸面积，定位布局，在图纸上作出主要视图的作图基准线和中心线（注意留出标注尺寸的地方），如图 8 - 79b

所示。

(2) 画出各个视图的主要形状,如图 8 - 79c 所示。

(3) 主视图采用全剖,清楚地表达零件内部结构,左视图表达外部形状,如图 8 - 79d 所示。

(4) 应将标注尺寸的尺寸界线、尺寸线全部画出,然后集中测量,集中注写各个尺寸。将表面粗糙度、技术要求也记入图中。

(5) 检查、加深有关图线,如图 8 - 79e 所示。

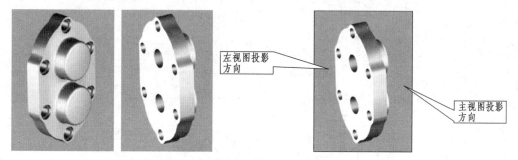

(a)确定表达方案

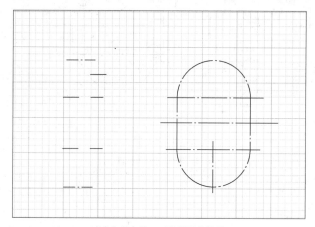

(b)合理布局,画出作图基准线

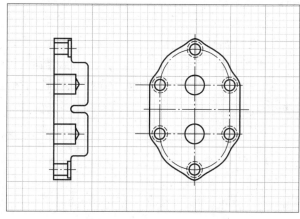

(c)画出各视图的主要部分

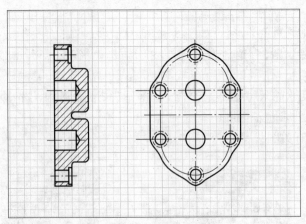

(d)画出全剖的主视图和左视图

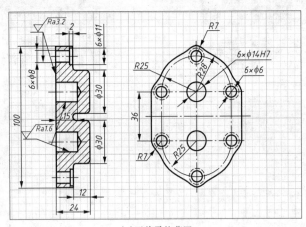

(e)泵盖零件草图

图 8-79 测绘泵盖图

例 8-2 测绘标准直齿圆柱齿轮。

1) 分析齿轮,确定表达方案

首先对齿轮进行认真分析,了解齿轮在机器中的作用、材料特点及零件大致的加工方法;齿轮属于盘盖类零件,主视图全剖,再配合左视图来表达外形。

2) 测量方法

(1) 首先在齿轮零件上数出齿轮的齿数 z。

(2) 然后用游标卡尺测量齿轮齿顶圆直径 d_a。当齿数为奇数时,可以用卡尺直接测量 e 值,齿顶圆 $d_a = 2e + d$,如图 8-80a 所示;当齿数为偶数时,齿轮的齿顶圆直径可以用卡尺直接测量,如图 8-80b 所示。

(3) 计算模数 m,公式如下:

$$m = \frac{d_a}{z + 2}$$

(4) 查表,根据计算出来的模数与标准模数表相对照,选择出标准的模数值 m。

(5) 计算齿轮其他参数,如分度圆直径、齿根圆直径等。

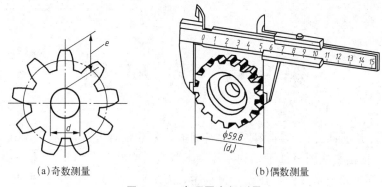

(a)奇数测量　　　　　(b)偶数测量

图 8 - 80　齿顶圆直径测量

（6）测绘齿轮上其他结构,如齿轮的轮毂尺寸、键槽、齿轮的轮辐结构尺寸等。

（7）绘制齿轮零件草图和工作图。

第9章 装配图

装配图是表达机器工作原理及零部件各组成部分的相对位置、连接及装配关系的图,在生产过程中,要根据装配图将加工好的零件装配成机器或部件。因此,装配图是设计部门提交给生产部门的重要技术文件。在设计过程中,必须首先画出装配图,再根据装配图画出全部零件图。

例如,生活中常见的球阀,如图9-1所示。在管道系统中,阀是用于启闭和调节流体流量的部件。该部件共有13种零件,阀体1和阀盖2均带有方形的凸缘,用4个双头螺柱6和螺母7连接,并用合适的调整垫5调节阀芯4与密封圈3之间的松紧程度。在阀体上部有阀杆12,阀杆下部的凸块榫接阀芯4上的凹槽。为了密封,在阀体与阀杆之间加进填料垫8、填料9和10,并且旋入填料压紧套11。

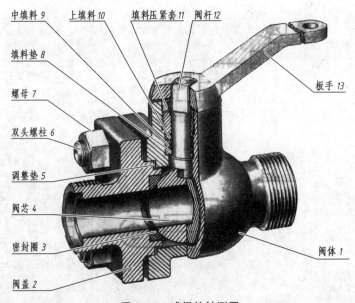

图9-1 球阀的轴测图

球阀工作原理:图9-2是球阀的装配图,从图中看出扳手13的方孔套进阀杆12上部的四棱柱,当扳手按顺时针方向旋转90°时(扳手处于俯视图中双点画线的位置),则阀门全部关闭,管道断流。从俯视图的 $B-B$ 局部剖视中,可以看到阀体1顶部定位凸块的形状(为90°的扇形),该凸块用以限制扳手13的旋转位置。

在识读或绘制装配图时,必须了解部件的装配关系和工作原理,部件中主要零件的结构形状、作用以及各个零件间的相互关系等。

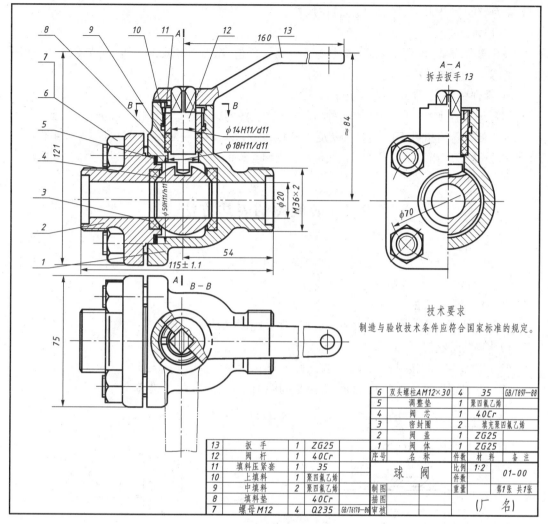

图 9-2 球阀的装配图

6	双头螺柱AM12×30	4	35	GB/T897—88
5	调整垫	1	聚四氟乙烯	
4	阀芯	1	40Cr	
3	密封圈	2	填充聚四氟乙烯	
2	阀盖	1	ZG25	
1	阀体	1	ZG25	
序号	名称	件数	材料	备注

13	扳手	1	ZG25	
12	阀杆	1	40Cr	
11	填料压紧套	1	35	
10	上填料	1	聚四氟乙烯	
9	中填料	2	聚四氟乙烯	
8	填料垫		40Cr	
7	螺母M12	4	Q235	GB/T6170—86

球阀	比例 1:2	01-00
	件数	
制图	重量	第1张 共1张
描图		
审核	（厂 名）	

9.1　装配图的内容

由图 9-2 球阀的装配图可见,一张完整的装配图包括以下内容:

1) 一组视图

用一组视图完整、清晰、准确地表达出机器的工作原理、各零件的相对位置及装配关系、连接方式和重要零件的结构形状。

球阀装配图采用了 3 个基本视图,主视图采用全剖视图;左视图采用半剖视;俯视图采用局部剖,比较清楚地表示了各个零件之间的装配关系和工作原理。

2) 必要尺寸

装配图上要有表示机器或部件的规格、装配、检验和安装时所需要的一些尺寸。

图 9-2 中的轴孔直径 $\phi20$ 为规格尺寸;M36×2 是安装尺寸,$\phi14H11/d11$、$\phi50H11/$

h11 等为装配尺寸;115、75、121 为总体尺寸。

3) 技术要求

技术要求是说明机器或部件的性能和装配、调整、试验等所必须满足的技术条件,如图 9-2 中文字注写的技术要求。

4) 零件的序号、明细栏和标题栏

用标题栏注明机器或部件的名称、规格、比例、图号,以及设计、制图人的签名等。

为了便于看图和图纸配套管理,以及生产组织工作的需要,装配图上对每种零件或组件必须编写序号;并要编制明细栏,按序号依次注写出各种零件的序号、名称、规格、数量、材料等内容。

9.2　装配图的表达方法

装配图的表达方法,除了国家标准中提到的机件的表达方法(视图、剖视图、断面图等)外,还有一些规定画法和特殊画法。

9.2.1　规定画法

为了表达零件之间的装配关系,必须遵守装配图画法的三方面基本规定。

1) 接触面及装配面的画法(图 9-3)

(1) 相邻零件的接触画或配合面,只画一条轮廓线。

(2) 相邻零件之间的不接触面,即使是间隙很小,也应画两条轮廓线。

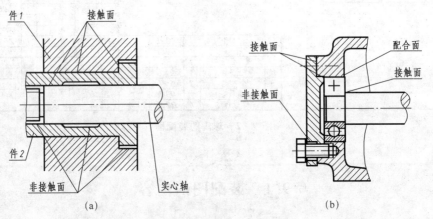

图 9-3　接触面和装配面画法

2) 剖面线的画法

在装配图中对剖切金属零件的剖面线画法有如下规定:

(1) 在同一装配图上,同一个零件在各个剖视图、断面图中剖面线的倾斜方向和间距应画成一致。

(2) 为了区分不同的零件,相邻零件的剖面线,其倾斜方向或间距均不应画成一样。即采用倾斜方向相反或剖面线的间距不同以示区别,如图 9-3a 所示件。

(3) 装配图中剖切到的薄壁件,厚度≤2 mm 时,允许用涂黑表示被剖部分,如图 9-4 所示垫片。

3) 标准件实心件的画法(图 9 - 4)

(1) 在装配图中,对于标准件(如螺纹紧固件、键、销等)、实心零件(如轴、球、手柄、连杆之类),当剖切平面沿它们的轴线剖切时,均按不剖绘制。

(2) 若实心轴上有需要表示的结构,如键槽、销孔等,可以采用局部剖表示。

(3) 轴类实心零件,若被垂直于轴线剖切时,则应画剖面符号,如移出断面图。

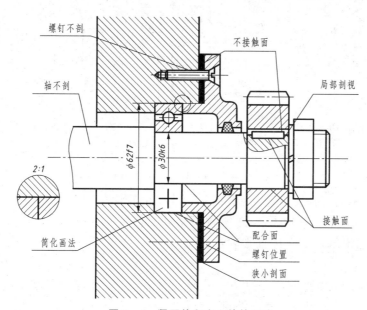

图 9 - 4 紧固件和实心件的画法

9.2.2 特殊画法

1) 拆卸画法

在装配图的某一视图上,对于已经在其他视图中表达清楚的一个或几个零件,若它们遮住了其他的零件装配关系时,可以假想拆去这个或几个零件,对其余部分再进行投影,以使图形表达得更清晰,但需在该视图上方写明"拆去××件",如图 9 - 2 所示。

2) 沿结合面剖切画法

在装配图中,当需要表达某些内部结构时,可假想沿某两个零件的结合面处剖切后画出投影。此时零件的结合面不画剖面线,但被横向剖切的轴、螺栓、销等实心杆件要画出剖面线,如图 9 - 5 所示。

3) 单独画出某零件的某视图的画法

在装配图中,当某个零件的形状未表达清楚,或对理解装配关系有影响时,可另外单独画出该零件的某一视图。采用这种画法时,必须在所画零件的视图上方注出名称,在相应视图

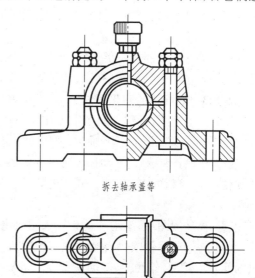

拆去轴承盖等

图 9 - 5 沿结合面剖切画法

附近用箭头指明投影方向,如图9－6c所示。

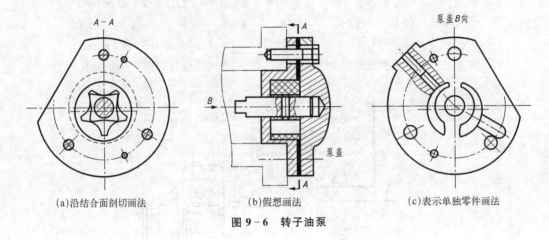

(a)沿结合面剖切画法　　　　(b)假想画法　　　　(c)表示单独零件画法

图9－6　转子油泵

4）假想画法

(1) 在装配图中,当需要表达运动件的运动范围和极限位置时,可将运动件画在一个极限位置(或中间位置)上,另一极限位置(或两极限位置)用双点画线画出该运动件的外形轮廓,如图9－7所示。

(2) 在装配图中,当需要表示与本部件有装配或安装关系,但又不属于本部件的相邻零部件时,可假想用双点画线画出该相邻件的外形轮廓,如图9－6b所示。

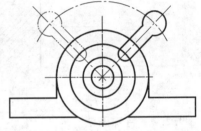

图9－7　假想画法-运动极限

5）夸大画法

装配图中的薄片零件、细丝弹簧、较小的斜度和锥度、较小的间隙等,为了表达清楚,允许不按原比例,适当加大尺寸画出。

6）展开画法

表达某些重叠的装配关系时,如多级传动变速箱时,可以假想将空间轴系按其传动顺序展开在一个平面上,画出剖视图,此画法称为展开画法,如图9－8所示。

9.2.3　装配图的简化画法

(1) 为了作图方便,装配图中零件的一些细小的工艺结构,如小圆角、倒角、退刀槽等均可省略不画。钻孔深度可不画出,但120°锥角应画在钻孔直径上,如图9－6b所示。

(2) 在装配图中,若干相同规格的组件(如螺纹连接组件等),如螺栓、螺母、垫片等紧固件组,可仅详细地画出一处(或几处),其余各处以点画线表示其中心位置,如图9－9所示。

(3) 在装配图中,滚动轴承允许采用简化画法,如图9－4所示。

(4) 外购成品件或另有装配图表达的组件,虽剖切平面通过其对称中心,也可以简化为只画其外形轮廓,如油杯、传动系统中的电机等。

(5) 可将带传动用粗实线表示,链传动用细点画线表示。

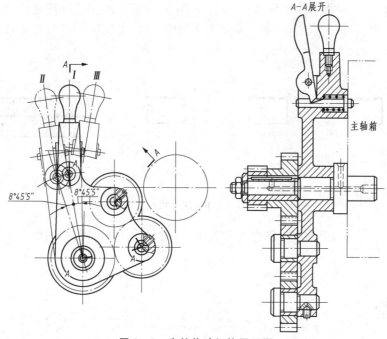

图 9 – 8　齿轮传动机构展开图

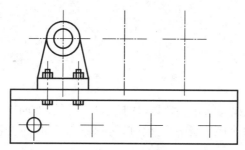

图 9 – 9　若干相同的零件组简化画法

9.3　零件序号、明细栏和标题栏

9.3.1　零件序号

为了便于看图和图纸的配套管理,以及生产组织工作的需要,国家标准(GB／T 4458.2—2003)规定,装配图中的零件和部件都必须编写序号,同时要编制相应的明细栏。

1) 零部件序号一般规定

(1) 装配图中每一个零部件必须编注序号,同一装配图中相同的零部件只编注一个序号,且一般只标注一次,并与明细栏中的序号一致,不能产生差错。

(2) 标准化组件(如滚动轴承、电动机、减速器等)可看作一个整体,编注一个序号。

2) 序号的编排方式

(1) 序号的指引线用细实线画出,分布均匀,不要与轮廓线或剖面线等图线平行,指引线之间不允许相交,但指引线允许弯折一次,如图 9-10 所示;指引线的起点应该在所指零件的可见区域内,并画出小圆点(如果零件为涂黑的薄片,则用箭头指向轮廓),如图 9-10d 所示。

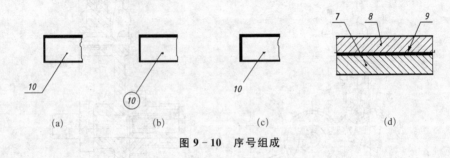

图 9-10 序号组成

(2) 一组紧固件或装配关系清楚的零件组,可采用公共指引线,如图 9-11 所示。

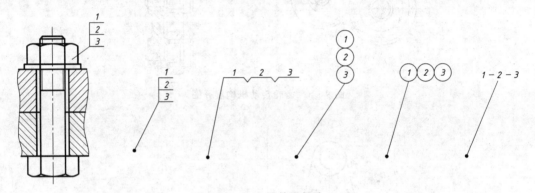

图 9-11 零件组标注

(3) 零件的序号标在视图的轮廓外边,应按水平或竖直方向排列整齐,可按顺时针或逆时针方向顺次排列。在整个图上无法连续时,可只在每个水平或竖直方向顺次排列,如图 9-2 所示。

注意:为了避免编号出错,往往先在图上画出需要编号零件的指引线和横线,检查无重复和遗漏后,再统一在明细栏填写序号,即先在图上标序号,然后再填写明细栏序号。

9.3.2 明细栏和标题栏

明细栏一般画在标题栏的上方,是全部零部件的详细目录,明细栏中填有零件的序号、代号、名称、数量、材料、备注,国家标准(GB/T 10609.2—2009)规定的明细栏格式如图 9-12 所示。

明细栏、标题栏的画法和填写要求如下:

(1) 明细栏的外框和内部竖线一律用粗实线绘制,编写零部件序号行横线用细实线绘制。

(2) 序号应按自下而上顺序填写,如向上延伸位置不够,可以在标题栏紧靠左边自下而上延续。

(3) 标准件的国标代号可写入备注栏或代号栏。

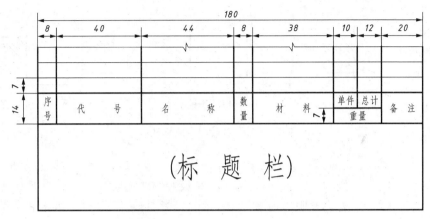

图 9 - 12 明细栏和标题栏

9.4 装配图尺寸标注及技术要求

9.4.1 装配图尺寸标注

1) 装配图的尺寸类型

由于装配图与零件图的作用不同,装配图的尺寸标注要求与零件图的尺寸标注要求也不同,它不需要标注每个零件的全部尺寸,只需标注一些与装配、检测和维护维修有关的必要尺寸,如图 9-2 所示。

(1) 性能(规格)尺寸。表示装配体性能(规格)的尺寸,它是设计和选用机器或部件的主要依据。球阀中的进出口直径 $\phi20$ mm 是设计时给定的尺寸,表明球阀的单位流量。

(2) 装配尺寸。表示装配体中各零件之间相互配合关系的尺寸,是保证装配性能和质量的尺寸。如阀盖和阀体的配合尺寸 $\phi50H11/h11$ 等。

(3) 安装尺寸。机器或部件安装时所需的尺寸,球阀装配图中与安装有关的尺寸 84、54、$M36\times2$ 等。

(4) 外形尺寸。表示机器或部件外形轮廓的大小,即总长、总宽和总高。它为包装、运输和安装过程中所占空间的大小提供依据,如球阀的总长、总宽和总高分别为 115 ± 1.1、75 和 121.5。

(5) 其他重要尺寸。在设计过程中经过计算确定的尺寸、主要零件的主要尺寸,以及在装配或使用中必须说明的尺寸,如运动部件的位移尺寸等。

上述五类尺寸之间并不是孤立无关的。实际上有的尺寸往往同时具有多种作用,如球阀中的尺寸 115 ± 1.1,它既是外形尺寸,又与安装有关。一张装配图中有时也并不全部具备上述五类尺寸,因此对装配图中的尺寸需要具体分析后进行标注。

2) 公差与配合的标注

(1) 国家标准规定,装配图上标注公差与配合一般用相结合的孔与轴的公差带代号组合表示。即在公称尺寸的右边以分数的形式注出,分子为孔的公差带代号,分母为轴的公差带代号,标注方式如图 9-13 所示。

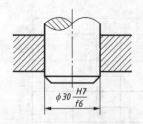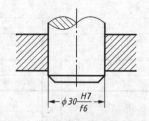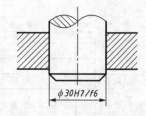

图 9 - 13　孔轴配合的标注

（2）装配图中标注相配零件的极限偏差时，一般按图 9 - 14a 的形式标注，孔的公称尺寸和极限偏差注写在尺寸线的上方；轴的公称尺寸和极限偏差注写在尺寸线的下方，也允许按图 9 - 14b 的形式标注，若需要明确指出装配件的代号时，可按图 9 - 14c 的形式标注。

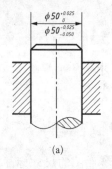

（a）

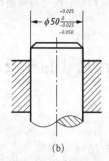

（b）

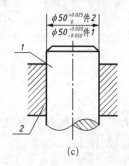

（c）

图 9 - 14　相配零件极限偏差的注法

（3）标注标准件、外购件与零件（轴或孔）的配合代号时，可以仅标注相配零件的公差带代号，如图 9 - 15 所示。

9.4.2　装配图技术要求

装配图中有些信息不便以数字，代号和符号的形式直接注在视图中，需要用文字在技术要求中说明。

（1）装配要求。机器装配过程中的注意事项及装配后应达到的指标等，如装配方法和顺序等。

（2）检验要求。装配后对机器或部件进行验收时所要求的检验方法和条件，如球阀的水压试验等。

（3）使用要求。对机器使用、保养、维修时提出的要求，如限速要求、限温要求、绝缘要求等。

（4）其他要求。机器或部件的涂饰、包装、运输等方面的要求等。

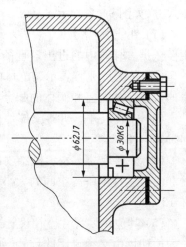

图 9 - 15　标准件有配合要求时的标注

9.5　装配工艺结构

为了保证机器或部件的装配质量，便于零件的装、拆，应选择合理的装配结构。

1) 接触面及配合面结构的合理性

(1) 孔与轴配合时,为保证有良好的接触精度,应在孔的接触端面倒角或在轴肩根部切槽,如图 9-16 所示。

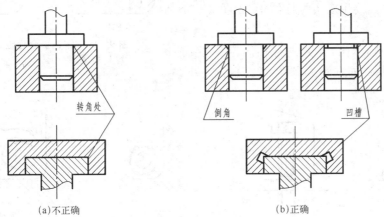

(a)不正确   (b)正确

图 9-16   轴配合结构的合理性

(2) 两个零件在同一个方向上,只能有一个接触面或配合面,如图 9-17 所示。

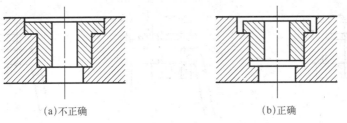

(a)不正确   (b)正确

图 9-17   同方向上只能有一个接触面

2) 防松结构的合理性

机器或部件在工作时,由于受到冲击或震动,螺纹连接件可能发生松脱,甚至产生严重事故,因此在某些结构中需要采用防松结构,如图 9-18 所示。

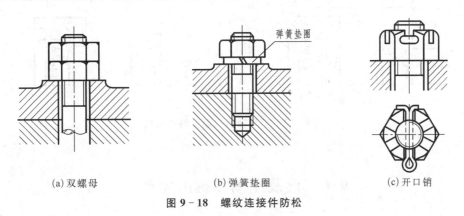

(a) 双螺母   (b) 弹簧垫圈   (c) 开口销

图 9-18   螺纹连接件防松

3) 便于装拆的合理结构

(1) 采用销钉连接装拆方便,但要尽可能将销孔加工成通孔,如图 9-19 所示。

（2）螺纹连接件装拆的合理结构，如图9-20所示。

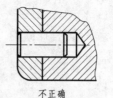 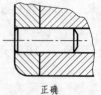

（3）螺栓头部全封箱体内，无法安装，在箱体上开一手孔或改用双头螺柱结构，如图9-21所示。

（4）滚动轴承内、外圈进行轴向定位设计时，要考虑到拆卸的方便，如图9-22所示。

不正确   正确

图9-19 销连接合理性结构

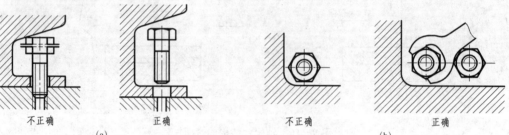

不正确   正确   不正确   正确

(a)   (b)

图9-20   螺纹连接件装拆的合理结构

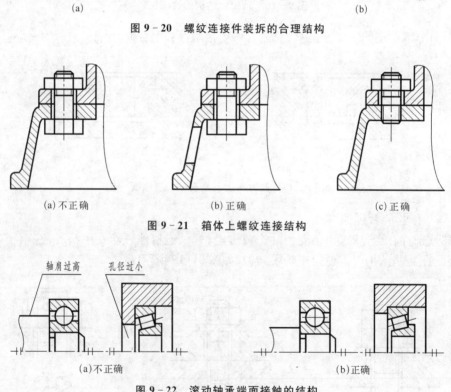

(a) 不正确   (b) 正确   (c) 正确

图9-21   箱体上螺纹连接结构

图9-22中标注：轴肩过高 孔径过小

(a) 不正确   (b) 正确

图9-22   滚动轴承端面接触的结构

9.6   读装配图和拆画零件图

在机器的设计、制造、装配、检验、使用、维修以及技术交流等生产活动中，都要用到装配图。因此，工程技术人员必须具备熟练看懂装配图的能力，不仅能从装配图中了解机器或部件的工作原理及其各个零件的装配关系,而且还要在设计时根据装配图画出各部件的零件图。

9.6.1 读装配图

9.6.1.1 读齿轮泵装配图

1) 概括了解

(1) 如图 9-23 所示为齿轮泵装配图,通过读装配图的标题栏、明细栏及有关说明书,了解机器或部件的名称、用途和工作原理,了解零部件的名称和作用。

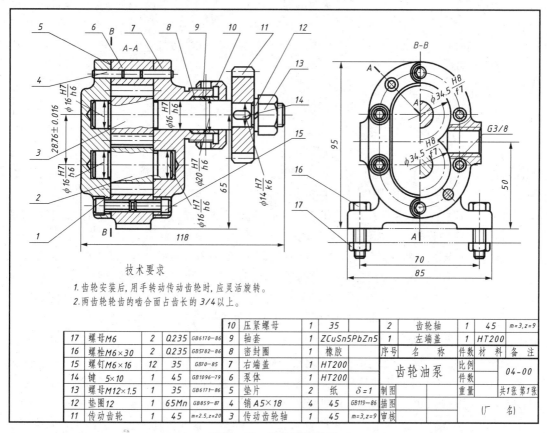

技术要求

1. 齿轮安装后,用手转动传动齿轮时,应灵活旋转。
2. 两齿轮轮齿的啮合面占齿长的 3/4 以上。

10	压紧螺母	1	35			2	齿轮轴	1	45	m=3,z=9
9	轴套	1	ZCuSn5PbZn5			1	左端盖	1	HT200	
8	密封圈	1	橡胶			序号	名 称	件数	材 料	备注
7	右端盖	1	HT200							

17	螺母M6	2	Q235	GB6170-86
16	螺栓M6×30	2	Q235	GB5782-86
15	螺钉M6×16	12	35	GB70-85
14	键 5×10	1	45	GB1096-79
13	螺母M12×1.5	1	35	GB6171-86
12	垫圈12	1	65Mn	GB859-87
11	传动齿轮	1	45	m=2.5,z=20

6	泵体	1	HT200
5	垫片	2	纸 δ=1
4	销A5×18	4	45 GB119-86
3	传动齿轮轴	1	45 m=3,z=9

齿轮油泵　比例 04-00　件数　重量 共1张 第1张

制图　描图　审核　(厂　名)

图 9-23　齿轮泵装配图

(2) 对照明细栏上零部件序号,在装配图上查找这些零部件的位置。了解标准零部件和非标准零部件的名称与数量。

例如,齿轮泵是用来输送润滑油的一个部件,由泵体、左右端盖、运动零件(传动齿轮、齿轮轴等)、密封零件及标准件等组成。对照零件序号以及明细栏可以看出,齿轮泵共有 17 种零件,其中标准件 6 种,常用件和非标准件 11 种。

(3) 分析视图。根据装配图上视图的表达内容,找出各个视图、剖视图、断面图等配置的位置及投射方向,从而搞清楚各视图的表达重点。

例如,齿轮泵采用两个视图表达,主视图采用全剖视图,反映组成齿轮泵各个零件间的装配关系;左视图是采用沿左端盖 1 与泵体 6 接合面剖切后移去了垫片 5 的半剖视图 B-B,清楚地反映吸、压油的情况和泵的外形。

2）了解工作原理和装配关系

在概括了解的基础上，从反映工作原理、装配关系较明显的视图入手，抓住主要装配干线或传动路线，分析有关零件的运动状况和装配关系；然后再从次要的装配干线，继续分析工作原理、装配关系、零件的连接、定位，以及配合的松紧度等。此外，也应分析运动件的润滑、密封方式等内容。

齿轮泵的工作原理：齿轮轴 2、传动齿轮轴 3、传动齿轮 11 是油泵中的运动零件。当传动齿轮 11 按逆时针方向（从左视图观察）转动时，通过键 14，将扭矩传递给传动齿轮轴 3，经过齿轮啮合带动齿轮轴 2，从而使后者做顺时针方向转动。当一对齿轮在泵体内作啮合传动时，啮合区内右边空间压力降低而产生局部真空，油池内的油在大气压力作用下进入油泵低压区内的吸油口，随着齿轮的转动，齿槽中的油不断被带至左边的压油口把油压出，送至机器中需要润滑的部分。

3）分析零件，读懂零件的结构形状

分析零件的结构形状是看装配图的难点。弄清每个零件的结构形状及其作用，一般先从主要零件着手。先分离出零件，根据零件的编号和各视图的对应关系，找出该零件的各有关部分，同时根据同一零件在各个剖视图上剖面线方向、间隔都相同的特点，找出零件的对应投影关系，并想象出零件的形状。对在装配图中未表达清楚的部分，则可通过其相邻零件的关系再结合零件的功用，判断该零件的结构形状。然后按照与其邻接及装配关系依次逐步扩大到其他零件。当零件在装配图中表达不完整时，可对有关的其他零件仔细观察和分析后，再进行结构分析，从而确定该零件的内外形状。

例如，齿轮泵的泵体 6 是齿轮泵的主要零件之一，它的内腔容纳一对啮合的齿轮。将齿轮轴 2、传动齿轮轴 3 装入泵体后，两侧有左端盖 1、右端盖 7 支撑齿轮轴的旋转运动。由销 4 将左、右端盖与泵体定位后，再用螺钉 15 将左、右端盖与泵体连接成整体。为了防止泵体与端盖结合面处以及传动齿轮轴 3 伸出端漏油，分别用垫片 5 及密封圈 8、轴套 9、压紧螺母 10 密封。

4）分析尺寸及其配合

分析各零件的连接、配合关系，必须分清哪些是非配合面，哪些是配合面。若是配合面，应清楚其配合基准制、配合种类和公差等级是什么，一般可根据图中所注的配合代号来判断其配合的松紧程度，进而了解配合件的相对运动情况。

例如，根据零件在部件中的作用和要求，传动齿轮 11 靠键传递扭矩，带动传动齿轮轴 3 一起转动，配合尺寸是 $\phi 14 H7/k6$，它属于基孔制的优先过渡配合。

齿轮与端盖在支撑处的配合尺寸是 $\phi 16 H7/h6$；轴套与右端盖的配合尺寸是 $\phi 20 H7/h6$；齿轮轴的齿顶圆与泵体内腔的配合尺寸是 $\phi 34.5 H8/f7$，尺寸 28.76 ± 0.016 是一对啮合齿轮的中心距，这个尺寸准确与否将会直接影响齿轮啮合传动。尺寸 65 是传动齿轮轴线离泵体安装面高度尺寸。28.76 ± 0.016 和 65 分别是设计和安装所要求的尺寸。此外，标注吸、压油口的尺寸 G3/8 是输油管接头的大小。

5）归纳小结

最后把对部件的所有分析进行归纳，获得对部件整体的认识。

9.6.1.2　读蝶阀装配图

1）概括了解

从图 9-24 的标题栏可知，该部件是蝶阀；由明细栏可知它由 13 种零件组成，是较为简单的部件。蝶阀连接在管路上,是用来控制气体流量或截止气流的装置。

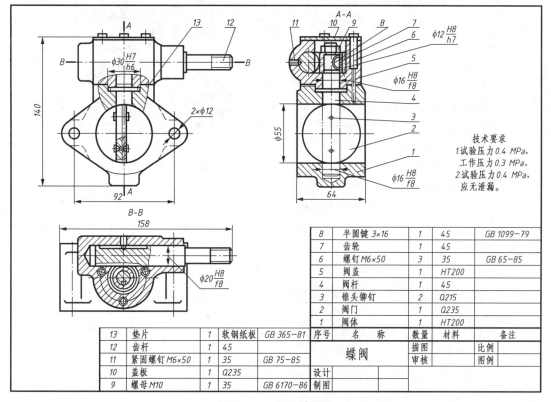

技术要求
1.试验压力 0.4 MPa,
工作压力 0.3 MPa。
2.试验压力 0.4 MPa,
应无泄漏。

8	半圆键 3×16	1	45	GB 1099-79
7	齿轮	1	45	
6	螺钉M6×50	3	35	GB 65-85
5	阀盖	1	HT200	
4	阀杆	1	45	
3	锥头铆钉	2	Q215	
2	阀门	1	Q235	
1	阀体	1	HT200	

13	垫片	1	软钢纸板	GB 365-81	序号	名 称	数量	材料		备注	
12	齿杆	1	45							
11	紧固螺钉M6×50	1	35	GB 75-85		蝶阀	描图		比例	
10	盖板	1	Q235				审核		图例	
9	螺母 M10	1	35	GB 6170-86	设计		制图			

图 9 - 24　蝶阀装配图

2) 分析视图

蝶阀采用三个视图,主视图表示了阀体、阀盖的外形结构;两个局部剖视图分别表示了阀盖与阀体 ϕ30H7/ h6 的配合关系以及阀杆与阀门的连接关系;俯视图采用全剖视,表明了齿杆与齿轮的传动关系,并表达了阀体的外形结构和阀盖的内外形结构;左视图采用全剖视,表达了阀体 ϕ55 的通路和阀盖的内外形结构,并表达了阀杆与齿轮、阀体、阀盖的关系,螺钉与齿杆的防转关系以及阀盖与阀体由螺钉连接的关系。

3) 分析装配关系、传动关系和工作原理

(1) 配合关系包括:

① 齿杆 12 与阀盖 5 的配合为 ϕ20H8/ f8。

② 阀杆 4 与阀体 1 和阀盖 5 的配合为 ϕ16H8/ f8。

③ 阀盖 5 与阀体 1 由基孔制的间隙配合 ϕ30H7/ h6 定位。

(2) 连接、固定关系包括:齿杆上有长槽由紧固螺钉 11 限制齿杆传动,当齿杆沿轴向滑动时,齿杆上的齿条就带动齿轮 7 转动。齿轮内半圆键 8 和螺母 9 与阀杆 4 连接,由阀杆轴肩在阀体、阀盖中实现轴向定位。阀盖与阀体由三个螺钉连接。阀杆与阀门 2 内锥头铆钉 3 连接。当齿杆带动齿轮转动时,阀杆也随之转动,并使阀门开启或关闭。

4) 分析零件的结构形状

先看主要零件,再看次要零件;先看容易分离的零件,再看其他零件;先分离零件,再分析零件的结构形状,蝶阀立体图如图 9-25 所示。

9.6.2　由装配图拆画零件图

　　在设计部件时,需要根据装配图拆画零件图,一般只是拆画非标准零件,不画标准件。拆图时应对所拆零件的作用进行分析,然后把该零件从与其组装的其他零件中分离出来,结合分析补齐所缺的轮廓线。有时还需要根据零件图视图表达的要求,重新选定投影方向、安排视图和画视图,再按零件图的要求,注写尺寸及技术要求。

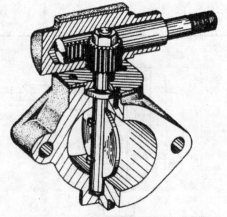

图 9-25　蝶阀立体图

9.6.2.1　拆画零件图的注意事项

　　1) 完善结构形状

　　装配图一般只表达了零件的主要结构形状,对尚未表达清楚的结构形状,应根据其作用和装配关系补充完整。装配图中被省略的工艺结构,如倒角、退刀槽等,在零件图中应该画出。

　　2) 尺寸标注

　　装配图中只标注与装配和检验有关系的尺寸,但零件图要求尺寸标注完整,便于制造。因此,标注时须注意:

　　(1) 装配图上已标注的尺寸,包括明细栏给出的尺寸,应直接移植到零件图上,对配合尺寸要查表,改写成极限偏差。

　　(2) 标准结构(如螺孔、键槽、销孔、倒角、退刀槽等)尺寸应查表画出;齿轮之类常用件的分度圆、齿顶圆直径等尺寸应该计算。

　　(3) 其余尺寸从装配图中直接量取,按比例换算,并按优先数取标准数值。

　　(4) 应注意相邻零件接触面有关尺寸协调一致。

9.6.2.2　拆画零件图示例

　　依据如图 9-23 所示齿轮泵装配图,拆画右端盖(序号 7)零件图。

　　由主视图可见右端盖上部有传动齿轮轴 3 穿过,下部有齿轮轴 2 轴颈的支撑孔,在右侧凸缘的外圆柱面上有外螺纹,用压紧螺母 10 通过轴套 9 将密封圈 8 压紧在轴的周围;由左视图可见右端盖的外形为长圆形,沿周围分布 6 个螺钉沉孔和两个圆柱销孔。

　　首先,从主视图分离出右端盖的视图轮廓,由于在装配图的主视图上,右端盖的一部分可见投影被其他零件所遮,因而它是一幅不完整的图形,如图 9-26a 所示;其次,根据此零件的作用及装配关系,补全所缺的轮廓线,如图 9-26b 所示。

　　按零件图的要求布置视图。先画出表达外形的俯视图,然后根据投影关系画出

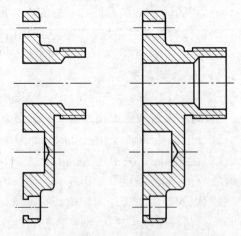

(a) 分离出右端盖的主视图　　　(b) 补全图线的主视图

图 9-26　由齿轮泵装配图拆画右端盖零件图

主视图。根据装配体的实际情况及零件在装配体的使用要求,按装配图中已表达的要求注写有关尺寸公差,在图中注全尺寸、技术要求和有关的尺寸公差。完整、清晰、准确地表达右端盖结构形状,考虑图纸的利用,将右端盖零件图画成如图 9－27 所示。

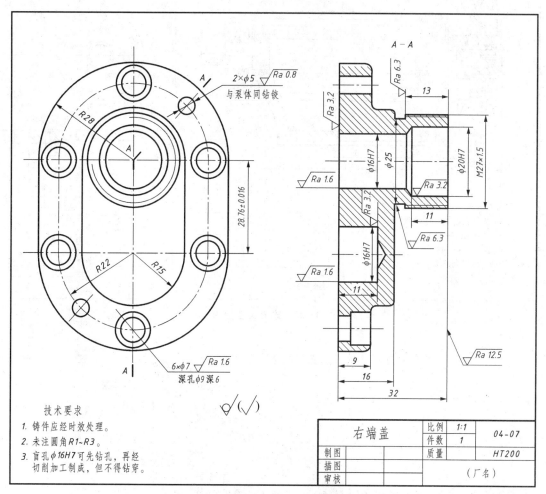

图 9－27　齿轮泵右端盖零件图

9.7　画 装 配 图

不论是设计新产品,还是仿制和测绘原有产品,都需要画出装配图。现以铣刀头装配图为例,如图 9－28 所示,说明画装配图的方法和步骤。

1) 分析部件,了解部件

分析部件,了解部件的用途、工作原理、装配关系、结构特点及使用性能等。如铣刀头是专用铣床上的一个部件,供装铣刀盘用。它由座体、轴、端盖、滚动轴承、键、螺钉、毡圈等组成。其工作原理是电动机的动力通过 V 型带带动带轮旋转,带轮通过键把运动传递给轴,轴将动力通过键传递给刀盘,从而进行铣削加工,如图 9－29 所示。

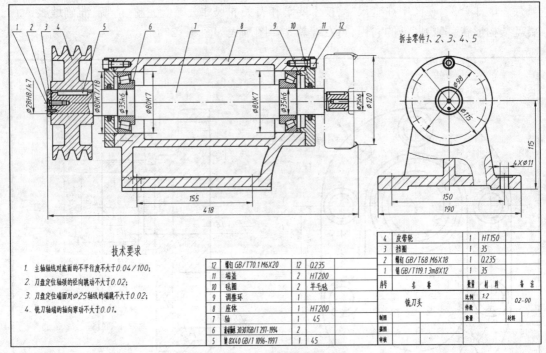

技术要求

1. 主轴轴线对底面的不平行度不大于0.04/100;
2. 刀盘定位轴颈的径向跳动不大于0.02;
3. 刀盘定位端面对∅25轴线的端跳不大于0.02;
4. 铣刀轴端的轴向窜动不大于0.01。

12	螺钉 GB/T70.1 M6X20	12	Q235	
11	端盖	2	HT200	
10	毡圈	2	羊毛毡	
9	调整环	1		
8	座体	1	HT200	
7	轴	1	45	
6	滚动轴承 30307GB/T 297-1994	2		
5	键 8X40 GB/T 1096-1997	1	45	

4	皮带轮		1	HT150	
3	挡圈		1	35	
2	螺钉 GB/T68 M6X18		1	Q235	
1	键 GB/T119.1 3mBX12		1	35	
序号	名　称		数量	材　料	备　注
	铣刀头		比例 1:2		02-00
			件数		
制图			重量		材料
描图					
审核					

图 9-28　铣刀头装配图

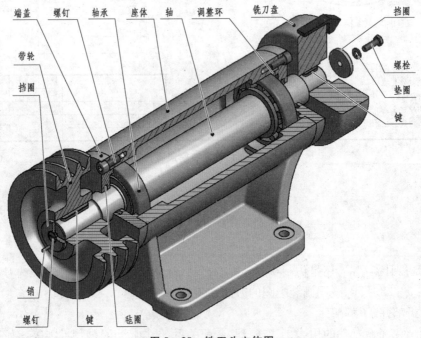

图 9-29　铣刀头立体图

2) 确定视图表达方案

在分析部件的基础上,按视图选择的原则和方法确定装配图的视图表达方案。

（1）选择主视图。一般将部件或机器按工作位置放正，使装配体的主要轴线、主要安装面呈水平或铅垂位置。选择最能反映部件或机器工作原理、零件间的主要装配关系及主要零件的形状特征等的视图作为主视图。

（2）选择其他视图。目的是补充主视图未表达清楚的部分。其他视图的选择原则是：在表达清楚的前提下，视图数量应尽量少，方便看图和画图。

综合上述，机器上都存在装配干线，为了清楚表达这些装配关系，一般都通过轴线选取剖切平面，画出剖视图来表达。所以，铣刀头选择主视图过轴线做全剖视，反映了装配关系、工作原理和运动的传递；左视图做局部剖反映了座体的结构形状。

3）画装配图的方法和步骤

（1）确定比例和图幅。根据装配体的大小、视图数量，确定画图的比例及图幅，画出图框并留出标题栏和明细栏的位置。

（2）布置视图的位置。画出各视图的基准线如对称线、主要轴线和大的端面。注意留出标注尺寸、零件序号、明细栏等所占的位置，如图 9 - 30 所示。

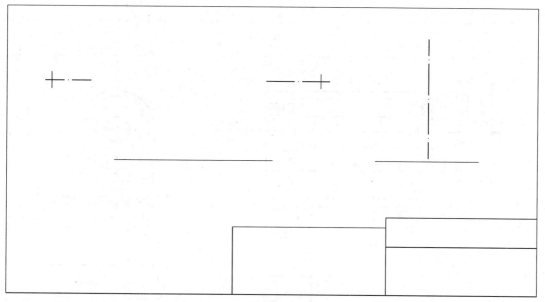

图 9 - 30　布置视图的位置

（3）画出各个视图。一般应先从主视图或其他能够清楚反映装配关系的视图入手，先画出主要支撑零件或起主要定位作用基准零件的主要轮廓，能做到几个视图按投影关系相互配合一起画时，可以一起画。画完一零件后必须找到与此相邻件及它们的接触面，由此面作为画下一零件时的定位面，再按装配关系一件接一件顺序画出。如铣刀头主视图做全剖，采用"由内向外"的画法，按装配关系逐层扩展画出各个零件，先画轴、轴承、端盖，再画座体、皮带轮等，如图 9 - 31a、b 所示。

（4）检查、描深完成全图。底图画完后，要进行复核和修改，确认无误后再进行加深、画剖面线、标注尺寸、编零件序号、填写标题栏、明细栏、技术要求等，完成全图，如图 9 - 28 所示。

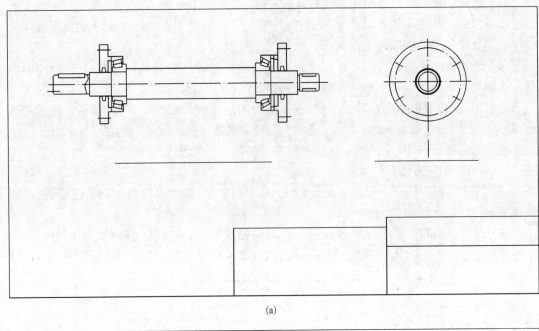

(a)

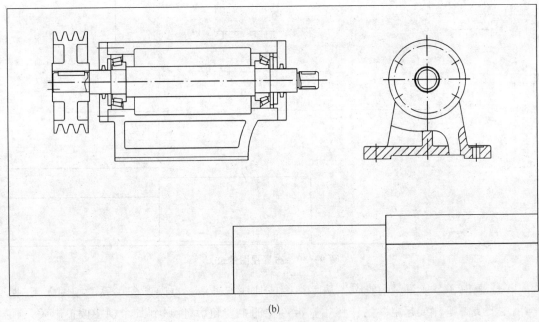

(b)

图 9 - 31　各视图画法

第10章 焊接图

焊接是将需要连接的金属零件在连接处通过局部加热或加压使其融合在一起,或在其间加入其他融化状的金属,使它们冷却后融合在一起的一种不可拆的连接。焊接的熔接部位,称为焊缝。

焊接图是供焊接加工所用的图样,它除了将焊接件的结构表达清楚以外,还应将焊缝的位置、接头形式及其尺寸等有关焊接的内容表示清楚。为了简化图样上焊缝,一般采用焊缝符号和焊接方法的数字代号来表示。

10.1 焊缝的规定画法

焊缝可以用视图、剖视图或断面图表示,也可以用轴测图示意。

1) 焊缝接头

常见的焊缝是对接焊缝、角焊缝和点焊缝,常用的焊接接头有对接接头、角接头、搭接接头等,如图 10-1 所示。

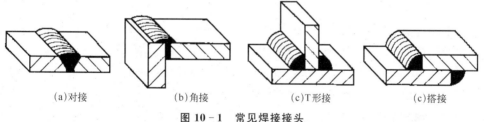

(a)对接   (b)角接   (c)T形接   (c)搭接

图 10-1　常见焊接接头

2) 焊缝画法

焊缝的画法如图 10-2 所示,表示焊缝的一系列细实线允许示意绘制,也允许采用加粗线($2d\sim3d$)表示,但是同一图样中,只允许采用一种画法。

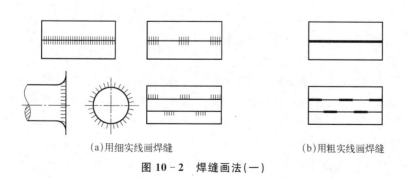

(a)用细实线画焊缝   (b)用粗实线画焊缝

图 10-2　焊缝画法(一)

当焊缝分布较复杂时,在标注焊缝代号的同时,在图样上的焊缝处可加粗线和栅线。粗线表示可见焊缝,栅线表示反面不可见焊缝,栅线应与焊缝垂直(允许徒手绘出)。若整套图样中只出现可见焊缝时,亦可用栅线表示可见焊缝。

当焊缝分布较简单时,一般可用轮廓线表示可见焊缝,用虚线代替栅线来表示不可见焊缝,如图 10-3 所示。

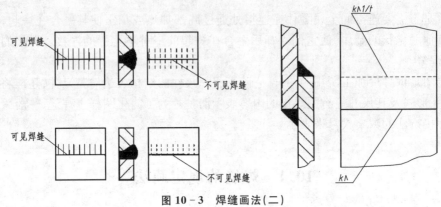

图 10-3 焊缝画法(二)

在垂直于焊缝的断面或剖视图中,当比例较大时,应参照规定的图形符号画出焊缝的断面,并涂黑表示。

10.2 焊缝符号及其标注

在技术图样或文件上需要表示焊缝或接头时,推荐采用焊缝符号,焊缝符号能清晰地表述所要说明的信息,不使图样增加更多的注解。必要时也可采用一般的技术制图方法表示。《焊缝符号表示法》(GB/T 324—2008)和《技术制图 焊缝符号的尺寸、比例及简化表示法》(GB/T 12212—2012)对此做出了明确的具体规定。

10.2.1 焊缝符号

焊缝符号一般由指引线与基本符号组成,必要时还应加注辅助符号、补充符号、焊缝尺寸及焊接工艺等内容。对于图形符号的比例、尺寸和表示在图纸上的位置,应按技术制图有关规定。

1) 基本符号

基本符号用于表明焊缝横截面的形状,采用实线绘制(线宽约为 0.7b),见表 10-1;标注双面焊缝或接头时,基本符号可以组合使用,见表 10-2。

2) 辅助符号

辅助符号是表示焊缝表面形状特征的符号,采用实线(线宽与基本符号相同)绘制,标注是要配置在基本符号固定位置,见表 10-3。当不需要确切地说明焊缝的表面形状时,可以不加注辅助符号。

3) 补充符号

补充符号用来补充说明有关焊缝或接头的某些特征而采用的符号,诸如表面形状、衬垫、焊缝分布、施焊地点等,见表 10 - 4。

表 10 - 1   常用焊缝的基本符号及标注示例

名　称	示 意 图	符　号	标 注 示 例
I 形焊缝		‖	
V 形焊缝		V	
单边 V 形焊缝		V	
角焊缝		◿	
带钝边 U 形焊缝		Y	
点焊缝		○	
带钝边 V 形焊缝		Y	
带钝边单边 V 形焊缝		Y	
带钝边 J 形焊缝		ﾚ	
封底焊缝		⌣	

表 10 - 2   焊缝基本符号组合

名　称	示 意 图	符　号	标 注 示 例
双面 V 形焊缝 (X 焊缝)		X	
双面单 V 形焊缝 (K 焊缝)		K	

（续表）

名　称	示　意　图	符　号	标　注　示　例
带钝边双面 V 形焊缝			
带钝边双面 单 V 形焊缝			
双面 U 形焊缝			

表 10 - 3　焊缝辅助符号

序　号	名　称	示　意　图	符　号	说　　明
1	平面符号		—	焊缝表面平齐(一般通过加工)
2	凹面符号		⌣	焊缝表面凹陷
3	凸面符号		⌢	焊缝表面凸起

表 10 - 4　焊缝补充符号及标注示例

名　称	符　号	示意图及标注示例	说　　明
平面符号	—		表示 V 形对接焊缝表面齐平
凹面符号	⌣		表示角焊缝表面凹陷
凸面符号	⌢		表示 X 形焊缝表面凸起
带垫板符号	▭		表示焊缝的底部有垫板
三面焊缝符号	⊏		表示工作三面施焊,开口方向与实际方向一致

（续表）

名 称	符 号	示意图及标注示例	说 明
周围焊缝符号	○		表示环绕工件周围施焊
现场符号	▶	5 ⌐100 ⫽⫽⫽ 4条	表示现场施焊,有四条相同的焊缝
尾部符号	⟨		

10.2.2　焊接方法代号

　　焊接方法很多,常用的有电弧焊、接触焊、电渣焊、点焊和钎焊,其中电弧焊应用较广泛。焊接方法可用文字在技术要求中注明,在工程制图中,为了简化焊接方法的标注和说明,也可用代号注写在尾部符号中,常用焊接方法代号见表 10 − 5。

表 10 − 5　常用焊接方法代号

焊 接 方 法	焊 接 代 号	焊 接 方 法	焊 接 代 号
焊条电弧焊	1	凸 焊	23
涂料焊条电弧焊(手弧焊)	111	闪光焊	24
埋弧焊	12	氧-乙炔焊	311
熔化极惰性气体保护焊(MIG)	131	气 焊	3
非熔化极非惰性气体保护焊 (MAG)	135	电渣焊	72
		等离子弧焊	15
钨极惰性气体保护焊(TIG 焊)	141	激光焊	52
压 焊	4	电子束焊	51
电阻焊	2	钎 焊	9
定位焊	21	软钎焊	94
缝 焊	22	火焰硬钎焊	912

10.2.3　焊缝标注

10.2.3.1　基本符号标注位置

1) 基本要求

　　在焊接符号中,基本符号和指引线为基本要素。焊缝的准确位置通常由基本符号和指引线之间的相对位置决定,即箭头线的位置、基准线的位置和基本符号的位置。

2) 指引线

　　指引线由箭头线和两条基准线组成,如图 10 − 4 所示。指引线用细实线绘制,必要时可加尾部(90°夹角的细实线);基准线含有实线基准线和虚线基准线。虚线基准线可画在实线基准线的上方或下方。焊缝符号标注在实线基准线上说明焊缝在箭头侧,焊缝符号标注在虚线基准线上说

图 10 − 4　指引线

明焊缝在非箭头侧。基准线一般应与图样的底边平行,特殊情况下也可与底边垂直。

10.2.3.2　基本符号与基准线的相对位置

在标注基本符号时,它相对于基准线的位置严格规定如下:

(1) 基本符号在实线侧时,表示焊缝在箭头侧,如图 10 - 5a 所示。

(2) 基本符号在虚线侧时,表示焊缝在非箭头侧,如图 10 - 5b 所示。

(3) 对称焊缝允许省略虚线,如图 10 - 5c 所示。

(4) 在明确焊缝分布位置的情况下,有些双面焊缝也可以省略虚线,如图 10 - 5d 所示。

10.2.3.3　焊缝尺寸符号及其标注

1) 焊缝尺寸符号

焊缝尺寸符号是表明焊缝截面、长度、数量

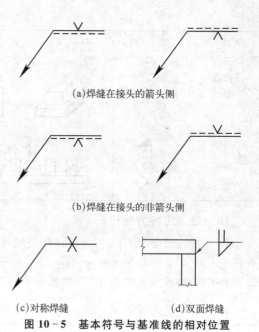

(a)焊缝在接头的箭头侧

(b)焊缝在接头的非箭头侧

(c)对称焊缝　　　　　(d)双面焊缝

图 10 - 5　基本符号与基准线的相对位置

及坡口等有关尺寸的符号,见表 10 - 6。必要时基本符号可附带尺寸符号及数据一并标注在指引线的一侧。

表 10 - 6　焊缝尺寸符号

符号	名　称	示　意　图	符号	名　称	示　意　图
δ	工作厚度		R	根部半边	
α	坡口角度		H	坡口深度	
β	坡口面角度		S	焊缝有效厚度	
b	根部间隙		c	焊缝宽度	
p	钝　边		K	焊脚尺寸	

（续表）

符号	名　称	示　意　图	符号	名　称	示　意　图
d	点焊：熔核直径 塞焊：孔径	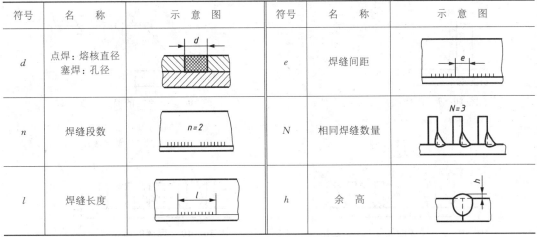	e	焊缝间距	
n	焊缝段数		N	相同焊缝数量	
l	焊缝长度		h	余　高	

2) 焊缝尺寸符号的标注规则

焊缝尺寸符号及数据的标注位置,如图 10-6 所示。

图 10-6　焊缝尺寸符号的标注位置

焊缝尺寸的标注规定:

(1) 横向尺寸标注在基本符号的左侧。

(2) 纵向尺寸标注在基本符号的右侧。

(3) 坡口角度、坡口面角度、根部间隙的尺寸标注在基本符号的上方或下方。

(4) 相同焊缝的数量(N)标注在尾部。

(5) 当尺寸较多不易分辨时,可在尺寸数据前增加相应的尺寸符号。

当箭头线方向改变时,上述规则不变。

10.2.4　焊缝的简化标注

(1) 当同一图样上全部焊缝所采用的焊接方法完全相同时,焊缝符号尾部表示焊接方法的代号可省略不注,但必须在技术要求或其他技术文件中注明"全部焊缝均采用××焊"等字样;当大部分焊接方法相同时,也可在技术要求或其他技术文件中注明"除图样中注明的焊接方法外,其余焊缝均采用××焊"等字样。

(2) 在焊缝符号中标注交错对称焊缝的尺寸时,允许在基准线上只标注一次,如图 10-7 所示。

(3) 当断续焊缝、对称断续焊缝和交错断续焊缝的段数无严格要求时,允许省略焊缝段数,如图 10-8 所示。

(4) 在同一图样中,当若干条焊缝的坡口尺寸和焊缝符号均相同时,可采用集中标注,如图 10-9 所示;当这些焊缝同时在接头中的位置均相同时,可在焊缝符号的尾部加注相同焊缝数量,但其他形式的焊缝,仍需分别标注,如图 10 - 10 所示。

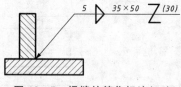

图 10 - 7　焊缝的简化标注(一)

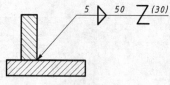

图 10 - 8　焊缝的简化标注(二)

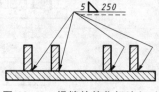

图 10 - 9　焊缝的简化标注(三)

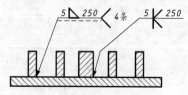

图 10 - 10　焊缝的简化标注(四)

　　(5)当同一图样中全部焊缝相同,且已用图示法明确表示其位置时,可统一在技术要求中用符号表示或用文字说明,如"全部焊缝为5△";当部分焊缝相同时,也可采用相同的方法表示,但剩余焊缝应在图样中明确标注。

　　(6)焊缝标注典型示例见表 10 - 7。

表 10 - 7　焊缝标注典型示例

接头形式	焊缝形式	标注示例	说　明
对接接头			表示用手工电弧焊,带钝边 V 形焊缝,坡口角度为 α,钝边为 p,根部间隙为 b
T 形接头			表示单面角焊缝,焊脚尺寸为 k
角接接头			表示双面焊缝,上面为带钝边单边 V 形焊缝,坡口角度为 α,钝边为 p,间隙为 b,下面焊缝为角焊缝,焊角尺寸为 k
搭接接头			○表示点焊缝,d 表示焊点直径,e 表示焊点间距离,相同焊缝有 n 段

10.3 焊 接 件 图 例

　　焊接图是焊接件的装配图,它应包括装配图的所有内容,另外焊接图还应标注焊缝。若焊接图较简单,则可不画出各组成构件的零件图,在焊接图上表达出各构件的形状,并标注构件的尺寸;如果焊接件较复杂,则焊接图按装配图的画法,并标注焊缝,此时应画出各组成构件的零件图。

　　例 10 - 1　连管支架焊接图,如图 10 - 11 所示。连管支架由四个构件组成,底板与支撑板焊接,支撑板与圆管焊接均采用双面角焊焊缝,焊角高为 10 mm,圆管与支撑法兰采用带钝边单边 V 形焊缝,坡口角度为 60°。钝边为 2 mm,根部间隙为 2 mm。

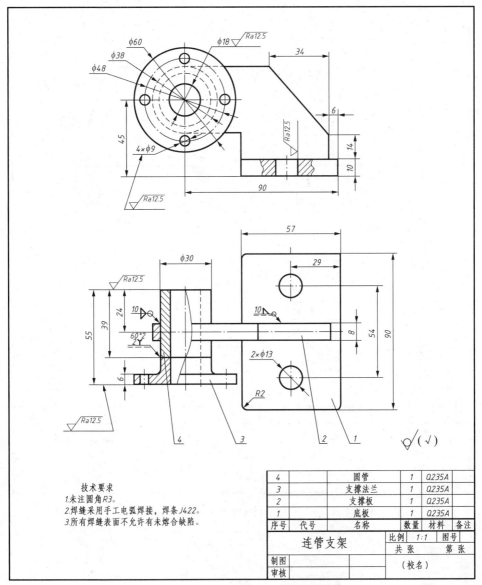

技术要求
1.未注圆角 R3。
2.焊缝采用手工电弧焊接,焊条 J422。
3.所有焊缝表面不允许有未熔合缺陷。

4		圆管	1	Q235A	
3		支撑法兰	1	Q235A	
2		支撑板	1	Q235A	
1		底板	1	Q235A	
序号	代号	名称	数量	材料	备注

连管支架

比例 1:1　图号
共　张　　第　张
制图
审核　　　　　　　(校名)

图 10 - 11　连管支架焊接图

例 **10 - 2**　支架焊接图,如图 10 - 12 所示。

主视图采用的全剖视,图中的焊接符号说明:竖板(件 2)与底板(件 1)之间,采用焊角尺寸为 10 mm 的对称角焊缝焊接,这样的焊缝共有两处(竖板有左右两件,各有两条焊缝)。焊缝基本符号的右侧无任何标注,且又无其他说明,意味着焊缝在竖板(件 2)的全长上是连续的。

左视图中的焊接符号说明:扁钢(件 3)与支架左侧竖板也采用焊接,此处焊接在现场装配时进行,选用焊角高为 6 mm 的单面角焊缝。三面焊缝符号的开口方向与焊缝的实际方向一致,表明扁钢(件 3)与销轴(件 4)之间没有焊缝。技术要求中的第一条,指明上述几处焊缝的焊接方法均采用手工电弧焊。

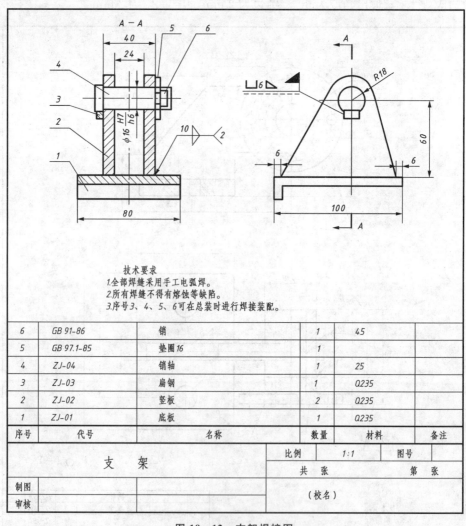

技术要求
1.全部焊缝采用手工电弧焊。
2.所有焊缝不得有熔蚀等缺陷。
3.序号3、4、5、6可在总装时进行焊接装配。

6	GB 91-86	销		1	45	
5	GB 97.1-85	垫圈 16		1		
4	ZJ-04	销轴		1	25	
3	ZJ-03	扁钢		1	Q235	
2	ZJ-02	竖板		2	Q235	
1	ZJ-01	底板		1	Q235	
序号	代号	名称		数量	材料	备注
支　架			比例	1:1	图号	
			共　张		第　张	
制图			(校名)			
审核						

图 10 - 12　支架焊接图

第11章 展开图

11.1 概　述

在工业生产中常会遇到金属板材制件,如管道、壳体和容器等,如图 11-1 所示,这些都是用板材卷曲焊接而成。在制造这类板材制件时,必须先在板材上画出制件的展开图,也称放样,然后按其切割下料,卷曲成形,再将接缝焊接而成。

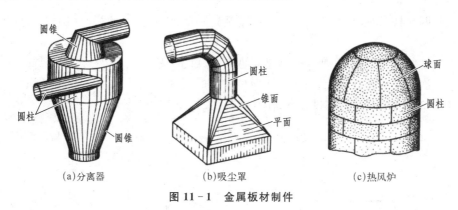

(a)分离器　　　　　　(b)吸尘罩　　　　　　(c)热风炉

图 11-1　金属板材制件

理论上并不是任何形体的表面都可以展开,立体的表面分为可展开与不可展两种。立体表面若能全部平整地摊开在一个平面上称为可展开表面,平面立体的表面均为可展开表面。曲面立体的曲面分为可展开曲面和不可展开曲面,可展曲面包括直纹曲面中相邻两素线相互平行或相交的曲面,如柱面、锥面等;其他直纹曲面和全部曲纹曲面都是不可展曲面,如螺旋面、球面等。

绘制展开图就是要获得立体表面的实形,因此必须准确地求出有关线段的实长,线段的实长需要通过其投影图求出,求线段的实长有直角三角形法和换面法等。展开图作图方法的共向特点是:根据立体表面的性质,用直线把待展表面分割成许多小平面,用这些小平面去逼近立体表面,并依据作展开图的基本方法绘出展开图。

11.2　平面立体的表面展开

平面立体的表面都是多边形,因此其展开图的画法可归结为求出这些多边形的实形,再将它们依次连续地画在一个平面上。

例 11-1　求作顶口倾斜的四棱柱管表面的展开图,如图 11-2 所示。

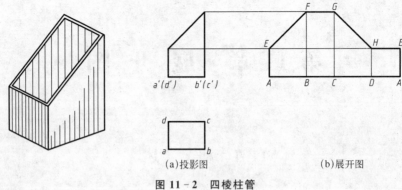

(a)投影图   (b)展开图

图 11 - 2   四棱柱管

由于四棱柱底面 $ABCD$ 平行于水平面(H 面),所以底边水平投影反映实形;各棱线均为铅垂线,正面投影反映实长。根据这个特点即可作出四个侧面的实形。

作图步骤:

(1) 将四棱柱各底边按水平投影长度,顺次展开成一条水平线,标出 A、B、C、D、A 点。

(2) 过这些点作垂线,在所作垂线上量取各棱线的实长。

(3) 顺次连接各棱线端点,得出这个四棱柱管的展开图。

例 11 - 2   已知渐缩管的投影图,作其展开图,如图 11 - 3 所示。

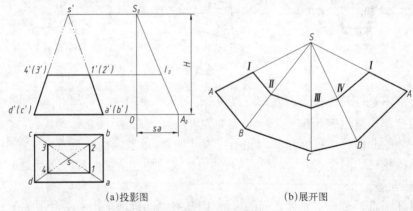

(a)投影图   (b)展开图

图 11 - 3   渐缩管

矩形渐缩管的各棱线延长后交于一点 S,形成一个棱锥,可见此渐缩管是四棱台。

作图步骤:

(1) 延长四棱锥管的棱线,求出四棱锥的锥顶 S。

(2) 用直角三角形法求出各棱线的实长 S_0A_0,再过 $1'$ 作水平线与棱线实长相交得 I_0,I_0A_0 即为四棱台棱的实长。

(3) 以 S 为圆心,S_0A_0 为半径画圆弧,在圆弧上依次截取 $AB = ab$、$BC = bc$、$CD = cd$、$DA = da$,并连线 SA、SB、SC、SD、SA。

(4) 在 SA 上截取点 I,使 $AI = A_0I_0$,再过点 I 依次作底边的平行线得点 I、II、III、IV、I,完成四棱台的表面展开图。

例 11－3 已知漏斗投影图,求表面的展开图,如图 11－4 所示。

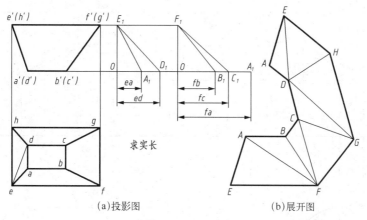

(a)投影图　　　　　　　　(b)展开图

图 11－4 漏斗

漏斗的前后侧面是两个形状为四边形的侧垂面,左右两侧面是形状为等腰梯形的正垂面。各棱线都是一般位置直线,且 $AE=DH$, $BF=CG$。作四边形的实形时,将其用对角线划分为两个平面三角形来作图。考虑接口缝最好是短边,展开时将接口布置在 AE 棱线上。

作图步骤:

(1) 将左边、前边、右边的梯形分为两个三角形。

(2) 用直角三角形法求各侧棱及对角线的实长,得 $AE=DH=A_1E_1$、$DE=D_1E_1$、$AF=A_1F_1$、$BF=CG=B_1F_1$、$CF=C_1F_1$。

(3) 根据求出的边长拼画出三角形,作出前边、右边的梯形,后边的梯形与前边的梯形相同,再作出左边的梯形,即可得到展开图。

11.3 可展曲面的表面展开

例 11－4 已知如图 11－5a 所示截头正圆柱投影图,求表面的展开图。

正圆柱表面的展开图是一个以圆柱高 H 为宽,以 πD(D 为圆柱直径)为底边长的矩形。当正圆柱被一正垂面斜切,上底面为椭圆,下底面为圆。若假象以两素线之间当作一平面图形,则该平面图形可看成直角梯形,它的上下底为两素线,其正面投影反映实长,其一腰垂直于上下底,长度为两素线间的底圆的弧长。

作图步骤:

(1) 在水平投影上,将柱底圆周分为 n 等份(如图 $n=12$),并过各等分点作素线正面投影,与正面投影的 P_V 迹线分别交于点 a'、b'、c'、…。

(2) 将圆柱底圆周展开为一直线,其长度为 πD,在其上截取各等分点,得 0_0、1_0、2_0、…。

(3) 过 0_0、1_0、2_0、…各等分点作展开线的垂直线,使它们分别等于相应素线的实长;为此可过 a'、b'、c'、…各点引水平线与展开图上相应素线相交,得点 A、B、C、…。

（4）用圆滑曲线连接 A、B、C、…各点，即可得到展开图，如图 11-5b 所示。

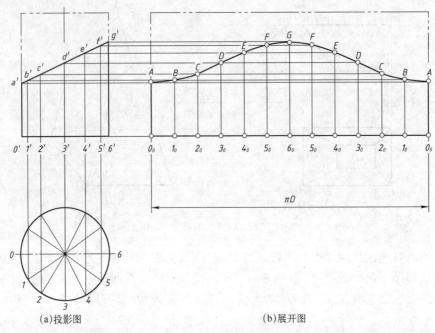

(a)投影图   (b)展开图

图 11-5　截头正圆柱

例 11-5　已知五节等径圆柱弯管投影图，求表面的展开图，如图 11-6 所示。

该弯管由五节斜口圆管组成，中间的三节是两面倾斜的全节，端部的两节是一面倾斜的半节。这种弯管每节的直径都相同，可以将第 B、D 两节管绕其轴线旋转 $180°$ 与 A、C、E 三节连接成一正圆柱。然后按上述截头正圆柱表面展开的方法，即可得到弯管的展开图。

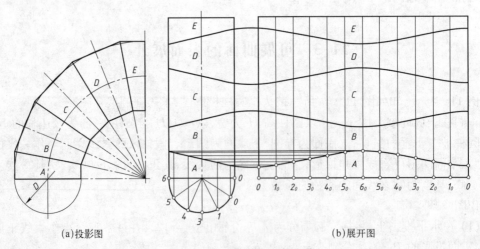

(a)投影图   (b)展开图

图 11-6　五节等径圆柱弯管

作图步骤：

（1）在水平投影上，将柱底圆周分为 n 等份（如图中 $n=12$），并过各等分点作素线正面投影。

(2) 将柱底圆周展开为一直线,其长度为 πD,在其上截取各等分点,得 1_0、2_0、3_0、$\cdots$。

(3) 过 1_0、2_0、3_0、$\cdots$各等分点作展开线的垂直线,使它们分别等于相应素线的实长。

(4) 用圆滑曲线连接各点,即可得到 A 节管的展开图。

(5) 用相同方法作出 B、C、D、E 各管的展开图,即可得到该五节等径弯管表面的展开图。此图也可以根据其对称性,在作出 A 段展开图的基础上,对称地作出 B、C、D、E。

例 11 - 6 已知三通管投影图,求表面的展开图,如图 11 - 7 所示。

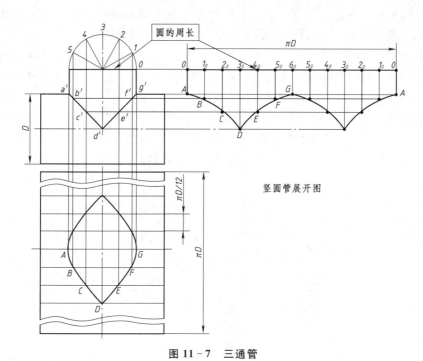

图 11 - 7 三通管

三通管接头是由一等径的水平圆管和一铅直圆管正交组成。作图时必须准确作出两管的相贯线,然后分别作各管的展开图。

作图步骤:

(1) 求出两管的相贯线。等径的两圆柱管正交,其相关贯线的正面投影为相交两直线。

(2) 分别划分两管底圆的圆周为若干等份(图中为 12 等分),作过各等分点的素线。在正投影上,水平圆管和铅直圆管素线均与相贯线相交得 a'、b'、c'、$\cdots$各点。

(3) 展开铅直圆管。按截头圆柱管来展开,在相应素线上分别截取素线的实长,得相贯线上 A、B、C、D、E、F、G 各点在展开图上的位置。同理,作出铅直管后半部分相贯线上各点,以光滑曲线依次连接,得铅直管的展开图。

(4) 展开水平圆管。水平圆管展开图是一中间开孔,以水平圆管的长 L 为宽,以 πD(D 为圆管直径)为底的矩形。在展开图上画出各等分素线,截取相应宽度,得到相贯线上点 A、B、C、$\cdots$的展开位置。

(5) 同理,作出水平圆管后半部分相贯线上各点,用光滑曲线依次连接各点,得相贯线的展开图。

例 11 - 7 已知如图 11 - 8a 所示截头正圆锥的投影图,试作其展开图。

正圆锥的锥底直径 D,面上各素线长 L 相等,在正投影中外形素线反映实长。锥底圆的水平投影反映实形。若圆锥没有被截断,则它的展开图为一扇形,扇形的半径为素线的实长 L,扇形的弧长等于底圆的周长 πD,扇形角为 $\theta=180°D/L$。

对于截头圆锥,可通过截交线上点的正面投影作水平线,与外形素线交于各点,从而得到被截断的各素线实长。

作图步骤:

(1) 以圆锥素线实长 L 为半径、锥顶 S 为圆心、扇形圆心角 $\theta=180°D/L$ 画扇形。

(2) 将圆锥底圆 12 等分,在展开图的圆弧上截取 12 段弦长。

(3) 求各素线被截去部分实长。正圆锥被正垂面截切后,各素线被截去部分的实长,除了 $s'1'$、$s'7'$ 反映实长外,其余各素线可用直角三角形法求得。例如,过 $2'$ 作水平线,与圆锥轮廓线交于 $2_1'$,则 $s'2_1'$ 即为 $S2$ 的实长。

(4) 确定截交线上各点 1、2、3、⋯在展开图中的位置,得到点 1_0、2_0、3_0、⋯然后用圆滑曲线依次连接各点,扇形右侧部分即为所求截头正圆锥的展开图。

为了便于作图,本例也可将展开图中扇形的圆心与锥顶正面投影 s' 重合,展开图如图 11−8b 所示。

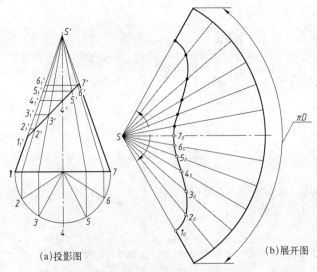

(a)投影图   (b)展开图

图 11−8   截头正圆锥的展开图(一)

例 11−8 已知斜圆锥投影图,求作表面的展开,如图 11−9 所示。

斜圆锥的轴线倾斜于底面,其展开图画法与正圆锥面的展开图画法相似,但必须先求出各素线的实长,然后再画出斜圆锥表面的展开图。

作图步骤:

(1) 将底圆圆周 12 等分,画出前半个圆锥面上过各等分点的素线的两面投影。

(2) 用直角三角形法求出各等分点素线 $S\mathrm{I}$、$S\mathrm{II}$、⋯的实长 $S_1 1_1$、$S_1 2_1$、⋯。

(3) 作 $SO=s'O'$。以 S 为圆心、$S\mathrm{I}=S_1 1_1$ 为半径作一圆弧;又以 O 为圆心、$O\mathrm{I}=\pi d/12$ 为半径作一圆弧,两圆弧交于点 I。同理求得点 II、III、⋯。

(4) 用曲线光滑相连点 O、I、II、III、⋯并作出与之对称的另一半,则得到斜圆锥表

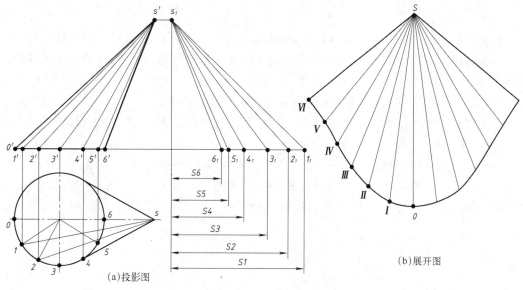

图 11-9 斜圆锥表面的展开

面的展开图。

11.4 不可展曲面的近似展开

不可展曲面只能用近似的方法展开,即把立体表面分为若干个较小的部分,每个小部分都用可展曲面(如柱面、锥面等)来代替进行展开。

例 11-9 圆球面的展开图画法。

球面是不可展曲面,常用的近似展开方法为近似柱面法和近似锥面法两种,这里介绍近似柱面法。即以外切于圆球面的柱面代替圆球面的近似展开图方法。

将球面沿球面子午面分为 n 等份,如图 11-10a 所示。每一等份均成柳叶状(又称柳叶法),用外切圆柱面,如图 11-10b 代替,作出 1/12 球面的近似展开图,并以此为模板,即可作出其余各等份的展开图。

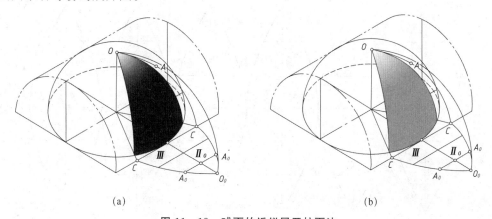

(a) (b)

图 11-10 球面的近似展开柱面法

作图步骤：

(1) 在球的水平投影中,过点 O 将球分为若干等份(如 6 等份,这里仅画半球),每一等份就是一片柳叶。在球的正投影中,也份球的正投影轮廓线分为若干等份(图中为 3 等份),得到点 $1'$、$2'$、$3'$。然后作过各等分点的纬圆的水平投影,再在球的水平投影中,过 1、2、3 作纬圆水平投影的切线,交柳叶片两边线的水平投影于点 a、b、c。

(2) 作柳叶片展开图的对称线 $O\text{Ⅲ}$,使其长度等于 $\pi R/2$(R 为球的半径),并分为 3 等分,得到点 Ⅰ、Ⅱ。

(3) 过各分点作对称线 $O\text{Ⅲ}$ 的垂直线,并在各垂直线上截取柳叶片的宽度。在分点Ⅰ上截取 AA 等于水平投影点 1 上的 aa 切线之长,在分点Ⅱ、Ⅲ上截取 BB、CC 等于切线 bb 和 cc 之长,用光滑曲线连接 O、A、B、C、C、B、A、O 点,得半片柳叶的展开图,如图 11-11 所示。

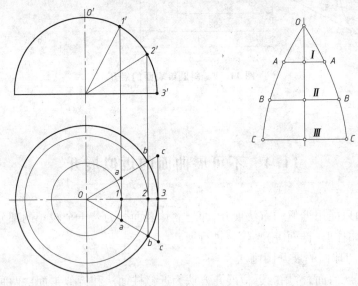

图 11-11 球面的近似展开图(柱面法)

(4) 作出另一半柳叶的展开图。并用这一柳叶为模板,依次连续画出 12 片柳叶,即得到整个球面的近似展开图,如图 11-12 所示。

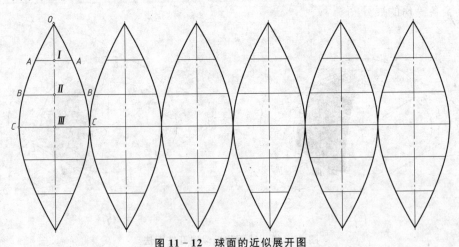

图 11-12 球面的近似展开图

例 11 - 10 过渡体的展开图画法。

生产实践中常用的一种过渡体，即从一端到另一端的特定形状逐渐变化，过渡到另一端，使其成为另一种形状，如圆管变成矩形管或方管等。图 11 - 13a 为上口圆，下口是矩形，可视为由四个平面截切一个圆台后形成的。为了简化作图，用直线代替截平面与圆角相交的曲线。在视图中将四个圆角分成若干个小三角形，然后再求出三角形的实形。

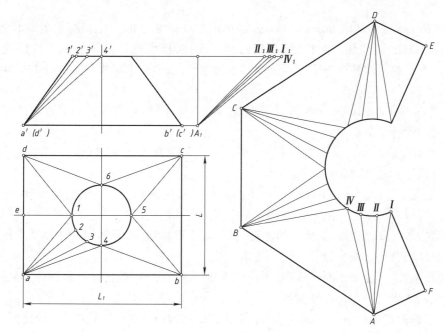

图 11 - 13 过渡体的展开

作图步骤：

(1) 先求出平面与锥面分界线。在水平投影中作四条线分别平行于下口矩形的四条边并与上口圆相切，得四个切点 Ⅰ、Ⅳ、Ⅴ、Ⅵ；连接这四个切点与下口矩形的各顶点，即可将过渡体的表面划分为四个三角形 ⅠAD、ⅣAB、ⅤBC、ⅥDC 和四个斜圆锥面 Ⅰ ⅣA、Ⅳ ⅤB、Ⅴ ⅥC、Ⅰ ⅥD。

(2) 将上口圆周 12 等分，作出四个斜圆锥的素线。

(3) 用直角三角形法求四条素线及接口线 E Ⅰ 的实长。

(4) 作出四个三角形的实形及四个斜圆锥面的展开图，并依次拼合起来，即可得到过渡体的展开图，如图 11 - 13b 所示。

第 12 章 SolidWorks 三维建模基础

SolidWorks 是由美国 SolidWorks 公司推出的功能强大的三维机械设计软件系统,自 1995 年问世以来,以其优异的性能、易用性和创新性,极大地提高了机械工程师的设计效率,在与同类软件的激烈竞争中已经确立其市场地位,成为三维机械设计软件的标准。其主要功能特点包括:

(1) 直观易用。SolidWorks 提供了直观的用户界面,使得设计师和工程师能够轻松上手,快速完成设计任务。

(2) 参数化建模。支持参数化设计,用户可以随时修改设计参数,并实时查看修改结果,大大提高了设计效率和灵活性。

(3) 集成化设计。SolidWorks 集成了多个设计模块,如零件设计、装配设计、工程图生成等,用户可以在一个统一的平台上完成整个产品设计流程。

(4) 强大的仿真能力。支持运动仿真、有限元分析等功能,帮助用户在设计阶段就能预测产品的性能和行为,减少设计错误和成本。

(5) 云连接能力。SolidWorks 提供了云连接功能,用户可以将设计数据保存到云端,实现跨设备、跨地点的实时协作和访问。

本章以低速滑轮装置为例,重点学习利用 SolidWorks 2023 软件进行零件建模、部件装配、创建工程图的方法与过程。

12.1 SolidWorks 2023 软件基础知识

1) 启动 SolidWorks 2023 软件

双击桌面图标 ![SW2023] 或通过 Windows 开始菜单启动 SolidWorks 软件,界面如图 12-1 所示。

SolidWorks 文件包含三种类型:零件、装配体及工程图。其设计过程是由草图创建零件,零件创建装配体,由零件、装配体创建工程图。

2) SolidWorks 2023 用户界面

下面以零件设计界面为例,说明 SolidWorks 2023 用户界面的主要构成,如图 12-2 所示。

(1) 主菜单。鼠标移至菜单浏览器右侧箭头处可弹出下拉主菜单,包括子菜单项,其中包含 SolidWorks 的所有命令,如图 12-3 所示。单击按钮 ![图钉],可使菜单固定同时显示快速访问工具栏,如图 12-2 所示。

(2) 命令管理器(Command Manager)。这是在绘图和三维造型时最为常用的工具栏,它会根据打开的文档类型嵌入相应的工具。当切换左侧的控制选项卡"特征""草图""标注"

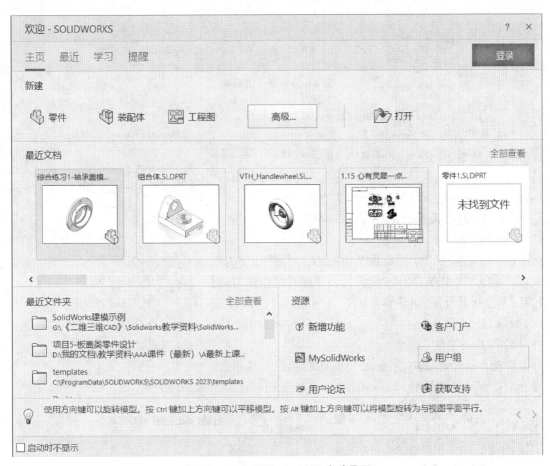

图 12 - 1　SolidWorks 2023 启动界面

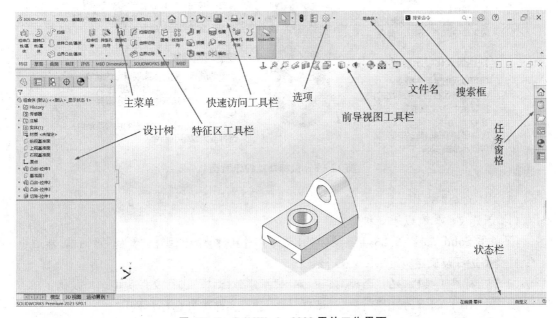

图 12 - 2　SolidWorks 2023 零件工作界面

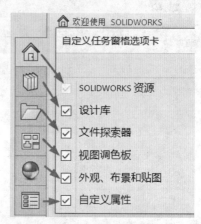

图 12-3　显示主菜单

"评估"等时,上面的面板内容也会更新,显示相应的工具栏。

(3) 特征管理器(Feature Manager 设计树)。特征管理器是 SolidWorks 中的一个独特部分,它可以显示出零件或装配体中的所有特征。当一个特征建好后,就加入 Feature Manager 设计树中,因此 Feature Manager 设计树代表建模操作的先后顺序,通过 Feature Manager 设计树,用户可以编辑零件中的所有特征,如图 12-2 所示。

(4) 任务窗格。位于 SolidWorks 2023 用户界面的右侧,包含了【SOLIDWORKS 资源】【设计库】【文件探索器】【视图调色板】【外观、布景和贴图】和【自定义属性】6 个选项,如图 12-4 所示。

图 12-4　任务窗格

3) 鼠标的功能

在操作软件过程中,熟练使用鼠标的功能非常重要。鼠标功能键示意图如图 12-5 所示。

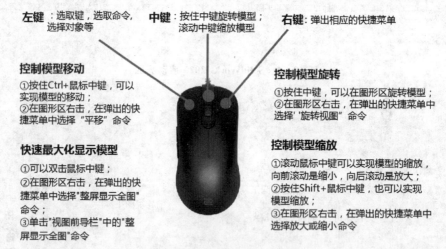

图 12-5　鼠标功能键示意图

4) 文件的基本操作

(1) 新建文件。有以下 3 种方式:

① 单击 SolidWorks 2023 主菜单中的【文件】→【新建】命令,弹出"新建"对话框,然后进行文件类型选择及确定,如图 12-6 所示。

② 单击标准工具栏中的"新建"按钮,弹出"新建"对话框,进行文件类型选择及确定。

③ 按【Ctrl+N】键,弹出"新建"对话框,然后进行文件类型选择及确定。

(2) 打开文件。选择【文件】→【打开】命令,弹出对话框,寻找要打开的文件。

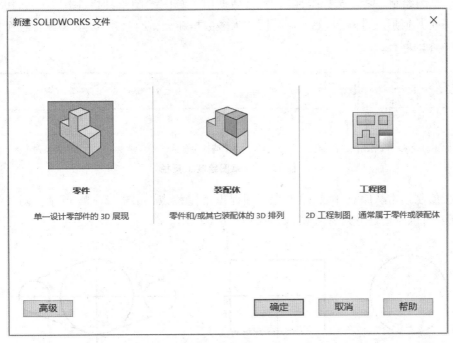

图 12 - 6　"新建"对话框

(3) 保存文件。选择【文件】→【另存为】或【保存】命令,弹出对话框,输入文件名保存。

12.2　二维草图设计

SolidWorks 中的草图是由点、直线、圆弧等基本几何元素构成的封闭或者不封闭的几何形状,它是立体建模的第一步。草图包括形状、几何关系和尺寸标注三方面的信息。由于 SolidWorks 的草图采用了尺寸驱动技术,使得草图的修改过程变得非常容易。在实际的草图设计工作中,设计者可根据需要不断地修改草图,以符合设计意图。

12.2.1　草图绘制

(1) 基准面的选择。要创建草图,必须选择一个绘制草图的平面即基准面。该平面可以是系统默认的初始平面、建立的平面和已经存在实体的内外表面。但基准面必须是平面,不能是曲面。SolidWorks 系统默认三个初始平面是前视(Front)、上视(Top)和右视(Right)基准面。草图绘制平面是表示空间位置的平面,只有位置、没有大小和厚度,三个初始平面和一个坐标原点构成 SolidWorks 默认的空间坐标系,如图 12 - 7 所示。

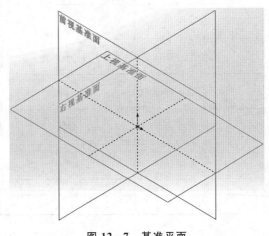

图 12 - 7　基准平面

（2）草图绘制工具。选择基准面之后，便调出了草图绘制工具栏（图 12 - 8），用于绘制和编辑各种几何形状，即可开始绘制草图。大多数按钮上带有文字说明，将鼠标移至按钮上方将显示详细解释。

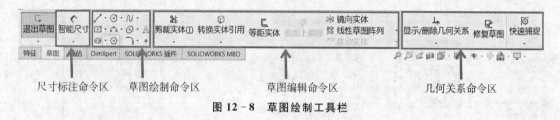

图 12 - 8　草图绘制工具栏

草图绘制通常从原点开始，原点为草图提供了定位点，如图 12 - 9a 所示。同时恰当使用中心线，可以帮助建立对称关系，如图 12 - 9b、c 所示。

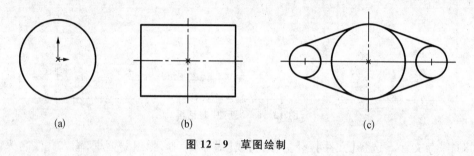

（a）　　　　　　　　　　（b）　　　　　　　　　　（c）

图 12 - 9　草图绘制

12.2.2　几何关系

几何关系（亦称几何约束）是指草图元素或元素之间可能存在的位置关系。一旦添加了某种几何关系，当草图元素的尺寸或者位置发生变化时，其草图元素之间依然保持着这种几何关系。按住 Ctrl 键同时选择两个实体，或者框选两个实体，就可以对实体添加几何关系，有几何约束关系的两个实体会有相同的编号。草图常用几何约束关系见表 12 - 1。

表 12 - 1　草图常用几何约束关系

几何关系	图　案	几何关系	图　案
重合	⋏	垂直	⊥
水平	—	同心	◎
竖直	│	相切	♂
共线	╱	固定	✗
相等	=	穿透	✍
平行	╲╲	对称	▢

任意画两个圆和两条直线，如图 12 - 10a 所示。在直线与圆之间，分别添加"相切"关

系,如图 12 - 10b 所示。单击"裁剪实体"按钮 ✂️(裁剪到最近端方式),剪切掉多余线段,如图 12 - 10c 所示。随意拖动大圆都不会改变直线与两圆的相切几何关系,如图 12 - 10d 所示。

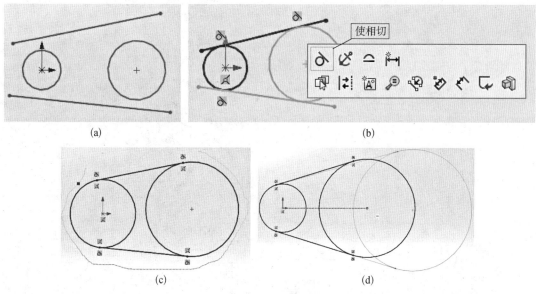

图 12 - 10　添加几何关系

12.2.3　尺寸标注

添加几何关系的草图仍然是欠定义的,如图 12 - 10d 所示草图,两圆的大小及圆心距是可变的。加入尺寸标注,才能完全定义该草图。在 SolidWorks 中,草图的定义状态不同,显示的颜色也不同。系统默认状态下,欠定义状态草图显示为蓝色,完全定义状态草图显示为黑色,过定义状态草图显示为红色。在 SolidWorks 中标注尺寸,可使用"智能尺寸"命令。SolidWorks 的尺寸标注是动态预览的,因此当选定了元素后,尺寸会依据放置位置不同来确定尺寸的标注类型,并自动测量尺寸,如图 12 - 11a 所示。当开始标注尺寸和修改尺寸时,属性管理器会自动展开,所有细节都可以在尺寸标注管理器中修改,包括尺寸数字、前缀、后缀、箭头的形式和方向、尺寸精度、尺寸公差和一些特殊符号等,如图 12 - 11b 所示。如果想修改尺寸,双击要修改的尺寸即可重新输入。

12.2.4　草图编辑与修改

草图绘制完成以后,单击"退出草图"按钮 ↪ 退出草图编辑状态,此时在 Feature Manager 设计树中出现"草图 1"选项,若是欠定义草图,则在"草图 1"选项前标有"(-)",如图 12 - 12a 所示。要编辑、修改草图,在 Feature Manager 设计树中,选中所要编辑的草图,单击鼠标右键,选择"编辑草图"按钮,如图 12 - 12b 所示,进入草图绘制界面。

例 12 - 1　绘制如图 12 - 13 所示平面草图。

操作步骤如下:

(1) 启动 SolidWorks 2023,新建【零件】文件,选择【前视基准面】,进入草图绘制。

(2) 执行【直线】命令,绘制草图基准线,并进行尺寸标注和添加几何关系,使最短中心线的中点与倾斜 45°中心线相交,如图 12 - 14a 所示。

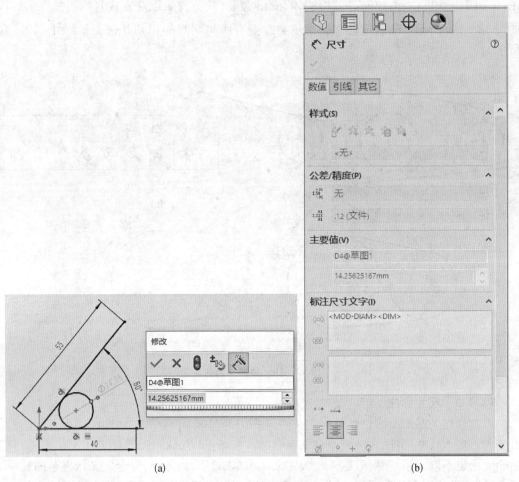

(a)　　　　　　　(b)

图 12-11　尺寸标注

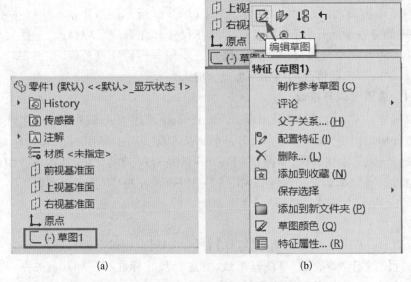

(a)　　　　　　　(b)

图 12-12　草图编辑与修改

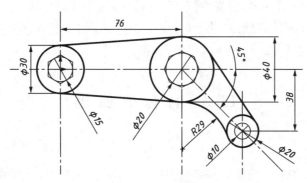

图 12-13　平面草图

（3）执行【多边形】命令,设置多边形参数为内切圆,边数为【6】和【8】,分别绘制六边形和八边形,再执行【圆】命令,绘制如图 12-14b 所示草图轮廓 1。

（4）执行【直线】命令和【圆】→【周边圆】命令,绘制如图 12-14c 所示草图轮廓 2,其中绘制的圆与两个相邻的圆相切。

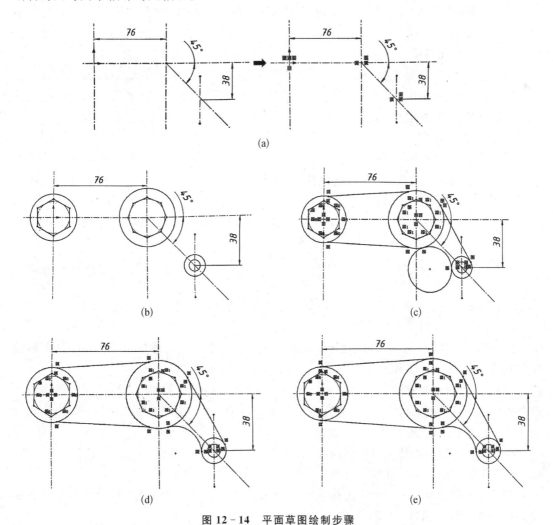

图 12-14　平面草图绘制步骤

（5）执行【剪裁实体】→【强劲裁剪】命令，进行草图裁剪，如图 12 - 14d 所示。

（6）对步骤（4）中画的直线添加【相切】几何约束，如图 12 - 14e 所示。

（7）选择【智能尺寸】选项，标注尺寸如图 12 - 13 所示。

12.3　特征的创建

12.3.1　特征的分类

特征是组成零件的独立元素，可随时对其进行编辑。特征有以下 4 种类型：

（1）草图特征。指基于草图几何图元创建的特征建模，如拉伸、旋转、扫描、放样等。

（2）附加特征。指在不改变基本特征主要形状的前提下，对已有特征进行局部修饰的特征建模方法，如圆角、倒角、筋（即机械制图中的肋板）、抽壳、拔模、孔、异型孔等。

（3）操作特征。指在不改变已有特征基本形态的前提下，对其进行整体的复制、阵列、镜像、缩放、修改等操作的特征。

（4）基准特征。指用于创建和定位草图特征的参考几何体，如基准面、基准轴、坐标系和点。

12.3.2　草图特征

基于草图的特征，其建模方式可分为添加材料方式和切除材料方式。可以采用拉伸（拉伸凸台／基体、拉伸切除）、旋转（旋转凸台／基体、旋转切除）、扫描（扫描凸台／基体、扫描切除）和放样（放样凸台／基体、放样切除）等方法形成。

1）拉伸特征建模

拉伸特征是指将一特征面沿该平面的法线方向拉伸，以建立基本特征的方式。这种运算方式适合于创建柱类几何体（包括棱柱、圆柱和广义柱）。如图 12 - 15 所示，建立拉伸特征必须给定拉伸特征三要素：

（1）草图。定义拉伸特征的基本轮廓，它描述了拉伸特征的截面形状。一般来说，拉伸特征要求草图是封闭的，并且不能存在自相交叉的情况。

（2）拉伸方向。定义拉伸后形成的特征在垂直于草图平面的拉伸方向，有正反两个方向。

（3）终止条件。定义拉伸特征在拉伸方向上的长度，即拉伸到何处为止。

2）旋转特征建模

旋转特征是指特征面沿轴线旋转而成的基本特征的方式。它适用于回转体类几何体模型的创建。如图 12 - 16 所示，旋转特征包括如下三个基本要素：

（1）草图。必须包含有中心线，用它来指定旋转特征的旋转中心。当草图中包含两条或两条以上中心线时，必须指定一条作为旋转中心。草图必须位于中心线的一侧，不能和旋转中心线接触在一个孤立的点。

（2）旋转方向。包括顺时针和逆时针两个方向。

（3）旋转角度。定义旋转所包罗的角度。

注意：一般情况下轴线都是用构造线，也可以是直线或实体的线性边；轮廓不要自我相交，以及不能有多余的线段。

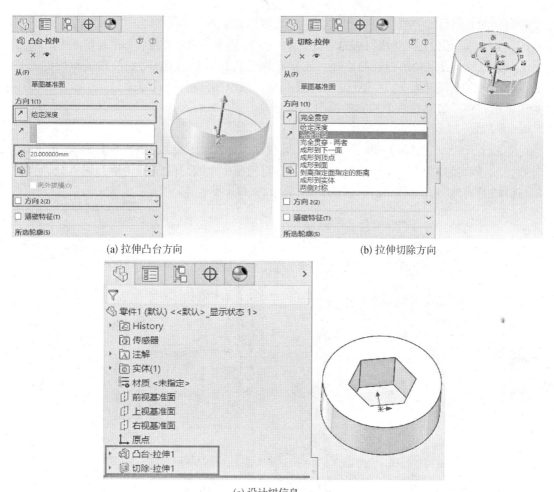

(a) 拉伸凸台方向　　　　　　　　　　(b) 拉伸切除方向

(c) 设计树信息

图 12 - 15　拉伸特征

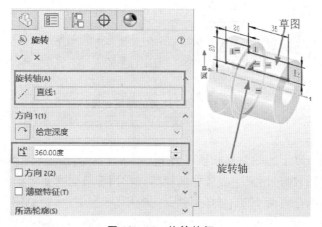

图 12 - 16　旋转特征

3) 扫描特征建模

扫描特征是指特征面沿着一条路径的起点到终点移动所形成的特征,适用于建立弯管类较复杂的几何体。扫描特征必须具备的基本要素如下：

（1）轮廓。设定用来生成扫描的草图轮廓（截面）。基体或凸台扫描特征的轮廓应为闭环。

（2）路径。设定轮廓扫描的路径。路径草图可以是开环或闭环，扫描路径草图的起点必须位于轮廓草图平面上，通常把草图中心和路径线添加几何关系【穿透】。

轮廓和路径必须是两个独立的草图。

如图 12 - 17 所示为弹簧的建模过程。

草图工具栏，草绘【圆】→切换到特征工具栏，插入曲线【螺旋线／涡状线】，输入"螺旋线"参数，打√确定，如图 12 - 17a 所示→选择【扫描】扫描命令，选择【圆形轮廓】，输入截面直径值，选择"螺旋线"为扫描路径，打√确定，如图 12 - 17b 所示。

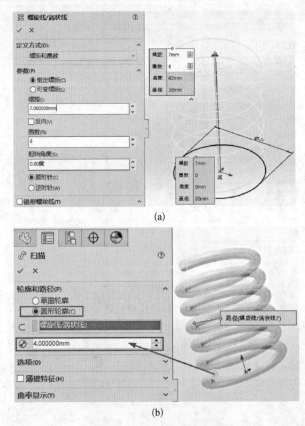

(a)

(b)

图 12 - 17　弹簧的建模过程

4）放样特征建模

放样特征是两个以上的截面形状按一定顺序，在截面之间进行过渡而形成的。放样的基本要素是轮廓草图，决定用来生成放样的轮廓。常用于截面有变化立体的建模。

放样特征需要两个或两个以上封闭、独立的轮廓草图（不在同一平面上），选择要连接的草图轮廓、面或边线，放样根据轮廓选择的顺序而生成。放样的第一个轮廓线和最后一个轮廓线可以是一个点。

先在不同的平面上绘制截面草图，如图 12 - 18a 所示→切换到特征工具栏，选择【放样凸台／基体】命令，在轮廓收集框里选择草图 1 和草图 2，打√确定，如图 12 - 18b 所示。

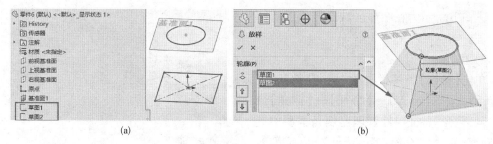

(a)　　　　　　　　　　　　　(b)

图 12 - 18　放样特征

12.3.3　附加特征

零件建模在满足零件功能要求的同时,要有必要的工艺结构,便于零件的制造、装配、检验及测量。下面介绍常用的零件工艺结构建模。

1) 拔模

在"拉伸凸台/基体""拉伸切除"等特征中均有"拔模"特征,单击"拔模"按钮,即弹出"拔模"特征属性管理器,可输入拔模角度,选择中性面(保持不变的面),并有方向选项,选择拔模面,单击【应用】,如图 12 - 19 所示。

2) 圆角

单击【特征】工具栏中的"圆角"按钮,或选择下拉菜单【插入】→【特征】→【圆角】命令。

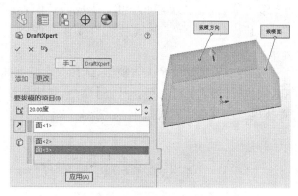

图 12 - 19　"拔模"特征属性管理器

在生成圆角时,通常遵循以下规则:在添加小圆角之前添加较大圆角;当有多个圆角汇聚于一个顶点时,先生成较大的圆角;在生成圆角前先添加拔模;如要加快零件重建的速度,使用一个圆角命令来处理需要相同半径圆角的多条边线,当改变圆角的半径时,在同一操作中生成的所有圆角都会改变。如图 12 - 20a 所示为在图形区域选择边线进行圆角处理,如

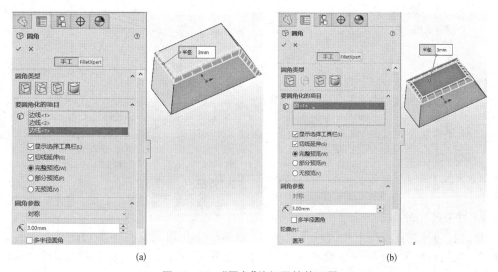

(a)　　　　　　　　　　　　　(b)

图 12 - 20　"圆角"特征属性管理器

图 12 – 20b 所示为在图形区域选择面进行圆角处理。

3）倒角

单击【特征】工具栏上的"倒角"按钮，或选择下拉菜单【插入】→【特征】→【倒角】命令。从"倒角"特征属性管理器倒角类型中选择"距离–距离""角度–距离"或"顶点"等方式，输入相应的参数即可完成倒角的操作，如图 12 – 21 所示。

4）筋

"筋"特征实际是由开环的草图轮廓（单一∕多个草图）指定方向和厚度后生成的特殊类型的"拉伸"，在草图轮廓与现有零件之间添加实体材料。

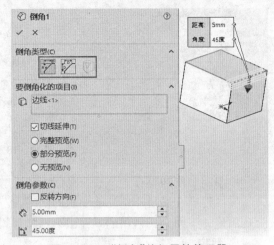

图 12 – 21　"倒角"特征属性管理器

打开或者创建一个实体模型，选择一个基准面创建筋草图，单击特征工具栏上的"筋"按钮，或执行【插入】→【特征】→【筋】命令，弹出属性管理器后，设置厚度，选择【拉伸方向】，设置拔模斜度等参数完成操作，如图 12 – 22 所示。

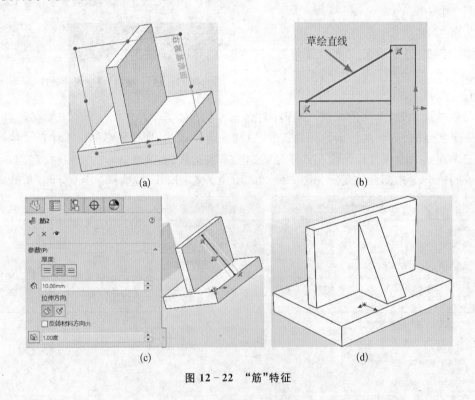

图 12 – 22　"筋"特征

5）异型孔向导

异型孔向导可在模型上生成柱形沉头孔、锥形沉头孔和螺纹孔等多功能孔。先打开实体模型，选择特征工具栏上"异型孔向导"按钮，或执行【插入】→【特征】→【异型孔向导】命令,弹出属性管理器后,选择孔的类型,设置其他参数,在确定孔位后生成异型孔。"异型孔向导"特征属性管理器如图 12-23 所示,生成的异型孔如图 12-24 所示。

图 12-23　"异型孔向导"特征属性管理器

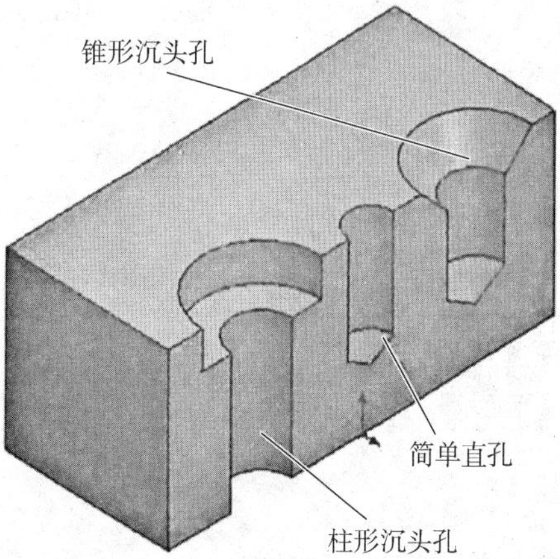

图 12-24　生成的异型孔

（图中标注：锥形沉头孔、简单直孔、柱形沉头孔）

12.3.4　操作特征

操作特征是指在不改变已有特征基本形态的前提下,对其进行整体的复制、缩放、更改等操作的特征,例如动态修改特征、线性阵列特征、圆周阵列特征、镜像特征等。运用操作特征工具,可以更方便地建立相同或相似的特征。

1) 线性阵列

"线性阵列"是指将源特征以线性排列方式进行复制。

打开或创建一个需要阵列的特征,单击特征工具栏上的"线性阵列"按钮,或者执行【插入】→【阵列/镜像】→【线性阵列】命令,弹出属性管理器后,选择阵列方向及数目,选择要阵列的特征,完成操作如图 12-25 所示。

2) 圆周阵列

"圆周阵列"是指绕某一轴线将源特征以圆周排列方式进行复制。

打开或创建一个需要阵列的特征,单击特征工具栏上的"圆周阵列"按钮,或者执行【插入】→【阵列/镜像】→【圆周阵列】命令,弹出属性管理器后,选择要阵列的特征或实体,确定阵列轴、角度及阵列数目,完成操作如图 12-26 所示。

3) 镜像

"镜像"特征是对已建立的一个特征(或者多个特征)沿着面或者基准面进行镜像复制操作的特征。

打开或创建一个实体模型,单击特征工具栏上"镜像"按钮,或者执行【插入】→【阵列/镜

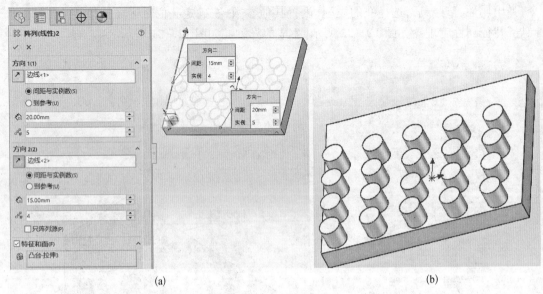

图 12－25　线性阵列

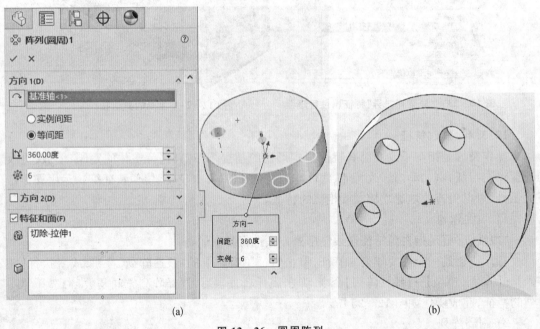

图 12－26　圆周阵列

像】→【镜像】,弹出属性管理器后,选择基准面及要镜像的特征,完成镜像操作如图 12－27
所示。

12.3.5　基准特征

　　在 SolidWorks 中,对于一些复杂建模工程,需要利用辅助平面和辅助直线等手段完成
模型,这些辅助手段就是参考几何体,SolidWorks 中常用的参考几何体有基准面、基准轴、
坐标系和点等。参考几何体创建命令面板如图 12－28 所示。部分参考几何体创建图例如
图 12－29 所示。

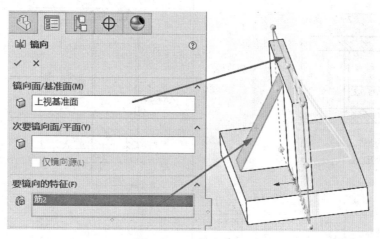

图 12 - 27　镜像特征

图 12 - 28　参考几何体创建命令面板

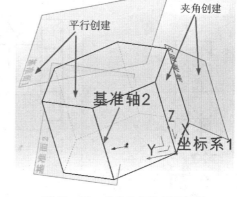

图 12 - 29　参考几何体创建图例

12.3.6　三维建模实例

根据低速滑轮装置零件图(图 12 - 30～图 12 - 33)创建各零件三维模型。

1) 衬套

零件结构和建模思路分析：衬套为回转体,用旋转特征创建三维模型简单快速。操作步骤如下：

(1) 新建【零件】文件。

(2) 创建草图。单击【草图】标签栏进入【草图绘制】界面,选择"前视基准面",利用【中心线】命令从坐标原点画一条中心线,利用【直线】命令绘制草图,单击"智能尺寸"按钮,标注尺寸,如图 12 - 34 所示。

(3) 创建回转体。单击【特征】标签栏,点击"旋转凸台/基体"按钮,打开"旋转特征"对话框,选择"中心线"作为旋转轴,单击对话框左上角【确定】完成旋转,创建如图 12 - 35 所示回转体。

(4) 添加倒角。打开【圆角】图标,并把鼠标移动到下方的倒黑三角,点击"倒角"按钮,

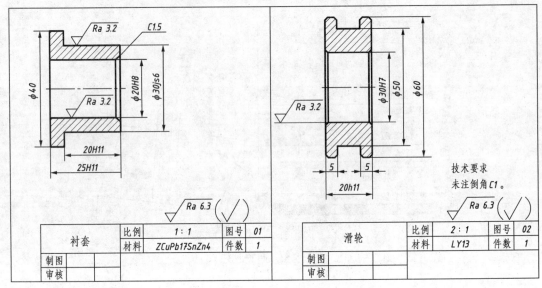

图 12 - 30　衬套、滑轮

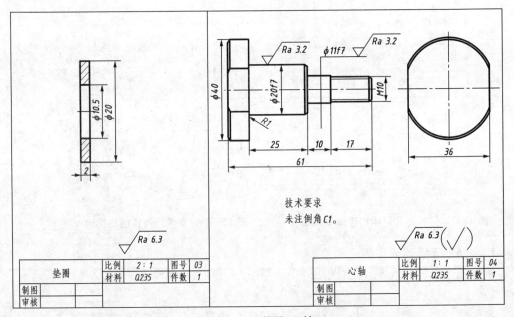

图 12 - 31　垫圈、心轴

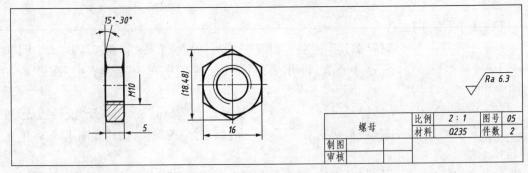

图 12 - 32　螺母

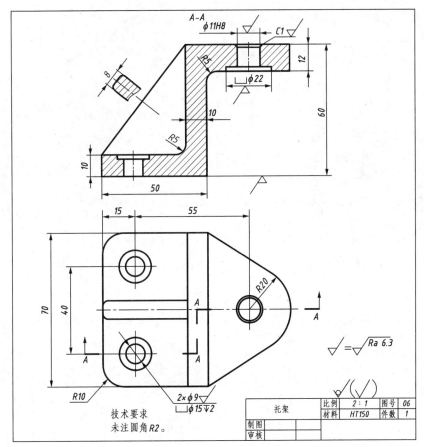

图 12-33　托架

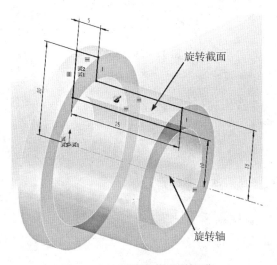

图 12-34　衬套草图旋转预览

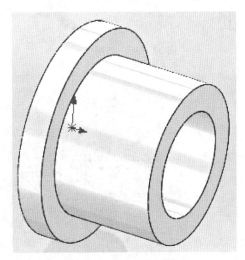

图 12-35　创建回转体

如图 12-36 所示,选择【要倒角化的项目】,在生成的回转体上选择要倒角的边线,输入倒角边长为 1.5 mm,如图 12-37 所示,完成衬套建模。

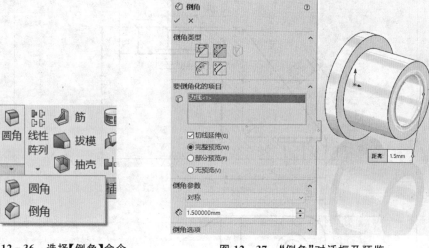

图 12 - 36　选择【倒角】命令　　　　　图 12 - 37　"倒角"对话框及预览

2）垫圈、滑轮

　　垫圈、滑轮与衬套的操作方法类似。创建草图,利用【旋转凸台／基体】特征生成回转体,添加倒角完成三维模型的创建,如图 12 - 38、图 12 - 39 所示。

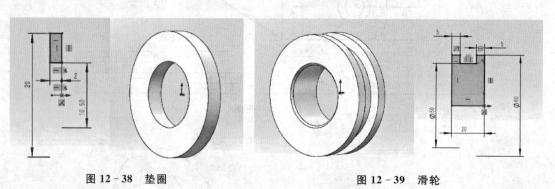

图 12 - 38　垫圈　　　　　　　　　　图 12 - 39　滑轮

3）心轴

（1）与衬套零件类似,先创建草图,再旋转生成回转体,如图 12 - 40 所示。

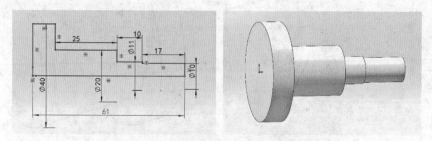

图 12 - 40　创建心轴的草图及生成的回转体

　　（2）创建螺纹特征。此处创建"装饰螺纹线",菜单栏单击【插入】→【注解】→【装饰螺纹线】,打开"装饰螺纹线"对话框,选择创建螺纹起始面及边线,螺纹标准选择"GB",输入螺纹参数,点击确定完成螺纹创建,如图 12-41 所示。

（3）创建倒角。单击"倒角"按钮,打开"倒角"对话框如图 12-42 所示,选择【倒角边长】,输入倒角参数为 1 mm,选择回转体上要倒角的边线,完成倒角创建。

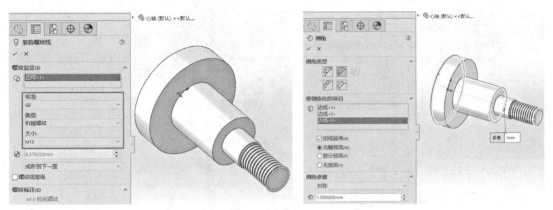

图 12-41　"螺纹"对话框及预览　　　　图 12-42　"倒角"对话框及预览

（4）新建草图。选择心轴的左端面为工作平面,创建拉伸草图,单击【矩形】命令,绘制左、右两矩形,单击"智能尺寸"按钮,添加尺寸约束,如图 12-43 所示。

（5）拉伸切除前、后两部分。选择【特征】,单击"拉伸切除"按钮,打开"拉伸切除"对话框,选择"所选轮廓"为图 12-43 所示左右两个矩形面,单击【确定】完成 φ40 圆柱前后两部分的截切,如图 12-44 所示。

（6）创建圆角。单击"圆角"按钮,打开"圆角"对话框如图 12-45 所示,输入圆角半径 1 mm,在生成的回转体上选择要圆角的边线。完成心轴三维模型的创建。

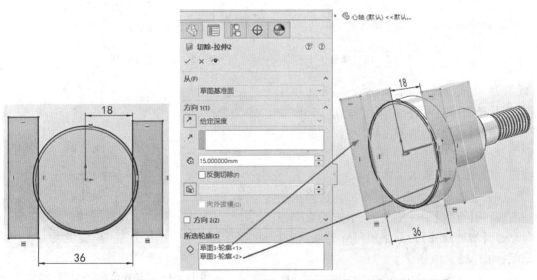

图 12-43　创建拉伸草图　　　　图 12-44　"拉伸切除"对话框及预览

4）螺母

创建如图 12-46 所示低速滑轮装置中的螺母。

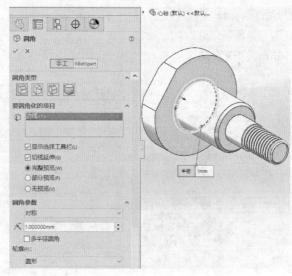

图 12 - 45　"圆角"对话框及预览

（1）新建零件文件。选择上视基准面，创建拉伸草图轮廓，单击"多边形"按钮，设置边数为 6 边，将六边形的中心点放置在坐标原点上，绘制六边形；单击"智能尺寸"按钮，对六边形添加尺寸约束，如图 12 - 47 所示。

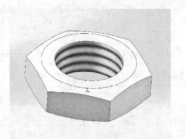

图 12 - 46　螺母

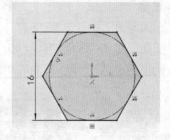

图 12 - 47　绘制六边

（2）拉伸螺母基本实体。选择选项卡【特征】，单击"拉伸凸台／基体"按钮，打开"拉伸"对话框，选择"给定深度"并将拉伸距离设置为 5 mm，如图 12 - 48 所示。单击"确定"按钮，创建出螺母基本实体。

（3）绘制螺母倒角草图轮廓。选择前视基准面，用【直线】命令绘制上、下方的直角三角形，用【智能尺寸】命令添加尺寸约束，创建草图，如图 12 - 49 所示。

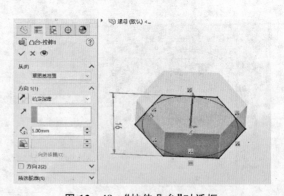

图 12 - 48　"拉伸凸台"对话框

（4）生成螺母倒角。单击"切除-旋转"按钮，选择"旋转中心"为旋转轴，再选择截面轮廓为图 12 - 49 中绘制的两个三角形，方向为给定深度，旋转度数为 360°，如图 12 - 50 所示，单击"确定"按钮，如图 12 - 51 所示。

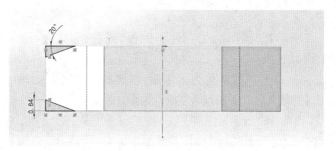

图 12 - 49　绘制螺母倒角草图轮廓

图 12 - 50　"切除-旋转"对话框

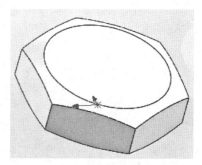

图 12 - 51　倒角后的零件

　　(5) 创建 M10 内螺纹孔。先用【拉伸切除】命令创建螺纹底孔,直径为 $\phi 8.5$,再选择【特征】→【异型孔向导】→【螺纹线】,弹出"螺纹线"对话框,选择 $\phi 8.5$ 圆边线,为使螺纹线贯穿整个孔,选择合适的偏移量和给定深度,完成螺纹创建,如图 12 - 52 所示。

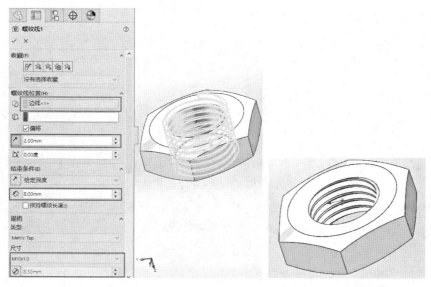

图 12 - 52　创建"螺纹线"对话框及预览

5) 托架

创建如图 12-53 所示托架零件,先创建下底板、竖板、上底板、肋板等主要结构,再打孔、倒圆等。操作步骤如下:

(1) 新建零件文件。以上视基本面为工作面,创建底板拉伸草图轮廓,选择"中心矩形"按钮,绘制矩形,单击【智能尺寸】添加尺寸约束,如图 12-54 所示。

(2) 创建下底板。单击"凸台-拉伸"按钮,打开"拉伸"对话框,将拉伸距离设置为10 mm,单击"确定"按钮,完成下底板的创建,如图 12-55 所示。

(3) 绘制竖板草图。以下底板的上表面为工作面,创建竖板拉伸草图轮廓,单击"两点矩形"按钮,绘制矩形(注意竖板与底板的位置关系),单击【智能尺寸】添加尺寸约束,如图 12-56 所示。

(4) 创建竖板。单击"凸台-拉伸"按钮,打开"拉伸"对话框,将拉伸距离设置为50 mm,单击"确定"按钮,完成竖板的创建,如图 12-57 所示。

(5) 绘制上底板草图。以竖板的上表面为工作面,创建上底板拉伸草图轮廓,单击"圆"按钮绘制圆,单击"直线"按钮绘制三条直线,从竖板右端前、后的两条直线方向大致与圆相

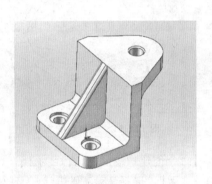

图 12-53　托架

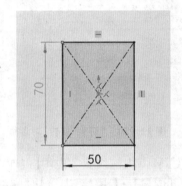

图 12-54　底板草图

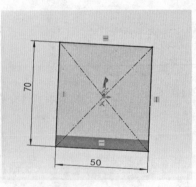

图 12-55　"拉伸"对话框及预览

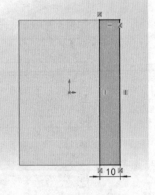

图 12-56　竖板草图

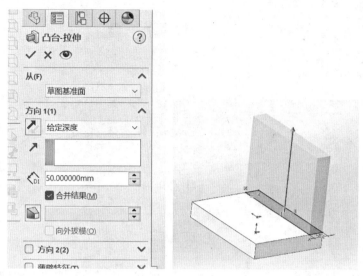

图 12-57　"拉伸"对话框及预览

切,单击"智能尺寸"按钮,添加尺寸约束,按住 Ctrl 键不放,并选择需要约束的两条线,松开 Ctrl 键后弹出【属性】面板,选择"相切"按钮,约束两条直线与圆相切,剪裁多余图线,如图 12-58 所示。

(6) 创建上底板。单击"凸台-拉伸"按钮,打开其对话框,将拉伸距离设置为 12 mm,单击"确定"按钮,点击所选轮廓,在草图中选择需要拉伸的轮廓(切记不要选择中间孔的位置),完成上底板的创建,如图 12-59 所示。

(7) 绘制肋板草图。选择前视基准面为工作平面,创建肋板草图轮廓,单击"直线"按钮,绘制如图 12-60 所示直线。

(8) 创建肋板。选择【特征】工具栏,单击"筋"按钮,打开"筋"对话框,厚度选择第二个(向两侧增加厚度),肋板厚度设置为 8 mm,"所选轮廓"点击上一步所画的直线,单击"确定"按钮,完成肋板的创建,如图 12-61 所示。

(9) 创建上底板上的孔。由于此孔类型为沉头孔,所以只需在原有基础上切除一部分,

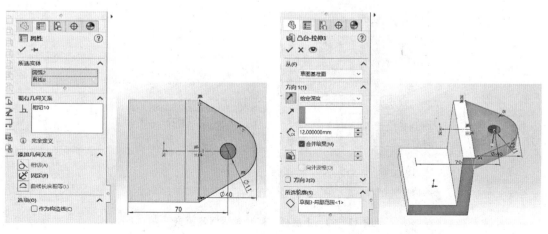

图 12-58　上底板草图　　　　　　　　　图 12-59　"拉伸"对话框及预览

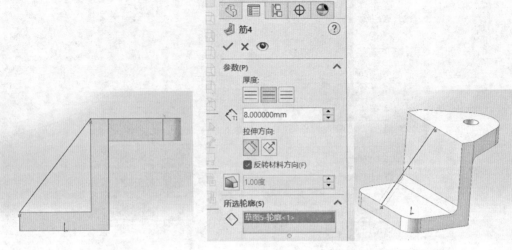

图 12-60 肋板草图   图 12-61 "肋板"对话框及预览

形成一个沉头孔。点击"拉伸-切除"按钮,打开"拉伸-切除"对话框,"方向"选择"给定深度"输入 2 mm,单击【确定】,如图 12-62 所示。

(10) 创建下底板上的孔。选择下底板上表面为工作平面,单击"异型孔向导"按钮,打开对话框,选择"柱形沉头孔",勾选显示自定义大小,设置沉孔直径为 15、深度为 2,孔直径为 9,【终止条件】选择"完全贯穿",按孔的位置尺寸创建沉头孔(可画一个,另一个用【镜像】命令生成),如图 12-63 所示。

(11) 创建底板圆角。单击"圆角"按钮,打开"圆角"对话框如图 12-64 所示,输入圆角半径 10 mm,选择底板上要圆角的边线。完成底板圆角的创建。

(12) 重复上一步的操作,设置圆角半径,创建托架其余各处的圆角,如图 12-65

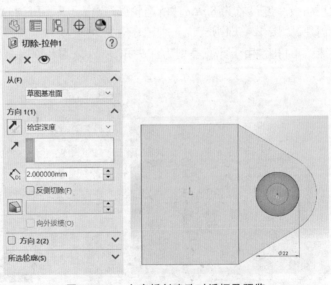

图 12-62 上底板创建孔对话框及预览

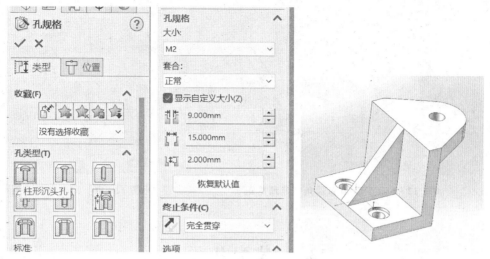

图 12 - 63　下底板创建"孔"对话框及预览

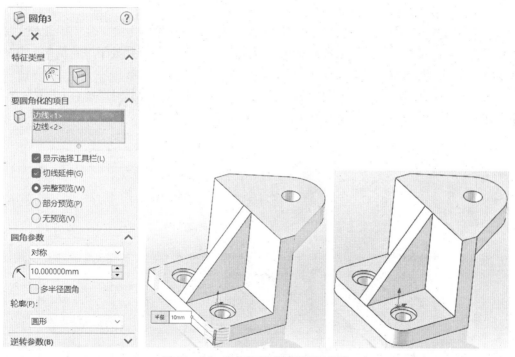

图 12 - 64　底板"圆角"对话框及预览

所示。

　　(13)创建上底板孔的倒角。单击"倒角"按钮,选择【倒角边长】,输入倒角边长为 1 mm,在上底板孔上选择要倒角的边线,如图 12 - 66 所示。完成图 12 - 53 所示托架模型。

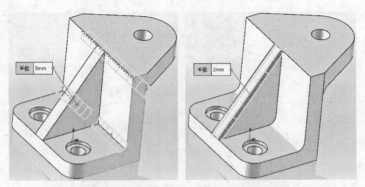

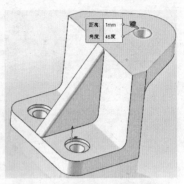

图 12 - 65　托架其余圆角创建预览图　　　　　　图 12 - 66　孔倒角创建预览图

12.4　装配体设计

12.4.1　装配体概述

创建 SolidWorks 装配体是将三维零件调入装配体环境，然后定义零件间的装配关系，进而模拟实际的装配过程。配合关系用来限制零件的自由度，使零件处于一定的配合状态，从而使零件移动和固定。

在 SolidWorks 初始界面创建装配体文件，执行【文件】→【新建】→【装配体】进入装配体环境，如图 12 - 67 所示。SolidWorks 装配体界面如图 12 - 68 所示。

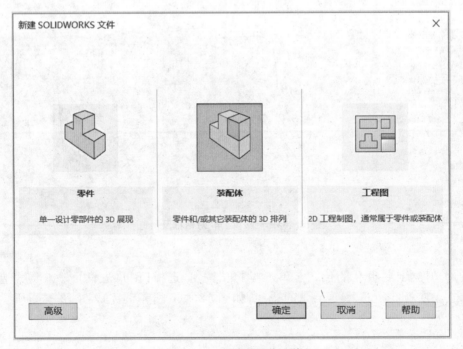

图 12 - 67　新建装配体文件

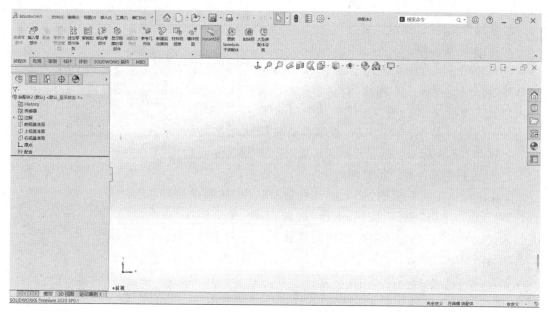

图 12 - 68　装配体界面

　　装配操作就是将现有的零部件或子装配体导入装配体,插入零部件只是文件数据与装配体文件链接,其文件数据(包括改动数据)均保存在源文件中,更改零件装配体时会更新数据,所以同一个装配体内的所有零件尽可能放在同一个文件夹。

　　添加配合关系用于定义两个零件之间的位置、定位关系或运动关系。它是装配设计中最重要和最常用的命令之一,SolidWorks 提供的配合方式有标准配合、高级配合和机械配合三种。最基础的是标准配合,其工具栏如图 12 - 69 所示。

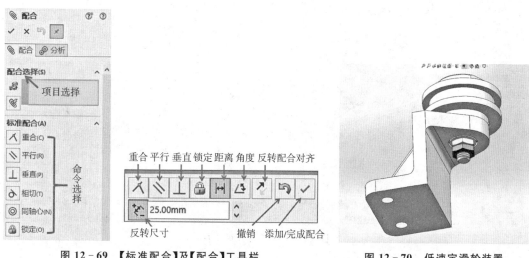

图 12 - 69　【标准配合】及【配合】工具栏　　　　　**图 12 - 70　低速定滑轮装置**

12.4.2　零部件装配实例

　　将 12.3 节生成的低速定滑轮零件实体装配成如图 12 - 70 所示的装配体。

　　操作步骤如下:

1) 新建文件

新建部件文件"低速滑轮装置"。

2) 插入托架零件

进入装配环境,点击"插入零部件"按钮,系统左侧"属性管理器"自动显示"插入零部件"对话框,如图12-71所示。单击"浏览"按钮,在弹出的"打开"对话框中选择"托架"零件作为装配的固定零件,直接确定,该零件会被默认添加"固定"关系(即零件坐标与坐标原点重合),如图12-72所示。

3) 插入衬套零件并进行装配约束

单击装配体工具栏上的"插入零部件"按钮,在"插入零部件"对话框中单击"浏览"按钮,选择"衬套"零件,单击【打开】,通过鼠标左键"移动"零件,将衬套摆放到合适的位置,单击"设计树"中的衬套,衬套零件模型上会显示六个方向的控制柄,可移动和旋转零件,如图12-73所示。在工具栏中单击"配合"按钮,添加衬套的圆柱面和托架的上安装孔面"同轴心"关系,如图12-74所示,或者添加衬套的轴线和托架的上安装孔轴线"重合"关系,如图12-75所示;添加衬套顶面和托架顶面"重合"关系,如图12-76所示;完成托架与衬套的装配,如图12-77所示。

图12-71 "插入零部件"对话框

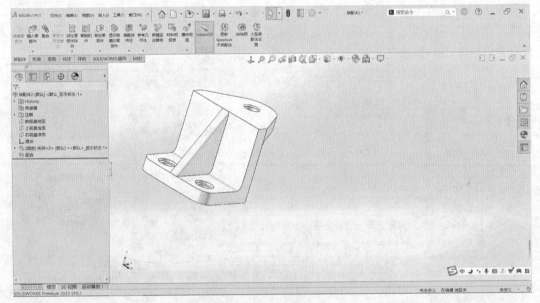

图12-72 插入托架零件

4) 插入滑轮零件并进行装配约束

装配滑轮时,通过与衬套装配同样的方法将滑轮摆放至合适的位置,添加滑轮圆柱面和衬套圆柱面之间的"同轴心"关系,如图12-78所示;然后添加衬套和滑轮需要接触的面"重合"关系,如图12-79所示;完成衬套与滑轮的装配,如图12-80所示。

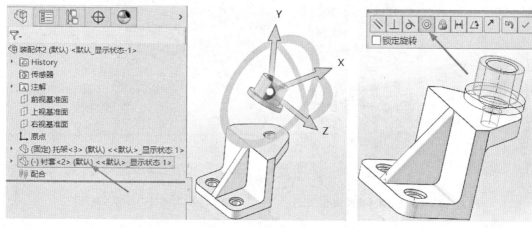

图 12-73　插入衬套　　　　　　　　　　图 12-74　同轴心关系配合

  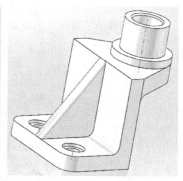

图 12-75　轴线重合关系配合　　图 12-76　面重合关系配合　　图 12-77　完成托架与衬套的装配

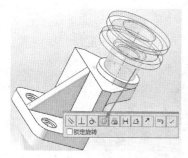 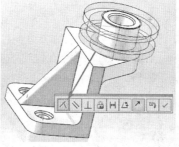 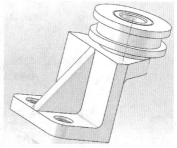

图 12-78　"同轴心"配合　　　图 12-79　面"重合"配合　　图 12-80　完成衬套与滑轮的装配

5）插入心轴零件并进行装配约束

同样，插入心轴零件，选择心轴的任一圆柱面与滑轮的圆柱面，添加"同轴心"关系配合，如图 12-81 所示；然后将心轴与滑轮所需接触面添加"重合"关系，完成心轴零件装配如图 12-82 所示。

6）SolidWorks 设计库调用标准件

对于标准件和部分常用件，可在 SolidWorks 零件板块自行建模或从设计库调用。如低速滑轮装配用到的螺母和垫圈可以从设计库插入。在 SolidWorks 右边单击"设计库"按

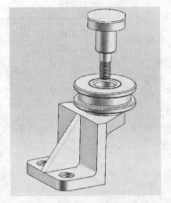

图 12－81　心轴与滑轮"同轴心"配合

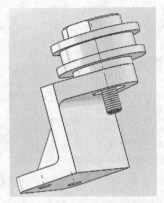

图 12－82　完成心轴零件装配

钮,单击【Toolbox】→双击【GB】,显示标准件和部分常用件信息,如图 12－83 所示的设计库界面。

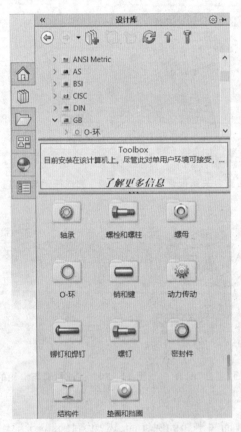

图 12－83　设计库界面

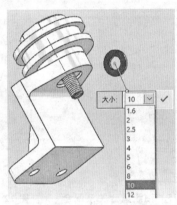

图 12－84　插入垫圈

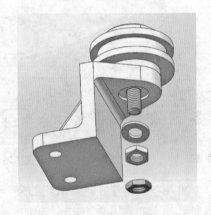

图 12－85　插入螺母并调整位置

7) 插入垫圈和螺母并进行装配约束

在设计库界面双击【垫圈和挡圈】→双击【平垫圈】,选择"平垫圈－A 级"并拖动到装配界面,选择垫圈参数【确定】,选择适当的位置放置,如图 12－84 所示;用同样的方法选择"1 型六角螺母"插入,参数大小"M10",插入两个螺母,选择适当的位置放置,如图 12－85 所示;

分别添加面"重合"约束和轴线"同轴心"约束,完成垫圈和螺母的装配,如图 12 - 70 所示。亦可利用 12.3 节建模的螺母进行装配。

12.5　工程图设计

12.5.1　工程图概述

在 SolidWorks 工程图环境中,依据已创建完成的三维模型来生成零部件的二维工程图时,能够便捷、快速地创建出各类视图,如基本视图、剖视图、断面图以及局部放大图等。并且,从三维生成二维工程图具有参数化特性,同时三维与二维之间可实现双向关联。这意味着,若改变三维实体的尺寸,与之对应的二维工程图尺寸会自动更新;而当更改二维工程图的某个尺寸时,对应的三维实体尺寸也会随之改变。本节主要介绍常用机件表达法各视图的生成方法。

12.5.2　工程图界面介绍

运行 SolidWorks 2023,执行【文件】→【新建】→【工程图】进入工程图新建界面,如图 12 - 86 所示,点击【高级】选择"模板",如图 12 - 87 所示,点击【确定】进入工程图操作界面,如图 12 - 88 所示。

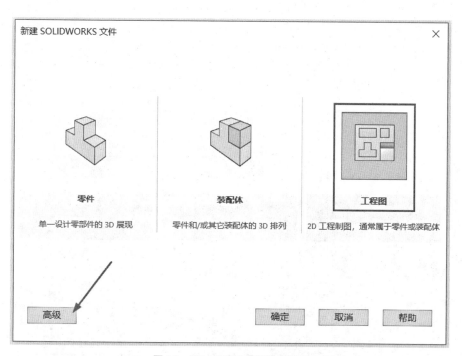

图 12 - 86　工程图【新建】界面

12.5.3　创建工程视图

1) 标准三视图

在工程图的操作中,通常从标准视图开始,再由标准视图派生出其他视图。

在工程图的工具栏中点击【标准三视图】命令,可以快速生成标准三视图。在

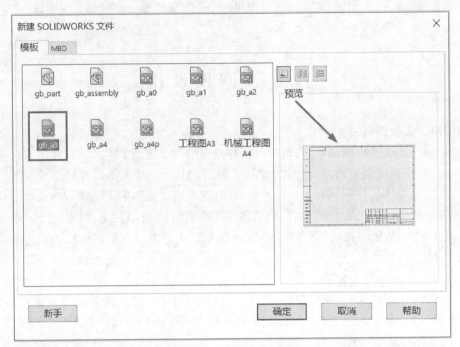

图 12－87　选择模板界面

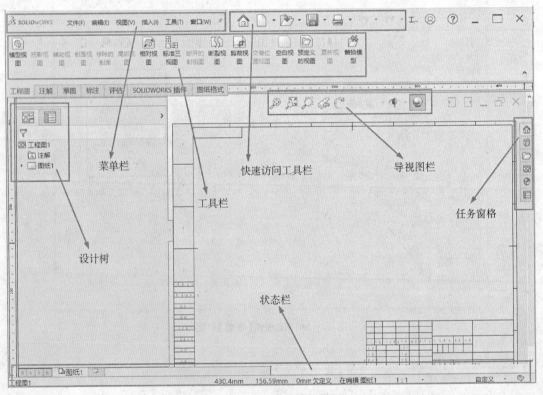

图 12－88　工程图操作界面

SolidWorks 系统中设置有"第一角投影"及"第三角投影",因此自动生成标准三视图时,需要先设置好图纸属性。打开"图纸属性"界面,在"图纸属性"对话框中,设置图纸比例为 1∶1,图幅大小为 297 mm×210 mm(A4),选择"第一视角",如图 12-89 所示。

图 12-89　"图纸属性"界面设置

以图 12-90 所示"组合体 1 模型"为例,生成其标准三视图,在工程图界面,点击工具栏中的"标准三视图"按钮,属性管理器中弹出如图 12-91 所示对话框。点击"浏览"按钮,在模型存放位置打开模型文件,即可在图纸中生成该模型标准三视图,如图 12-92 所示。若在图纸属性中选择"第三视角",则模型的标准三视图如图 12-93 所示。

2) 模型视图

点击工程图工具栏中的"模型视图"按钮,属性管理器中会出现如图 12-94a 所示"模型视图"属性对话框,选择模型后对话框变为如图 12-94b 所示,此时可自由选择该模型的各种视图。

3) 投影视图

投影视图是指依托现有视图,垂直于所选择的现有视图而生成的视图。以"组合体 1 模型"为例,先由模型视图生成如图 12-95 所示主视图,可以通过投影视图派生出其他视图。点击工具栏中的"投影视图"按钮,属性管理器弹出如图 12-96 所示"投影视图"属性对话

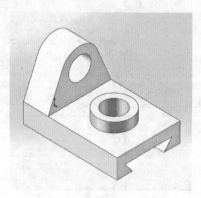

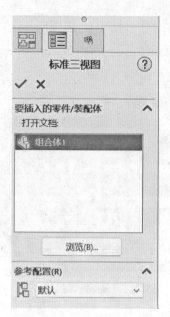

图 12-90 组合体 1 模型

图 12-91 对话框界面

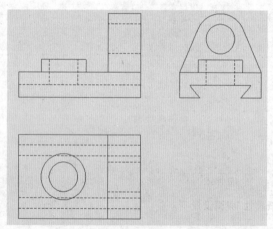

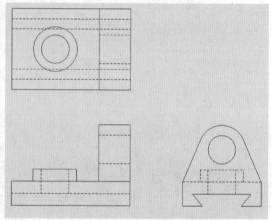

图 12-92 "第一视角"三视图

图 12-93 "第三视角"三视图

框,可以设置"显示样式"等,将鼠标移动到已知视图的左侧,然后向右拖动,即可生成与投影关系相对应的左视图,同理可利用投影关系生成俯视图和轴测图,如图 12-97 所示。

4) 机件其他常用表达方法

以图 12-98 所示弯管模型为例,介绍用 SolidWorks 软件生成机件其他常用表达方法的过程。

(1) 辅助视图。为了表达模型中部分倾斜的结构形状,可以用辅助视图表达,点击工具栏上"辅助视图"按钮,或选择下拉菜单【插入】→【工程图视图】→【辅助视图】命令,在已知视图上选取参考边线如图 12-99 所示,再移动光标摆放在合适位置,如图 12-100 所示,生成辅助视图。此时辅助视图与已知视图具有对齐的投影关系,可通过解除辅助视图的对齐关系,独立移动视图。通过在视图边界内部(不是在模型上)单击右键,弹出如图 12-101 所示

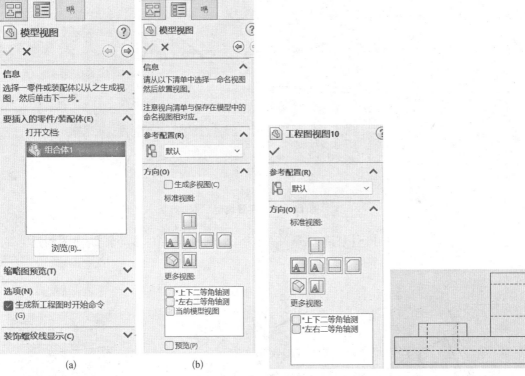

(a)　　　　　　　　(b)

图 12 - 94　"模型视图"属性对话框　　　　　　**图 12 - 95　"投影视图"所用主视图**

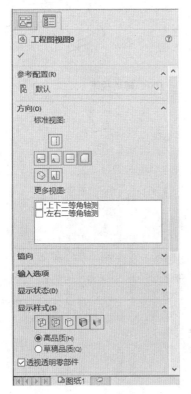

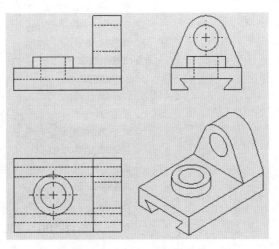

图 12 - 96　"投影视图"属性对话框　　　　　**图 12 - 97　生成的投影视图**

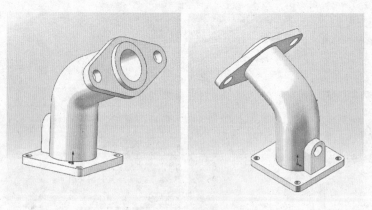

图 12-98　弯管模型

快捷菜单,选择【视图对齐】→【解除对齐关系】命令,就可以独立移动辅助视图到适当的位置。

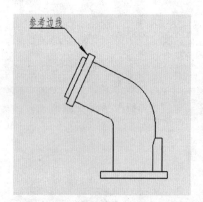

图 12-99　参考边线

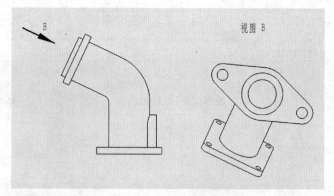

图 12-100　辅助视图

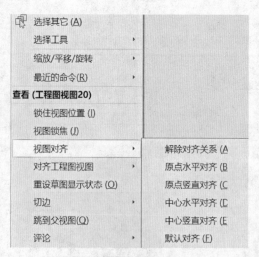

图 12-101　视图对齐

（2）局部视图。利用【局部视图】命令,可以在已有视图基础上生成局部放大图。单击"局部视图"按钮或者选择下拉菜单【插入】→【工程图视图】→【局部视图】命令,提示在视图需要局部放大的位置绘制一个圆,作为所需放大部分的范围,如图 12 - 102 所示,然后移动鼠标在适当位置单击放置局部视图,如图 12 - 103 所示。

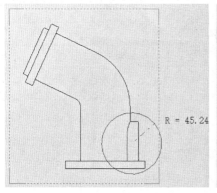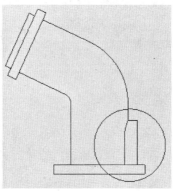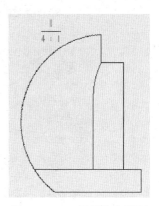

图 12 - 102　局部放大位置　　　　　　　　　　图 12 - 103　局部放大视图

局部放大图上的注释包含字母标号与比例。在默认情况下,局部视图并不与其他视图对齐,能够任意在工程图样上进行移动。而放大的比例可通过更改局部视图的自定义比例来做自行修改。

（3）裁剪视图。为了表达模型某一部分形状,通过【裁剪视图】命令,裁剪现有的视图,得到所需的局部视图,如图 12 - 104 所示视图。方法是首先通过草图绘制,将所需裁剪的部分形成封闭轮廓,再点击"裁剪视图"按钮,完成视图裁剪,如图 12 - 105 所示。

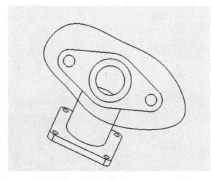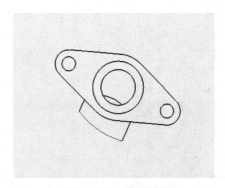

图 12 - 104　选定裁剪范围　　　　　　　　　图 12 - 105　裁剪结果

（4）剖面视图。

① 全剖视图。利用 SolidWorks 中的【剖面视图】命令,可以生成用单一剖切平面剖切得到的全剖视图。单击【工程图】工具栏上的"剖面视图"按钮或选择下拉菜单【插入】→【工程图视图】→【剖面视图】命令,此时,左边设计树弹出"剖面视图"对话框,如图 12 - 106 所示;可以选择不同方向的切割线生成不同的剖面视图,如图 12 - 107 所示。

② 半剖视图。当零件内外结构都需要表达时,可以中心线为界,一半画成剖视图,另一半画成视图,这种组合的图形称为半剖视图。在 SolidWorks 中提供了【半剖面】的命令,可

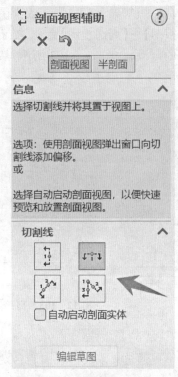

图 12 - 106　"剖面视图"对话框

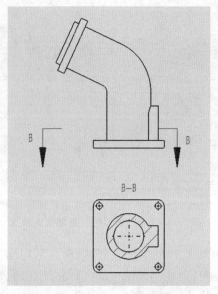

图 12 - 107　全剖视图

以生成半剖视图,其方法为在"剖面视图"对话框(图 12 - 106)中,单击【半剖面】命令,弹出如图 12 - 108 所示"半剖面"命令对话框。选择合适半剖面位置,对模型进行半剖处理,得到如图 12 - 109 所示模型的半剖视图。

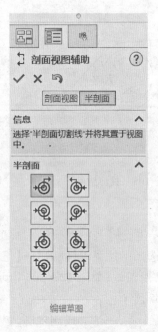

图 12 - 108　"半剖面"命令对话框

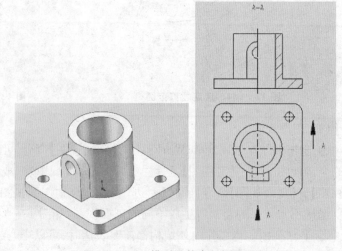

图 12 - 109　模型及其半剖视图展示

③ 局部剖视图。利用 SolidWorks 中的【断开的剖视图】命令可以生成已有视图的局部剖视图,剖切范围由闭合的轮廓来指定,通常用样条曲线绘制。单击【工程图】工具栏上的"断开的剖视图"按钮或选择下拉菜单【插入】→【工程图视图】→【断开的剖视图】命令,此时,草图命令中的样条曲线工具被自动激活,在该主视图上绘制封闭的轮廓定义剖切范围,如图 12-110 所示,在属性管理器(Property Manager)中选择预览,设定断开的剖视图的深度,此深度以该方向上最大轮廓来计算,也可在左侧对话框勾选预览,来观察剖切深度是否合适,单击确定,得到如图 12-111 所示局部剖视图。

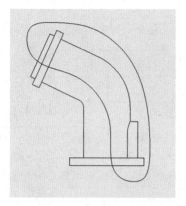
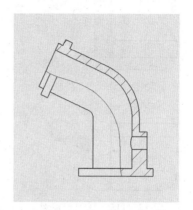

图 12-110　剖切轮廓选定　　　　　　　图 12-111　局部剖视图

④ 旋转剖视图。如图 12-112 所示盘类零件,需用相交剖切平面做剖视表达。单击【工程图】工具栏上"剖面视图"按钮,在弹出的对话框中选择"旋转切割线",如图 12-113 所示,此时,草图绘制中的直线工具被激活,在工程图中绘制剖切线(先确定旋转中心,再确定剖切位置),此时会出现剖切预览,移动鼠标至视图所需的位置时,单击以放置视图,如图 12-114所示。

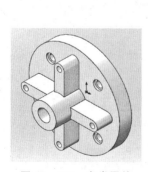

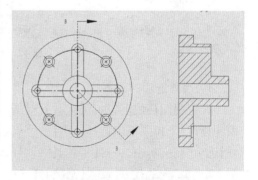

图 12-112　盘类零件　　图 12-113　选择旋转切割线　　　　图 12-114　旋转剖视图

⑤ 阶梯剖视图。其本质与全剖视图没有区别,只是阶梯剖视图的截面是偏距截面,创建阶梯剖视图的关键是创建偏距截面。创建如图 12-115 所示托架剖视图,单击【工程图】

工具栏上的"剖面视图"按钮或选择下拉菜单【插入】→【工程图视图】→【剖面视图】命令,选择如图 12-116 所示的切割线,接着选择如图 12-116 所示的圆心点 1,在系统弹出的快捷菜单中单击"单偏移"按钮,然后单击位置点 2,再单击圆心点 3,最后打钩确定,选择合适的位置完成阶梯剖视图。

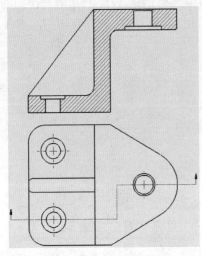

图 12-115　托架剖视图

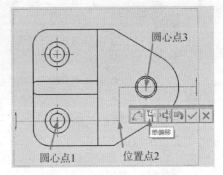

图 12-116　选择切割点

12.5.4　工程图标注

工程图中的尺寸标注与模型是相关联的,通常用户在生成每个零件特征的同时会生成尺寸,然后将这些尺寸插入各个工程视图,在模型中改变尺寸会更新工程图;在工程图中改变尺寸,模型也会发生相应的改变。SolidWorks 2023 的工程图模块具有便捷的尺寸标注功能,既可以由系统根据已有约束自动标注尺寸,也可以由用户根据需要手动标注。SolidWorks【注解】工具栏如图 12-117 所示。

图 12-117　【注解】工具栏

1) 尺寸选项的设置

在工程图环境下,执行【工具】→【选项】→【文档属性】命令,在【文档属性】选项卡的【总绘图标准】下拉菜单中选择【GB】。尺寸选项的设置如下:在上述步骤的操作界面,选择【尺寸】选项,在文本中,可对【字体】【字体样式】【高度】等相关选项进行符合制图标准的设置,如图 12-118 所示;还可设置【箭头】样式,如图 12-119 所示。

2) 尺寸标注

利用工具栏的【智能尺寸】和【尺寸标注】子菜单可以手动标注工程图中各种尺寸,如图 12-120 所示。还可以标注尺寸公差、几何公差和表面粗糙度等技术要求。

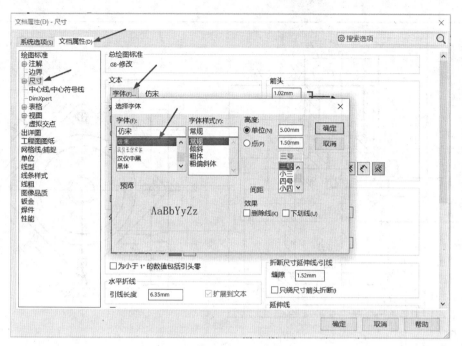

图 12-118　尺寸字体设置

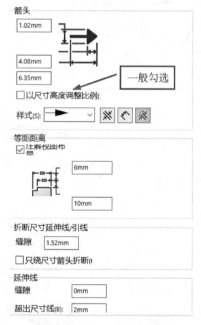

图 12-119　尺寸箭头设置

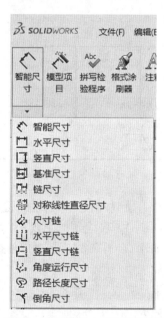

图 12-120　【尺寸标注】子菜单

例 12-2　创建如图 12-121 所示阀体工程图。（请读者自行完成）

操作步骤如下：

(1) 零件建模。

(2) 创建工程图纸。

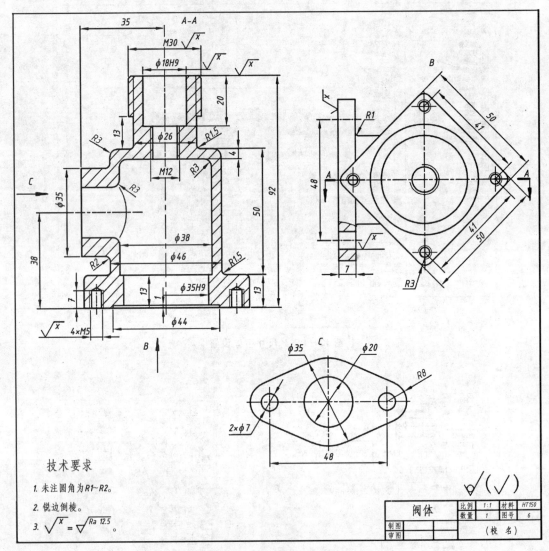

图 12 - 121　阀体工程图

（3）载入模型，创建基础视图（选 B 向视图）。

（4）创建 A - A 全剖的主视图。

（5）创建 C 向局部视图、局部剖视图。

（6）添加中心线。

（7）手动完成工程图标注。

（8）完成全图。

附　录

附录A　螺　纹

附录 A - 1　普通螺纹的公称直径与螺距系列(摘自 GB/T 193—2003)、基本尺寸(摘自 GB/T 196—2003)

公称直径(大径 d、D)		螺距 P		小径 d_1、D_1
第一系列	第二系列	粗牙	细牙	粗牙
3		0.5	0.35	2.459
	3.5	(0.6)		2.850
4		0.7		3.242
	4.5	(0.75)	0.5	3.688
5		0.8		4.134
6		1	0.75(0.5)	4.917
	7			5.917
8		1.25	1, 0.75, (0.5)	6.647
10		1.5	1.25, 1, 0.75, (0.5)	8.376
12		1.75	1.5, 1.25, 1, (0.75), (0.5)	10.106
	14	2	1.5, (1.25), 1, (0.75), (0.5)	11.835
16		2	1.5, 1, (0.75), (0.5)	13.835
	18			15.294
20		2.5	2, 1.5, 1, (0.75), (0.5)	17.294
	22			19.294
24		3	2, 1.5, 1, (0.75)	20.752
	27			23.752
30		3.5	(3), 2, 1.5, 1, (0.75)	26.211
	33		(3), 2, 1.5, (1), (0.75)	29.211
36		4	3, 2, 1.5, (1)	31.670

注: 1. 螺纹公称直径应优先选用第一系列,第三系列未列入。

2. 括号内的尺寸尽量不用。

3. M14×1.5 仅用于发动机的火花塞。

4. 本附录中表格,凡是未具体指出单位的,都默认为 mm(毫米)。

附录 A‑2　梯形螺纹(摘自 GB/T 5796.3—2005)

D—内螺纹基本大径；d—外螺纹基本大径；
D_2—内螺纹基本中径；d_2—外螺纹基本中径；
D_1—内螺纹基本小径；d_1—外螺纹基本小径；
P—螺距；a_c—牙顶间隙

标记示例：

Tr40×7—7H

(单线梯形螺纹,公称直径 $d = 40$ mm, 螺距
$P = 7$ mm, 右旋,中径公差带代号为 7H,中等
旋合长度)

Tr60×18(P9)LH—8e—L

(双线梯形外螺纹,公称直径 $d = 60$ mm, 导程
为 18 mm, 螺距 $P = 9$ mm, 左旋,中径公差带
代号为 8e,长旋合长度)

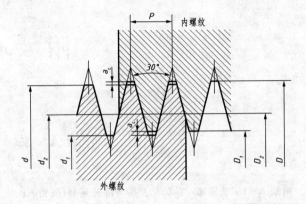

公称直径 d、D		螺距 P	基本中径 $d_2 = D_2$	基本大径 D	基本小径		公称直径 d、D		螺距 P	基本中径 $d_2 = D_2$	基本大径 D	基本小径	
第一系列	第二系列				d_1	D_1	第一系列	第二系列				d_1	D_1
8		1.5	7.25	8.30	6.20	6.50			3	24.50	26.50	22.50	23.00
	9	1.5	8.25	9.30	7.20	7.50		26	5	23.50	26.50	20.50	21.00
		2	8.00	9.50	6.50	7.00			8	22.00	27.00	17.00	18.00
10		1.5	9.25	10.30	8.20	8.50			3	26.50	28.50	24.50	25.00
		2	9.00	10.50	7.50	8.00	28		5	25.50	28.50	22.50	23.00
	11	2	10.00	11.50	8.50	9.00			8	24.00	29.00	19.00	20.00
		3	9.50	11.50	7.50	8.00			3	28.50	30.50	26.50	27.00
12		2	11.00	12.50	9.50	10.00		30	6	27.00	31.00	23.00	24.00
		3	10.50	12.50	8.50	9.00			10	25.00	31.00	19.00	20.00
	14	2	13.00	14.50	11.50	12.00			3	30.50	32.50	28.50	29.00
		3	12.50	14.50	10.50	11.00	32		6	29.00	33.00	25.00	26.00
16		2	15.00	16.50	13.50	14.00			10	27.00	33.00	21.00	22.00
		4	14.00	16.50	11.50	12.00			3	32.50	34.50	30.50	31.00
	18	2	17.00	18.50	15.50	16.00		34	6	31.00	35.00	27.00	28.00
		4	16.00	18.50	13.50	14.00			10	29.00	35.00	23.00	24.00
20		2	19.00	20.50	17.50	18.00			3	34.50	36.50	32.50	33.00
		4	18.00	20.50	15.50	16.00	36		6	33.00	37.00	29.00	30.00
	22	3	20.50	22.50	18.50	19.00			10	31.00	37.00	25.00	26.00
		5	19.50	22.50	16.50	17.00			3	36.50	38.50	34.50	35.00
		8	18.00	23.00	13.00	14.00		38	7	34.50	39.00	30.00	31.00
24		3	22.50	24.50	20.50	21.00			10	33.00	39.00	27.00	28.00
		5	21.50	24.50	18.50	19.00	40		3	38.50	40.50	36.50	37.00
		8	20.00	25.00	15.00	16.00			7	36.50	41.00	32.00	33.00

附录 A - 3　55°非螺纹密封管螺纹(摘自 GB/T 7307—2001)

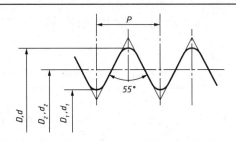

尺寸代号	每 25.4 mm 内的牙数 n	螺距 P	基 本 直 径	
			大径 D、d	小径 D_1、d_1
1/8	28	0.907	9.728	8.566
1/4	19	1 337	13.157	11.445
3/8			16.662	14.950
1/2	14	1.814	20.955	18.631
5/8			22.911	20.587
3/4			26.441	24.117
7/8			30.201	27.887
1	11	2.309	33.249	30.291
11/8			37.897	34.939
11/4			41.910	38.952
11/2			48.803	44.845
13/4			53.746	50.788
2			59.614	56.656
21/4			65.710	62.752
21/2			75.184	72.226
23/4			81.534	78.576
3			87.884	84.926
31/2			100.330	97.372
4			113.030	110.072
41/2			125.730	122.772
5			138.430	135.472
51/2			151.130	148.172
6			163.830	160.872

附录 B　常用标准件

附录 B‑1　六角头螺栓

六角头螺栓—C 级(GB/ T 5780—2016)　　　　　　六角头螺栓—A 级和 B 级(GB/ T 5782—2016)

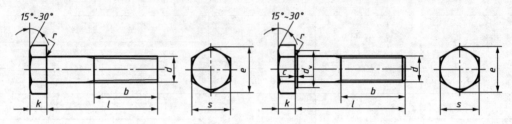

标记示例:
螺纹规格为 M12,公称长度 $l = 80\,\mathrm{m}$,性能等级为 4.8 级、表面不经处理、产品等级为 C 级的六角头螺栓的标记:
螺栓 GB/ T 5780 M12×80

螺纹规格			M3	M4	M5	M6	M8	M10	M12	M16	M20	M24	M30	M36
b 参考	$l \leqslant 125$		12	14	16	18	22	26	30	38	46	54	66	78
	$125 < l \leqslant 200$		18	20	22	24	28	32	36	44	52	60	72	84
	$l > 200$		31	33	35	37	41	45	49	57	65	73	85	97
c　max			0.4	0.4	0.5	0.5	0.6	0.6	0.6	0.8	0.8	0.8	0.8	0.8
d_w	产品等级	A	4.6	5.9	6.9	8.9	11.6	14.6	16.6	22.5	28.2	33.6	—	—
		B	4.5	5.7	6.7	8.7	11.4	14.4	16.4	22	27.7	33.2	42.7	51.1
e	产品等级	A	6.01	7.66	8.79	11.05	14.38	17.77	20.03	26.75	33.53	39.98	—	—
		B	5.88	7.50	8.63	10.89	14.20	17.59	19.85	26.17	32.95	39.55	50.85	60.79
k　公称			2	2.8	3.5	4	5.3	6.4	7.5	10	12.5	15	18.7	22.5
r　min			0.1	0.2	0.2	0.25	0.4	0.4	0.6	0.6	0.8	0.8	1	1
s　公称			5.5	7	8	10	13	16	18	24	30	36	46	55
l			20~30	25~40	25~50	30~60	35~80	40~100	45~120	50~160	65~200	80~240	90~300	110~360
l(系列)			16, 20, 25, 30, 35, 40, 50, (55), 60, (65), 70, 80, 90, 100, 110, 120, 130, 140, 150, 160, 180, 200, 220, 240, 260, 280, 300, 320, 340, 360											

注: A 级用于 $d \leqslant 24$ 和 $l \leqslant 10d$ 或 $l \leqslant 150$ 的螺栓;B 级用于 $d > 24$ 或 $l > 10d$ 或 $l > 150$ 的螺栓。

附录 B-2　双头螺柱

$b_m = 1d$ (GB/T 897—1988)　　　　　　$b_m = 1.5d$ (GB/T 899—1988)

$b_m = 1.25d$ (GB/T 898—1988)　　　　　$b_m = 2d$ (GB/T 900—1988)

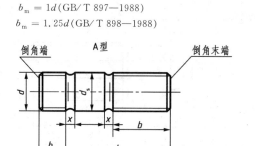
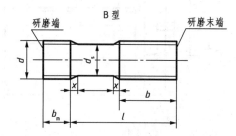

标记示例:

两端均为粗牙普通螺纹, $d = 10$ mm, 公称长度 $l = 50$, 性能等级为4.8级, 不经表面处理, B型, $b_m = 1d$ 的双头螺柱的标记:

螺柱 GB/T 897—1988 M10×50

旋入机体一端为粗牙普通螺纹, 旋螺母一端为螺距 $P = 1$ mm 的细牙普通螺纹, $d = 10$ mm, 公称长度 $l = 50$, 性能等级为4.8级, 不经表面处理, A型, $b_m = 1d$ 的双头螺柱的标记:

螺柱 GB/T 899—1988 AM10—M10×1×50

螺纹规格 d	b_m(公称)				d_s		x max	l/b
	GB/T 897	GB/T 898	GB/T 899	GB/T 900	max	min		
M5	5	6	8	10	5	4.7		16～22/8, 25～50/16
M6	6	8	10	12	6	5.7		20～22/10, 25～30/14, 32～75/18
M8	8	10	12	16	8	7.64		20～22/12, 25～30/16, 32～90/22
M10	10	12	15	20	10	9.64		25～28/14, 30～38/16, 40～120/26, 130/32
M12	12	15	18	24	12	11.57		25～30/16, 32～40/20, 45～120/30, 130～180/36
M16	16	20	24	32	16	15.57		30～38/20, 40～55/30, 60～120/38, 130～200/44
M20	20	25	30	40	20	19.48	2.5P	35～40/25, 45～65/35, 70～120/46, 130～200/52
M24	24	30	36	48	24	23.48		45～50/30, 55～75/45, 80～120/54, 130～200/60
M30	30	38	45	60	30	29.48		60～65/40, 70～90/50, 95～120/60, 130～200/72
M36	36	45	54	72	36	35.38		65～75/45, 80～110/60, 120/78, 130～200/84, 210～300/91
M42	42	52	65	84	42	41.38		65～80/50, 85～110/70, 120/90, 130～200/96, 210～300/109

l 系列	16, (18), 20, (22), 25, (28), 30, (32), 35, (38), 40, 45, 50, (55), 60, (65), 70, (75), 80, (85), 90, (95), 100, 110, 120, 130, 140, 150, 160, 170, 180, 190, 200, 210, 220, 230, 240, 250, 260, 280, 300

注: 1. 括号内的规格尽量不采用。

2. P——粗牙螺纹的螺距。

3. $b_m = 1d$, 一般用于钢对钢的连接; $b_m = (1.25 \sim 1.5)d$, 一般用于钢对铸铁的连接; $b_m = 2d$, 一般用于钢对铝合金的连接。

附录 B-3 开槽圆柱头螺钉(摘自 GB/T 65—2016)

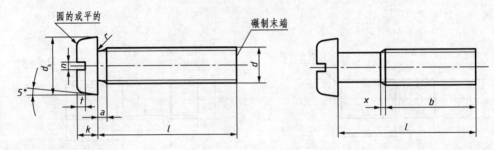

标记示例:

螺纹规格 d = M5,公称长度 l = 20 mm,性能等级为 4.8 级,表面不经处理的 A 级开槽圆柱头螺钉的标记:

螺钉 GB/T 65 M5×20

螺纹规格		M3	M4	M5	M6	M8	M10
P(螺距)		0.5	0.7	0.8	1	1.25	1.5
a	max	1	1.4	1.6	2	2.5	3
b	min	25	38	38	38	38	38
x	max	1.25	1.75	2	2.5	3.2	3.8
d_k	max	5.5	7	8.5	10	13	16
k	max	2	2.6	3.3	3.9	5	6
n	公称	0.8	1.2	1.2	1.6	2	2.5
r	min	0.1	0.2	0.2	0.25	0.4	0.4
t	min	0.85	1.1	1.3	1.6	2	2.4
公称长度 l		4~30	5~40	6~50	8~60	10~80	12~80
l 系列		5, 6, 8, 10, 12, (14), 16, 20, 25, 30, 35, 40, 45, 50, (55), 60, (65), 70, (75), 80					

注:1. 括号内的规格尽量不用。

2. M1.6~M3,公称长度 l ≤ 30 的螺钉,制出全螺纹;M4~M10,公称长度 l ≤ 40 的螺钉,制出全螺纹。

附录 B-4 开槽盘头螺钉(摘自 GB/T 67—2016)

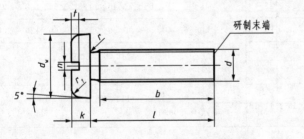
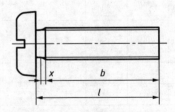

标记示例:

螺纹规格 d = M5,公称长度 l = 20 mm,性能等级为 4.8 级,不经表面处理的 A 级开槽盘头螺钉的标记:

螺钉 GB/T 67 M5×20

螺纹规格		M1.6	M2	M2.5	M3	M4	M5	M6	M8	M10
P(螺距)		0.35	0.4	0.45	0.5	0.7	0.8	1	1.25	1.5
a	max	0.7	0.8	0.9	1	1.4	1.6	2	2.5	3

（续表）

螺纹规格	M1.6	M2	M2.5	M3	M4	M5	M6	M8	M10
b　min	25	25	25	25	38	38	38	38	38
x　max	0.9	1	1.1	1.25	1.75	2	2.5	3.2	3.8
d_k　公称＝max	3.2	4	5	5.6	8	9.5	12	16	120
k　公称＝max	1	1.3	1.5	1.8	2.4	3	3.6	4.8	6
n　公称	0.4	0.5	0.6	0.8	1.2	1.2	1.6	2	2.5
r　min	0.1	0.1	0.1	0.1	0.2	0.2	0.25	0.4	0.4
r_1　参考	0.5	0.6	0.8	0.9	1.2	1.5	1.8	2.4	3
t　min	0.35	0.5	0.6	0.7	1.1	1.3	1.6	2	2.4
公称长度 l	2～16	2.5～20	3～25	4～40	5～40	6～50	8～60	10～80	12～80
l 系列	2, 2.5, 3, 4, 5, 6, 8, 10, 12, (14), 16, 20, 25, 30, 35, 40, 45, 50, (55), 60, (65), 70, (75), 80								

注：1. 括号内的规格尽量不用。

2. M1.6～M3，公称长度 $l \leqslant 30$ 的螺钉，制出全螺纹；M4～M10，公称长度 $l \leqslant 40$ 的螺钉，制出全螺纹。

附录 B - 5　开槽沉头螺钉(摘自 GB/T 68—2016)

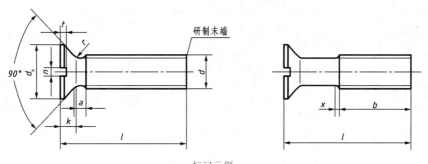

标记示例：

螺纹规格 d = M5，公称长度 l = 20 mm，性能等级为 4.8 级，表面不经处理的 A 级开槽沉头螺钉的标记：

螺钉 GB/T 68 M5×20

螺纹规格	M1.6	M2	M2.5	M3	M4	M5	M6	M8	M10
P（螺距）	0.35	0.4	0.45	0.5	0.7	0.8	1	1.25	1.5
a　max	0.7	0.8	0.9	1	1.4	1.6	2	2.5	3
b　min	25				38				
x　max	0.9	1	1.1	1.25	1.75	2	2.5	3.2	3.8
d_k　公称＝max	3	3.8	4.7	5.5	8.4	9.3	11.3	15.8	18.3
k　公称＝max	1	1.3	1.5	1.8	2.4	3	3.6	4.8	6
n　公称	0.4	0.5	0.6	0.8	1.2	1.2	1.6	2	2.5
r　max	0.4	0.5	0.6	0.8	1	1.3	1.5	2	2.5
t　max	0.5	0.6	0.75	0.85	1.3	1.4	1.6	2.3	2.6
公称长度 l	2.5～16	3～20	4～25	5～30	6～40	8～50	8～60	10～80	12～80
l 系列	2.5, 3, 4, 5, 6, 8, 10, 12, (14), 16, 20, 25, 30, 35, 40, 45, 50, (55), 60, (65), 70, (75), 80								

注：1. 括号内的规格尽量不用。

2. M1.6～M3，公称长度 $l \leqslant 30$ 的螺钉，制出全螺纹；M4～M10，公称长度 $l \leqslant 45$ 的螺钉，制出全螺纹。

附录 B - 6　内六角圆柱头螺钉(摘自 GB/T 70.1—2008)

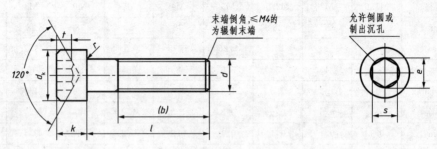

标记示例:

螺纹规格 d = M5, 公称长度 l = 20 mm, 性能等级为 8.8 级, 表面氧化的 A 级内六角圆柱头螺钉的标记:

螺钉 GB/T 70.1 M5×20

螺纹规格	M3	M4	M5	M6	M8	M10	M12	M14	M16	M20
P(螺距)	0.5	0.7	0.8	1	1.25	1.5	1.75	2	2	2.5
b　参考	18	20	22	24	28	32	36	40	44	52
d_k　max	5.5	7	8.5	10	13	16	18	21	24	30
k　max	3	4	5	6	8	10	12	14	16	20
t　min	1.3	2	2.5	3	4	5	6	7	8	10
s　公称	2.5	3	4	5	6	8	10	12	14	17
e　min	2.87	3.44	4.58	5.72	6.86	9.15	11.43	13.72	16.00	19.44
r　min	0.1	0.2	0.2	0.25	0.4	0.4	0.6	0.6	0.6	0.8
公称长度 l	5~30	6~40	8~50	10~60	12~80	16~100	20~120	25~140	25~160	30~200
l≤表中数值时, 制出全螺纹	5~30	6~40	8~50	10~60	12~80	16~100	20~120	25~140	25~160	30~200
l 系列	2.5, 3, 4, 5, 6, 8, 10, 12, (14), 16, 20, 25, 30, 35, 40, 45, 50, (55), 60, (65), 70, (75), 80, 90, 100, 110, 120, 130, 140, 150, 160, 180, 200, 220, 240, 260, 280, 300									

注:1. 括号内的尺寸尽量不用。

　　2. 螺纹 d = M1.5 ～ M64。

附录 B - 7　开槽锥端紧定螺钉

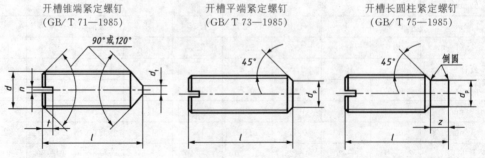

开槽锥端紧定螺钉　　　　开槽平端紧定螺钉　　　　开槽长圆柱紧定螺钉
(GB/T 71—1985)　　　　　(GB/T 73—1985)　　　　　(GB/T 75—1985)

标记示例:

螺纹规格 d = M5, 公称长度 l = 12 mm, 性能等级为 14H 级, 表面氧化的开槽长圆柱紧定螺钉的标记:

螺钉 GB/T 75 M10×35—14H

(续表)

螺纹规格 d		M1.6	M2	M2.5	M3	M4	M5	M6	M8	M10	M12
P(螺距)		0.35	0.4	0.45	0.5	0.7	0.8	1	1.25	1.5	1.75
n　公称		0.25	0.25	0.4	0.4	0.6	0.8	1	1.2	1.6	2
t　max		0.74	0.84	0.95	1.05	1.42	1.63	2	2.6	3	3.6
d_t　max		0.1	0.2	0.25	0.3	0.4	0.5	1.5	2	2.6	3
d_p　max		0.8	1	1.5		2.5	3.5	4	5.5	7	8.5
z　max		1.05	1.25	1.5	1.75	2.25	2.75	3.25	4.3	5.3	6.3
l	GB/T 71	2～8	3～10	3～12	4～16	6～20	8～25	8～30	10～40	12～50	14～60
	GB/T 73	2～8	2～10	2.5～12	3～16	4～20	5～25	6～30	8～40	10～50	12～60
	GB/T 75	2.5～8	3～10	4～12	5～16	6～20	8～25	10～30	10～40	12～50	14～60
l 系列		2, 2.5, 3, 4, 5, 6, 8, 10, 12, (14), 16, 20, 25, 30, 35, 40, 45, 50, (55), 60									

注：1. 括号内的规格尽量不采用。
　　2. 力学性能等级：14H,22H。

附录 B-8　螺母

1 型六角螺母—A 级和 B 级	2 型六角螺母—A 级和 B 级	六角薄螺母—A 级和 B 级—倒角
(GB/T 6170—2015)	(GB/T 6175—2016)	(GB/T 6172.1—2016)

标记示例：

螺纹规格 D = M12,性能等级为 10 级,不经表面处理、A 级的六角螺母标记：

1 型	2 型	薄螺母,倒角
螺母 GB/T 6170 M12	螺母 GB/T 6175 M12	螺母 GB/T 6172.1 M12

螺纹规格 D		M3	M4	M5	M6	M8	M10	M12	M16	M20	M24	M30	M36
c		0.4		0.5		0.6			0.8				
s	公称＝max	5.5	7	8	10	13	16	18	24	30	36	46	55
	min	5.32	6.78	7.78	9.78	12.73	15.73	17.73	23.67	29.16	35	45	53.8
e　min		6.01	7.66	8.79	11.05	14.38	17.77	20.03	26.75	32.95	39.55	50.85	60.79
d_w　min		4.6	5.9	6.9	8.9	11.6	14.6	16.6	22.5	27.7	33.2	42.7	51.1
m max	GB/T 6170—2015	2.4	3.2	4.7	5.2	6.8	8.4	10.8	14.8	18	21.5	25.6	31
	GB/T 6172—2016	1.8	2.2	2.7	3.2	4	5	6	8	10	12	15	18
	GB/T 6175—2016	—	—	5.1	5.7	7.5	9.3	12	16.4	20.3	23.9	28.6	34.7

注：1. A 级用于 D ≤ 16 的螺母,B 级用于 D > 16 的螺母,D 级用于 D ≥ 16 的螺母。
　　2. GB/T 6170 和 GB/T 6172.1 的螺纹规格为 M1.6～M64;GB/T 6175 的螺纹规格为 M5～M36。

附录 B‑9　平垫圈

小垫圈—A 级(摘自 GB/T 848—2002)　　　　　平垫圈—C 级(摘自 GB/T 95—2002)

平垫圈—A 级(摘自 GB/T 97.1—2002)　　　　平垫圈　倒角型—A 级(摘自 GB/T 97.2—2002)

大垫圈—A 级(摘自 GB/T 96.1—2002)　　　　大垫圈—C 级(摘自 GB/T 96—2002)

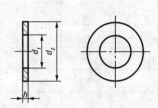 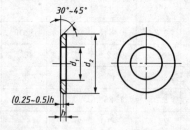

标记示例:

标准系列,公称规格 8 mm,由钢制造的硬度等级为 200HV 级,不经表面处理,产品等级为 A 级的平垫圈标记:

垫圈 GB/T 97.18

公称规格(螺纹大径 d)		4	5	6	8	10	12	16	20	24	30	36
d_1 公称 (min)	GB/T 848	4.3	5.3	6.4	8.4	10.5	13	17	21	25	31	37
	GB/T 96.1											
	GB/T 97.1											
	GB/T 97.2	—										
	GB/T 95	4.5	5.5	6.6	9	11	13.5	17.5	22	26	33	39
	GB/T 96.2											
d_2 公称 (max)	GB/T 848	8	9	11	15	18	20	28	34	39	50	60
	GB/T 97.1	9	10	12	16	20	24	30	37	44	56	66
	GB/T 95											
	GB/T 97.2	—										
	GB/T 96	12	15	18	24	30	37	50	60	72	92	110
h	GB/T 848	0.5	1	1.6	1.6	1.6	2	2.5	3	4	4	5
	GB/T 97.1	0.8	1	1.6	1.6	2	2.5	3	3	4	4	5
	GB/T 97.2	—										
	GB/T 95	0.8										
	GB/T 96	1	1	1.6	2	2.5	3	3	4	5	6	8

注: 表中摘录的均为优选尺寸。

附录 B‑10　标准型弹簧垫圈(摘自 GB/T 93—1987)

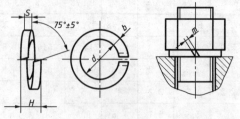

标记示例:

公称规格 12 mm,材料为 65Mn、表面氧化的标准型弹簧垫圈标记:

垫圈 GB/T 93 12

（续表）

规格（螺纹大径）	4	5	6	8	10	12	16	20	24	30	36	42	48
d	4.1	5.1	6.1	8.1	10.2	12.2	16.2	20.2	24.5	30.5	36.5	42.5	48.5
H_{max}	2.75	3.25	4	5.25	6.5	7.75	10.25	12.5	15	18.75	22.5	26.26	30
$S(b)$公称	1.1	1.3	1.6	2.1	2.6	3.1	4.1	5	6	7.5	9	10.5	12
$m \leqslant$	0.55	0.65	0.8	1.05	1.3	1.55	2.05	2.5	3	3.75	4.5	5.25	6

注：m 应大于 0。

附录 B - 11　圆柱销（摘自 GB/T 119.1—2000）

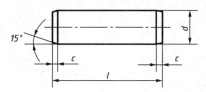

标注示例：

公称直径 $d = 10$ mm，公称长度 $l = 35$ mm，材料为钢、不经淬火、不经表面处理的圆柱销标记：

销 GB/T 119.1 10m6×35

d	3	4	5	6	8	10	12	16	20	25	30	40
$c \approx$	0.5	0.63	0.6	1.2	1.6	2	2.5	3	3.5	4	5	6.3
l 范围	8～30	8～40	10～50	12～60	14～80	18～95	22～140	26～180	35～200	50～200	60～200	80～200
l 系列	2、3、4、5、6、8、10、12、14、16、18、20、22、24、26、28、30、32、35、40、45、50、55、60、65、70、75、80、85、90、95、100、120、140、160、180、200											

注：公称长度大于 200 mm，按 20 mm 递增。

附录 B - 12　圆锥销（摘自 GB/T 117—2000）

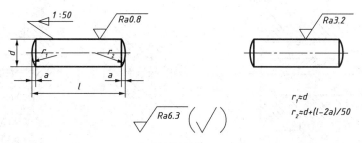

标记示例：

公称直径 $d = 10$ mm，公称长度 $l = 35$ mm，A 型，材料为 35 钢、热处理硬度为 28～38 HRC、表面氧化处理的圆锥销的标记：

销 GB/T 117 A10×35

d（公称）	2	2.5	3	4	5	6	8	10	12	16	20	25
$a \approx$	0.25	0.3	0.4	0.5	0.63	0.8	1.0	1.2	1.6	2.0	2.5	3.0
l 范围	10～35	10～30	12～45	14～55	18～60	22～90	22～120	26～160	32～180	40～200	45～200	50～200
l 系列	2、3、4、5、6、8、10、12、14、16、18、20、22、24、26、28、30、32、35、40、45、50、55、60、65、70、75、80、85、90、95、100、120、140、160、180、200											

注：公称长度大于 200 mm，按 20 mm 递增。

附录 B‑13　开口销(摘自 GB/T 91—2000)

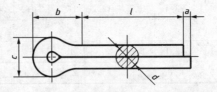

标记示例：

公称直径 $d = 10\,\text{mm}$，公称长度 $l = 35\,\text{mm}$，材料为 35 钢、热处理硬度为 28～38 HRC、表面氧化处理的开口销标记：

销 GB/T 91 10×45

d(公称)	0.6	0.8	1	1.2	1.6	2	2.5	3.2	4	5	6.3	8	10	12
$c_{\max}$	1	1.4	1.8	2	2.8	3.6	4.6	5.8	7.4	9.2	11.8	15	19	24.8
$b\approx$	2	2.4	3	3	3.2	4	5	6.4	8	10	12.6	16	20	26
$a_{\max}$	1.6				2.5			3.2		4			6.3	
l 范围	4～12	5～16	6～20	8～26	8～32	10～40	12～50	14～65	18～80	22～100	30～120	40～160	45～200	70～200
l 公称长度系列	4, 5, 6, 8, 10, 12, 14, 16, 18, 20, 22, 24, 26, 28, 30, 32, 36, 40, 45, 50, 55, 60, 65, 70, 75, 80, 85, 90, 95, 100, 120, 140, 160, 180, 200													

注：销孔的公称直径等于 d(公称)。

附录 B‑14　平键及键槽各部分尺寸(摘自 GB/T 1095～1096—2003)

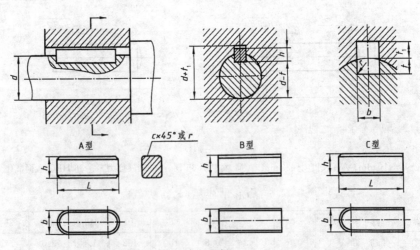

标记示例：

GB/T 1096　键 8×7×22(圆头普通 A 型平键，$b = 8\,\text{mm}$，$h = 7\,\text{mm}$，$L = 22\,\text{mm}$)

GB/T 1096　键 B8×7×22(方头普通 B 型平键，$b = 8\,\text{mm}$，$h = 7\,\text{mm}$，$L = 22\,\text{mm}$)

GB/T 1096　键 C8×7×22(半圆头普通 C 型平键，$b = 8\,\text{mm}$，$h = 7\,\text{mm}$，$L = 22\,\text{mm}$)

（续表）

轴	键			键槽						
					深度				半径 r	
公称直径 d	公称尺寸 $b \times h$	长度 L	C 或 r		轴 t		毂 t_1			
					公称	偏差	公称	偏差	max	min
6～8	2×2	6～20			1.2		1			
>8～10	3×3	6～36	0.16～0.25		1.8		1.4			
>10～12	4×4	8～45			2.5	+0.1 0	1.8	+0.1 0	0.16	0.08
>12～17	5×5	10～56	0.25～0.40		3.0		2.3			
>17～22	6×6	14～70			3.5		2.8			
>22～30	8×7	18～90	0.25～0.40		4.0					
>30～38	10×8	22～110			5.0		3.3		0.25	0.16
>38～44	12×8	28～140			5.0					
>44～50	14×9	36～160	0.40～0.60		5.5	+0.2 0	3.8	+0.2 0		
>50～58	16×10	45～180			6.0		4.3		0.40	0.25
>58～65	18×11	50～200			7.0		4.4			
>65～75	20×12	56～220	0.60～0.80		7.5		4.9		0.60	0.40
L 系列	6, 8, 10, 12, 14, 16, 18, 20, 22, 25, 28, 32, 36, 40, 45, 50, 56, 63, 70, 80, 90, 100, 110, 125, 140, 160, 180, 200, 220, 250, 280, 320, 400, 450									

附录 B‒15　滚动轴承

深沟球轴承	圆锥滚子轴承	推力球轴承

标记示例：
滚动轴承 60308 GB/T 276—2013

标记示例：
滚动轴承 30200 GB/T 297—2015

标记示例：
滚动轴承 51205 GB/T 301—2015

轴承型号	d	D	B	轴承型号	d	D	B	C	T	轴承型号	d	D	T	d_{1min}
尺寸系列(02)				尺寸系列(02)						尺寸系列(12)				
60202	15	35	11	30203	17	40	12	11	13.25	51202	15	32	12	17
60203	17	40	12	30204	20	47	14	12	15.25	51203	17	35	12	19
60204	20	47	14	30205	25	52	15	13	16.25	51204	20	40	14	22
60205	25	52	15	30206	30	62	16	14	17.25	51205	25	47	15	27
60206	30	62	16	30207	35	72	17	15	18.25	51206	30	52	16	32
60207	35	72	17	30208	40	80	18	16	19.75	51207	35	62	18	37
60208	40	80	18	30209	45	85	19	16	20.75	51208	40	68	19	42
60209	45	85	19	30210	50	90	20	17	21.75	51209	45	73	20	47
60210	50	90	20	30211	55	100	21	18	22.75	51210	50	78	22	52
尺寸系列(02)				尺寸系列(02)						尺寸系列(12)				
60211	55	100	21	30212	60	110	22	19	23.75	51211	55	90	25	57
60212	60	110	22	30213	65	120	23	20	24.75	51212	60	95	26	62
尺寸系列(03)				尺寸系列(03)						尺寸系列(13)				
60302	15	42	13	30302	15	42	13	11	14.25	51304	20	47	18	22
60303	17	47	14	30303	17	47	14	12	15.25	501305	25	52	18	27
60304	20	52	15	30304	20	52	15	13	16.25	51306	30	60	21	32
60305	25	62	17	30305	25	62	17	15	18.25	51307	35	68	24	37
60306	30	72	19	30306	30	72	19	16	20.75	51308	40	78	25	42
60307	35	80	21	30307	35	80	21	18	22.75	51309	45	85	28	47
60308	40	90	23	30308	40	90	23	20	25.25	51310	50	95	31	52
60309	45	100	25	30309	45	100	25	22	27.25	51311	55	105	35	57

附录 C　极限与配合

附录 C - 1　公称尺寸小于 500 mm 的标准公差等级（摘自 GB/T 1800. 1—2009）

单位：μm

公称尺寸/mm	公差等级																	
	IT1	IT2	IT3	IT4	IT5	IT6	IT7	IT8	IT9	IT10	IT11	IT12	IT13	IT14	IT15	IT16	IT17	IT18
≤3	0.8	1.2	2	3	4	6	10	14	25	40	60	100	140	250	400	600	1 000	1 400
>3~6	1	1.5	2.5	4	5	8	12	18	30	48	75	120	180	300	480	750	1 200	1 800
>6~10	1	1.5	2.5	4	6	9	15	22	36	58	90	150	220	360	580	900	1 500	2 200
>10~18	1.2	2	3	5	8	11	18	27	43	70	110	180	270	430	700	1 100	1 800	2 700
>18~30	1.5	2.5	4	6	9	13	21	33	52	84	130	210	330	520	840	1 300	2 100	3 300
>30~50	1.5	2.5	4	7	11	16	25	39	62	100	160	250	390	620	1 000	1 600	2 500	3 900
>50~80	2	3	5	8	13	19	30	46	74	120	190	300	460	740	1 200	1 900	3 000	4 600
>80~120	2.5	4	6	10	15	22	35	54	87	140	220	350	540	870	1 400	2 200	3 500	5 400
>120~180	3.5	5	8	12	18	25	40	63	100	160	250	400	630	1 000	1 600	2 500	4 000	6 300
>180~250	4.5	7	10	14	20	29	46	72	115	185	290	460	720	1 150	1 850	2 900	4 600	7 200
>250~315	6	8	12	16	23	32	52	81	130	210	320	520	810	1 300	2 100	3 200	5 200	8 100
>315~400	7	9	13	18	25	36	57	89	140	230	360	570	890	1 400	2 300	3 600	5 700	8 900
>400~500	8	10	15	20	27	40	68	97	155	250	400	630	970	1 550	2 500	4 000	6 300	9 700

附录 C-2　优先配合中轴的极限偏差数值(摘自 GB/T 1800.1—2009)　　单位: μm

基本尺寸 (mm)		公差带											
		c	d	f	g	h				k	n	p	s	u
大于	至	11	9	7	6	6	7	9	11	6	6	6	6	6
—	3	−60 −120	−20 −45	−6 −16	−2 −8	0 −6	0 −10	0 −25	0 −60	+6 0	+10 +4	+12 +6	+20 +14	+24 +18
3	6	−70 −145	−30 −60	−10 −22	−4 −12	0 −8	0 −12	0 −30	0 −75	+9 +1	+16 +8	+20 +12	+27 +19	+31 +23
6	10	−80 −170	−40 −76	−13 −28	−5 −14	0 −9	0 −15	0 −36	0 −90	+10 +1	+19 +10	+24 +15	+32 +23	+37 +28
10	14	−95 −205	−50 −93	−16 −34	−6 −17	0 −11	0 −18	0 −43	0 −110	+12 +1	+23 +12	+29 +18	+39 +28	+44 +33
14	18													
18	24	−110 −240	−65 −117	−20 −41	−7 −20	0 −13	0 −21	0 −52	0 −130	+15 +2	+28 +15	+35 +22	+48 +35	+54 +41
24	30													+61 +48
30	40	−120 −280	−80 −142	−25 −50	−9 −25	0 −16	0 −25	0 −62	0 −160	+18 +2	+33 +17	+42 +26	+59 +43	+76 +60
40	50	−130 −290												+86 +70
50	65	−140 −330	−100 −174	−30 −60	−10 −29	0 −19	0 −30	0 −74	0 −190	+21 +2	+39 +20	+51 +32	+72 +53	+106 +87
65	80	−150 −340											+78 +59	+121 +102
80	100	−170 −390	−120 −207	−36 −71	−12 −34	0 −22	0 −35	0 −87	0 −220	+25 +3	+45 +23	+59 +37	+93 +71	+146 +124
100	120	−180 −400											+101 +79	+166 +144
120	140	−200 −450											+117 +92	+195 +170
140	160	−210 −460	−145 −245	−43 −83	−14 −39	0 −25	0 −40	0 −100	0 −250	+28 +3	+52 +27	+68 +43	+125 +100	+215 +190
160	180	−230 −480											+133 +108	+235 +210
180	200	−240 −530											+151 +122	+265 +236
200	225	−260 −550	−170 −285	−50 −96	−15 −44	0 −29	0 −46	0 −115	0 −290	+33 +4	+60 +31	+79 +50	+159 +130	+287 +258
225	250	−280 −570											+169 +140	+313 +284

（续表）

基本尺寸 （mm）		公　差　带												
		c	d	f	g	h				k	n	p	s	u
大于	至	11	9	7	6	6	7	9	11	6	6	6	6	6
250	280	−300 −620	−190 −320	−56 −108	−17 −49	0 −32	0 −52	0 −130	0 −320	+36 +4	+66 +34	+88 +56	+190 +158	+347 +315
280	315	−330 −650											+202 +170	+382 +350
315	355	−360 −720	−210 −350	−62 −119	−18 −54	0 −36	0 −57	0 −140	0 −360	+40 +4	+73 +37	+98 +62	+226 +190	+426 +390
355	400	−400 −760											+244 +208	+471 +435
400	450	−440 −840	−230 −385	−68 −131	−20 −60	0 −40	0 −63	0 −155	0 −400	+45 +5	+80 +40	+108 +68	+272 +232	+530 +490
450	500	−480 −880											+292 +252	+580 +540

注：公称尺寸小于 1 mm 时，各级的 a 和 b 均不采用。

附录 C-3　优先配合中孔的极限偏差数值（摘自 GB/T 1800.1—2009）　　单位：μm

基本尺寸 （mm）		公　差　带												
		C	D	F	G	H				K	N	P	S	U
大于	至	11	9	8	7	7	8	9	11	7	7	7	7	7
—	3	+120 +60	+45 +20	+20 +6	+12 +2	+10 0	+14 0	+25 0	+60 0	0 −10	−4 −14	−6 −16	−14 −24	−18 −28
3	6	+145 +70	+60 +30	+28 +10	+16 +4	+12 0	+18 0	+30 0	+75 0	+3 −9	−4 −16	−3 −20	−15 −27	−19 −31
6	10	+170 +80	+76 +40	+35 +13	+20 +5	+15 0	+22 0	+36 0	+90 0	+5 −10	−4 −19	−9 −24	−17 −32	−22 −37
10	14	+205 +95	+93 +50	+43 +16	+24 +6	+18 +0	+27 0	+43 0	+110 0	+6 −12	−5 −23	−11 −29	−21 −39	−26 −44
14	18													
18	24	+240 +110	+117 +65	+53 +20	+28 +7	+21 0	+33 0	+52 0	+130 0	+6 −15	−7 −28	−14 −35	−27 −48	−33 −54
24	30													−40 −61
30	40	+280 +120	+142 +80	+64 +25	+34 +9	+25 0	+39 0	+62 0	+160 0	+7 −18	−8 −33	−17 −42	−34 −59	−51 −76
40	50	+290 +130												−61 −86

(续表)

基本尺寸 (mm)		公 差 带											
		C	D	F	G	H				K	N	P	S	U
大于	至	11	9	8	7	7	8	9	11	7	7	7	7	7
50	65	+330 +140	+174 +100	+76 +30	+40 +10	+30 0	+46 0	+74 0	+190 0	+9 −21	−9 −39	−21 −51	−42 −72	−76 −106
65	80	+340 +150											−48 −78	−91 −121
80	100	+390 +170	+207 +120	+90 +36	+47 +12	+35 0	+54 0	+87 0	+220 0	+10 −25	−10 −45	−24 −59	−58 −93	−111 −146
100	120	+400 +180											−66 −101	−131 −166
120	140	+450 +200											−77 −117	−155 −195
140	160	+460 +210	+245 +145	+106 +43	+54 +14	+40 0	+63 0	+100 0	+250 0	+12 −28	−12 −52	−28 −68	−85 −125	−175 −215
160	180	+480 +230											−93 −133	−195 −235
180	200	+530 +240											−105 −151	−219 −265
200	225	+550 +260	+285 +170	+122 +50	+61 +15	+46 0	+72 0	+115 0	+290 0	+13 −33	−14 −60	−33 −79	−113 −159	−241 −287
225	250	+570 +280											−123 −169	−267 −313
250	280	+620 +300	+320 +190	+137 +56	+69 +17	+52 0	+81 0	+130 0	+320 0	+16 −36	−14 −66	−36 −88	−138 −190	−295 −347
280	315	+650 +330											−150 −202	−330 −382
315	355	+720 +360	+350 +210	+151 +62	+75 +18	+57 0	+89 0	+140 0	+360 0	+17 −40	−16 −73	−41 −98	−169 −226	−369 −426
355	400	+760 +400											−187 −244	−414 −471
400	450	+840 +440	+385 +230	+165 +68	+83 +20	+63 0	+97 0	+155 0	+400 0	+18 −45	−17 −80	−45 −108	−209 −279	−467 −530
450	500	+880 +480											−229 −292	−517 −580

注：公称尺寸小于 1 mm 时，各级的 A 和 B 均不采用。

附录 D　标准结构

附录 D-1　砂轮越程槽(摘自 GB/T 6403.5—2008)　　　单位：mm

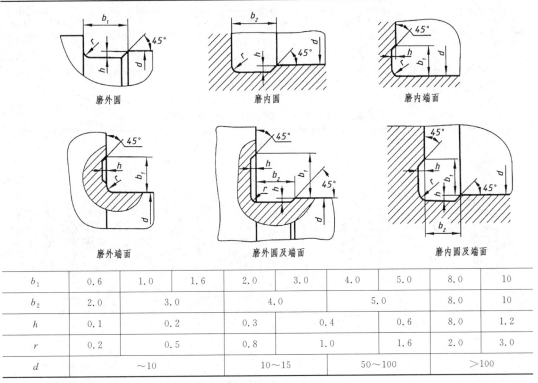

磨外圆　　　　　　　磨内圆　　　　　　　磨内端面

磨外端面　　　　　　磨外圆及端面　　　　磨内圆及端面

b_1	0.6	1.0	1.6	2.0	3.0	4.0	5.0	8.0	10
b_2	2.0	3.0		4.0		5.0		8.0	10
h	0.1	0.2		0.3	0.4		0.6	8.0	1.2
r	0.2	0.5		0.8	1.0		1.6	2.0	3.0
d	~10			10~15		50~100		>100	

注：1. 越程槽内两直线相交处,不允许产生尖角。
　　2. 越程槽深度 h 与圆弧半径 r 要满足 $r \leqslant 3h$。
　　3. 磨削具有数个直径的工件时,可使用同一规格的越程槽。
　　4. 直径 d 值大的零件,允许选择小规格的砂轮越程槽。

附录 D-2　零件倒角与倒圆(摘自 GB/T 6403.4—2008)　　　单位：mm

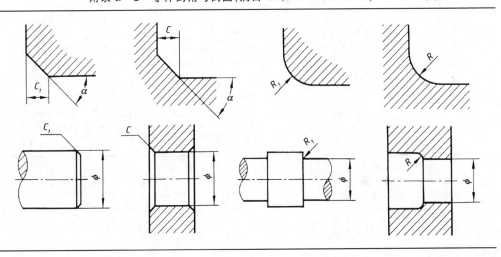

（续表）

φ	~3	>3~6	>6~10	>10~18	>18~30	>30~50
C 或 R	0.2	0.4	0.6	0.8	1.0	1.6
φ	>50~80	>80~120	>120~180	>180~250	>250~320	>320~400
C 或 R	2.0	2.5	3.0	4.0	5.0	6.0
φ	>400~500	>500~630	>630~800	>800~1 000	>1 000~1 250	>1 250~1 600
C 或 R	8.0	10	12	16	20	25

注：内角倒圆，外角倒角时，$C_1>R$；内角倒圆，外角倒圆时，$R_1>R$；内角倒角，外角倒圆时，$C<0.58R_1$；内角倒角，外角倒角时，$C_1>C$。

附录 D-3　中心孔（摘自 GB/T 145—2001）

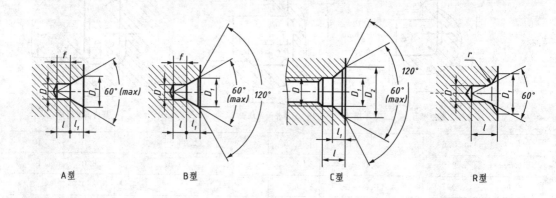

A 型　　　　　　　B 型　　　　　　　C 型　　　　　　　R 型

D	D1	l1(参考)	t(参考)	l_min	r_max	r_min	D	D1	D2	l	l1(参考)	选择中心孔的参考数据		
A、B、R型	A型 B型	B型	A型 B型	R型			C型					原料端部最小直径 D_0	轴状原料最大直径 D_c	工件最大质量 t
1.60	3.35　5.00	1.52	1.4	3.5	5.00	4.00								
2.00	4.25　6.30	1.95	1.8	4.4	6.80	5.00						8	>10~18	0.12
2.50	5.30　8.00	2.42	2.2	5.5	8.00	6.30						10	>18~30	0.2
3.15	6.70　10.00	3.07	2.8	7.0	10.00	8.00	M3	3.2	5.8	2.6	1.8	12	>30~50	0.5
4.00	8.50　12.50	3.90	3.5	8.9	12.50	10.00	M4	4.3	7.4	3.2	2.1	15	>50~80	0.8
(5.00)	10.60　16.00	4.85	4.4	11.2	16.00	12.50	M5	5.3	8.8	4.0	2.4	20	>80~120	1
6.30	13.20　18.00	5.98	5.5	14.0	20.00	16.00	M6	6.4	10.5	5.0	2.8	25	>120~180	1.5
(8.00)	17.00　22.40	7.79	7.0	17.9	25.00	20.00	M8	8.4	13.2	6.0	3.3	30	>180~220	2
10.00	21.20　28.00	9.70	8.7	22.5	31.50	25.00	M10	10.5	16.3	7.5	3.8	35	>220~260	2.5
							M12	13.0	19.8	9.5	4.4	42		3

注：1. A 型和 B 型中心孔的尺寸 l 取决于中心钻的长度，此值不应小于 t 值。

　　2. 括号内的尺寸尽量不采用。

　　3. 选择中心孔的参考依据不属 GB/T 145—2001 内容，仅供参考。

附录 D–4　中心孔表示法(摘自 GB/T 4459.5—1999)

标 注 示 例	解　释	标 注 示 例	解　释
GB/T 4459.5-B3.15/10	要求做出 B 型中心孔； $D = 3.15$ mm， $D_1 = 10$ mm； 在完工的零件上要求保留中心孔	GB/T 4459.5-A4/8.5	用 A 型中心孔； $D = 4$ mm， $D_1 = 8.5$ mm； 在完工的零件上是否保留中心孔都可以
GB/T 4459.5-A4/8.5	用 A 型中心孔； $D = 4$ mm， $D_1 = 8.5$ mm； 在完工的零件上不允许保留中心孔	2×GB/T 4459.5-B3.15/10	同一轴的两端中心孔相同,可只在其一端标注,但应注出数量

附录E　常用材料

附录 E-1　常用黑色金属材料

名称	牌　号		应　用　举　例	说　明
碳素结构钢	Q195	—	用于金属结构构件,拉杆、心轴、垫圈、凸轮等	1. 新旧牌号对照 　Q215→A2 　Q235→A3 　Q275→A5 2. A级不做冲击试验; 　B级做常温冲击试验; 　C、D级重要焊接结构用 3. "Q"为钢屈服点的"屈"字汉语拼音首位字母,数字为屈服点数值(单位:MPa)
	Q215	A		
		B		
	Q235	A	用于金属结构构件,吊钩、拉杆、套、螺栓、螺母、楔、盖、焊拉杆等	
		B		
		C		
		D		
	Q255	A		
		B		
	Q275	—	用于轴、轴销、螺栓等温度较高件	
优质碳素钢	10		屈服点和抗拉强度比值较低,塑性和韧性均高。在冷状态下,容易模压变形。一般用于拉杆、卡头、钢管垫片、垫圈、铆钉。这种钢的焊接性甚好	牌号的两位数字表示平均含碳量,45号钢即表示平均含碳量为0.45%;含锰量较高的钢,需加注化学元素符号"Mn"。含碳量≤0.25%的碳钢是低碳钢(渗碳钢);含碳量在0.25%~0.60%之间的碳钢是中碳钢(调质钢);含碳量大于0.60%的碳钢是高碳钢
	15		塑性、属性、焊接性和冷冲性均良好,但强度较低。用于制造受力不大、韧性要求较高的零件、紧固件及不变热处理的低负荷零件。如螺栓、螺钉、拉条、法兰盘及化工储器、蒸汽锅炉等	
	35		具有良好的强度和韧性,用于制造曲轴、转轴、轴销、杠杆、连杆、横梁、星轮、圆盘、套筒、钩环、垫圈、螺钉、螺母等。一般不作焊接使用	
	45		用于强度要求较高的零件,如汽轮机的叶轮、压缩机、泵的零件等	
	60		强度和弹性相当高。用于制造轧辊、轴、弹簧圈、弹簧、离合器、凸轮、钢绳等	
	65Mn		性能与15号钢相似,但其淬透性、强度和塑性比15号钢都高些。用于制造中心部分的机械性能要求较高且需渗透碳的零件。这种钢的焊接性好	
	15Mn		强度高,淬透性较大,脱碳倾向小,但有过热敏感性,易产生淬火裂纹,并有回火脆性。适宜作大尺寸的各种扁、圆弹簧,如座板簧、弹簧发条	
灰铸铁	HT100		属低强度铸铁,用于一般盖、手把、手轮等不重要的零件	"HT"是灰铸铁的代号,是由表示其特征的汉语拼音的第一个大写正体字母组成;代号后面的一组数字,表示抗拉强度值(N/mm²)
	HT150		属中等强度铸铁。用于一般铸铁如机床座、端盖、皮带轮、工作台等	
	HT200 HT250		属高强度铸铁。用于较重要铸铁,如气缸、齿轮、凸轮、机座、床身、飞轮、皮带轮、齿轮箱、阀壳、联轴器、衬筒、轴承座等	
	HT300 HT350		属高强度、高耐磨铸铁。用于需要的铸件如齿轮、凸轮、床身、高压液压筒、液压泵和滑阀的壳体、车床卡盘等	

（续表）

名称	牌　号	应　用　举　例	说　明
球墨铸铁	QT700 - 2	用于曲轴、缸体、车轮等	"QT"是球墨铸铁的代号,是由表示"球铁"的汉语拼音的第一个字母组成,它后面的数字表示强度和延伸率的大小
	QT600 - 3		
	QT500 - 7	用于阀体、气缸、轴瓦等	
	QT450 - 10	用于减速机箱体,如管路、阀体、盖、中低压阀体等	
	QT400 - 15		

附录 E - 2　常用有色金属材料

类别	名称与牌号	应　用
加工青铜	4 - 4 - 4 锡青铜 QSn4 - 4 - 4	一般摩擦条件下的轴泵、轴套、衬套、油盘及衬套内圈
	7 - 0.2 锡青铜 QSn7 - 0.2	中负荷、中等滑动速度下的摩擦零件,如抗磨垫圈、轴承、轴套、涡轮等
	9 - 4 铝青铜 QAl9 - 4	高负荷下的抗腐、耐腐零件,如轴承、轴套、衬套、阀座、齿轮、涡轮等
	10 - 3 - 1,5 铝青铜 QAl10 - 3 - 1,5	高温下工作的耐磨零件,如齿轮、轴承、衬套、油盘、飞轮等
	10 - 4 - 4 铝青铜 QAl10 - 4 - 4	高强度耐磨件及高温下的工作零件,如轴衬、轴套、齿轮、螺母、法兰盘、滑座等
	2 铁青铜 QFe2	高速、高温、高压下工作的耐磨零件,如轴承、衬套等
铸造铜合金	5 - 5 - 5 锡青铜 ZCuSn5Pb5Zn5	用于较高负荷、中等滑动速度下工作的耐磨、耐蚀零件,如轴瓦、衬套、油塞、蜗轮等
	10 - 1 锡青铜 ZCuSn10P1	用于载荷小于 20 MPa 和滑动速度小于 8 m/s 条件下工作的耐磨零件,如齿轮、蜗轮、轴瓦、套等
	10 - 2 锡青铜 ZCuSn10Zn2	用于中等负荷和小滑动速度下工作的管配件及阀旋塞、泵体、齿轮、蜗轮、叶轮等
	8 - 13 - 3 - 2 铝青铜 ZCuAl8Mn13Fe3Ni2	用于强度高耐蚀重要零件,如船舶螺旋桨、高压阀体、泵体,以及耐压耐磨的齿轮、蜗轮、法兰、衬套等
	9 - 2 铝青铜 ZCuAl9Mn2	用于制造耐磨结构简单的大型铸件,如衬套、蜗轮及增压器内气封等
	10 - 3 铝青铜 ZCuAl10Fe3	用于制造强度高、耐磨、耐蚀零件,如蜗轮、轴承、衬套、管嘴、耐热管配件
	9 - 4 - 4 - 2 铝青铜 ZCuAl9Fe4Ni4Mn2	用于制造高强度重要零件,如船舶螺旋桨、耐磨及 400℃ 以下工作的零件,如轴承、齿轮、蜗轮、螺母、法兰、阀体、导向套管等
	25 - 6 - 3 - 3 铝青铜 ZCuZn25Al6Fe3Mn3	适用于高强耐磨零件,如桥梁承承板、螺母、螺杆、耐磨板、滑块、蜗轮等
	38 - 2 - 2 锰黄铜 ZCuZn38Mn2Pb2	一般用途结构件,如套筒、衬套、轴瓦、滑块等

（续表）

类别	名称与牌号	应用
铸造铝合金	ZL301	用于受大冲击负荷、高耐蚀的零件
	ZL102	用于气缸活塞以及高温工作的复杂形状零件
	ZL401	适用于压力铸造的高强度铝合金

附录 E-3　常用非金属材料

类别	名 称	代 号	说明及规格		应用举例
工业用橡胶板	普通橡胶板	1608	厚度/mm	宽度/mm	能在 -30~60℃ 的空气中工作,适于冲制各种密封,缓冲胶蘸、垫板及铺设工作台、地板
		1708			
		1613	0.5、1、1.5、2、2.5、3、4、5、6、8、10、12、14、16、18、20、22、25、30、40、50	500~2 000	
	耐油橡胶板	3707			可在温度 -30~80℃ 的机油、汽油、变压器油等介质中工作。适于冲制各种形状的垫圈
		3807			
		3709			
		3809			
尼龙	尼龙66、尼龙1010		有高的抗拉强度和良好的冲击韧性,一定的耐热性(可在100℃以下使用),能耐弱酸、弱碱,耐油性好		用以制作机械传动零件,有良好的灭音性,运转时噪声小,常用来作齿轮等零件
石棉制品	耐油橡胶石棉板		有厚度为 0.3~0.4 mm 的 10 种规格		供航空发动机的煤油、润滑油及冷气系统结合处的密封衬垫材料
	油浸石棉盘根	YS450	盘根形状分 F(方形)、Y(圆形)、N(扭制)三种,按需选用		适用于回转轴、往复活塞或阀门杆上作密封材料,介质为蒸汽、空气、工业用水、重质石油产品
	橡胶石棉盘根	XS450	该牌号盘根只有 F(方形)		适用于作蒸汽机、往复泵的活塞和阀门杆上作密封材料
	毛毡	112-32~44;(细毛)122-30~38;(半粗毛)132-32~36(粗毛)	厚度为 1.5~25 mm		用作密封、防漏油、防震、缓冲衬垫等。按需选用细毛、半粗毛、粗毛
	软钢板纸		厚度为 0.5~3.0 mm		用作密封连接处垫片
	聚四氯乙烯	SFL 4~13	耐腐蚀、耐高温(+250℃)并具有一定的强度,能切削加工成各种零件		用于腐蚀介质中,起密封和减腐作用,用作垫圈等
	有机玻璃板		耐盐酸、硫酸、草酸、烧碱和纯碱等一般酸碱以及二氧化硫、臭氧等气体腐蚀		适用于耐腐蚀和需要透明的零件

附录 E-4　常用的热处理和表面处理名词解释

名词		代码及标注示例	说　明	应　用
退火		Th	将钢件加热到临界温度以上(一般是 710～715℃,个别合金钢 800～900℃) 30～50℃,保温一段时间,然后缓慢冷却 (一般在炉中冷却)	用来消除铸、锻、焊零件的内应力,降低硬度,便于切削加工,细化金属晶粒,改善组织,增加韧性
正火		Z	将钢件加热到临界温度以上,保温一段时间,然后用空气冷却,冷却速度比退火要快	用来处理低碳和中碳结构钢及渗碳零件,使其组织细化,增加强度与韧性,减少内应力,改善切削性能
淬火		C C48—淬火回火 45～50 HRC	将钢件加热到临界温度以上,保温一段时间,然后在水、盐水或油中(个别材料在空气中)急速冷却,使其得到高硬度	用来提高钢的硬度和强度极限。但淬火会引起内应力使钢变脆,所以淬火后必须回火
回火		回火	将脆硬的钢件加热到临界点温度以下的温度,保温一段时间,然后在空气中或油中冷却下来	用来消除淬火后的脆性和内应力,提高钢的塑性和冲击韧性
调质		T T235—调质至 220～250 HB	淬火后在 450～650℃进行高温回火,称为调质	用来使钢获得高的韧性和足够的强度。重要的齿轮、轴及丝杠等零件是调质处理的
表面淬火	火焰淬火	H54(火焰淬火后,回火到 52～58 HRC)	用火焰或高频电流将零件表面迅速加热至临界温度以上,急速冷却	使零件表面获得高硬度,而心部保持一定的韧性,使零件既耐磨又能承受冲击。表面淬火常用来处理齿轮等
	高频淬火	G52(高频淬火后,回火到 50～55 HRC)		
渗碳淬火		S0.5－C59(渗碳层深 0.5,淬火硬度 56～62 HRC)	在渗碳剂中将钢件加热到 900～950℃,停留一定时间,将碳渗入钢表面,深度为 0.5～2 mm,再淬火后回火	增加钢件的耐磨性能、表面硬度、抗拉强度及疲劳极限。适用于低碳、中碳(含量<0.40%)结构钢的中小型零件
氮化		D0.3－900(氮化深度 0.3,硬度大于 850 HV)	氮化是在 500～600℃通入氨的炉子内加热,向钢的表面渗入氮原子的过程。氮化层为 0.025～0.8 mm,氮化时间需 40～50 h	增加钢件的耐磨性能、表面硬度、疲劳极限和抗蚀能力。适用于合金钢、碳钢、铸铁件,如机床主轴、丝杠以及在潮湿碱水和燃烧气体介质环境下工作的零件
氰化		Q59(氰化淬火后,回火至 56～62 HRC)	在 820～860℃炉内通入碳和氮,保温 1～2 h,使钢件的表面同时渗入碳、氮原子,可得到 0.2～0.5 mm 的氰化层	增加表面硬度、耐磨性、疲劳强度和耐蚀性。用于要求硬度高、耐磨的中小型薄片零件和刀具等
时效		时效处理	低温回火后、精加工之前,加热到 100～160℃,保持 10～40 h。对铸件也可用天然时效(放在露天中一年以上)	使工件消除内应力和稳定形状,用于量具、精密丝杠、床身导轨、床身等
发蓝发黑		发蓝或发黑	将金属零件放在很浓的碱和氧化剂溶液中加热氧化,使金属表面形成一层氧化铁所组成的保护性薄膜	防腐蚀、美观。用于一般连接的标准件和其他电子类零件
硬度		HBW(布氏硬度)	材料抵抗硬的物体压入其表面的能力称"硬度"。根据测定的方法不同,可分为布氏硬度、洛氏硬度和维氏硬度。硬度的测定是检验材料经热处理后的机械性能——硬度	用于退火、正火、调质的零件及铸件的硬度检验
		HRC(洛氏硬度)		用于经淬火、回火及表面渗碳、渗氮等处理的零件硬度检验
		HV(维氏硬度)		用于薄层硬化零件的硬度检验

参 考 文 献

[1] 李广慧,任昭蓉.机械制图[M].上海：上海科学技术出版社,2016.

[2] 李杰,王致坚,陈华江.机械制图[M].成都：电子科技大学出版社,2020.

[3] 杨裕根,徐祖茂.机械制图[M].北京：北京邮电大学出版社,2011.

[4] 王冰.机械制图[M].北京：航空工业出版社,2014.

[5] 大连理工大学工程图学教研室.机械制图[M].北京：高等教育出版社,2013.

[6] 谢军,王国顺.现代机械制图[M].北京：机械工业出版社,2016.

[7] 陈俊,王永利,邹中妃.SolidWorks 项目教程[M].哈尔滨：哈尔滨工程大学出版社,2021.